制作简单的 HTML 页面
源文件 \ 第 1 章 \1-8-2.html

制作简单的 HTML 页面
源文件 \ 第 2 章 \2-4-3.html

在网页中嵌入视频
源文件 \ 第 2 章 \2-6-1.html

在网页中嵌入音频
源文件 \ 第 2 章 \2-6-2.html

太空冒险网页制作
源文件 \ 第 3 章 \3-3-1.html

万圣节网页制作
源文件 \ 第 3 章 \3-3-3.html

运动鞋网页制作
源文件 \ 第 3 章 \3-3-6.html

为网页添加内部 CSS 样式
源文件 \ 第 3 章 \3-5-3.html

设置元素到元素边界距离
源文件 \ 第 4 章 \4-2-3.html

为图片添加边框
源文件 \ 第 4 章 \4-2-4.html

Div+CSS+JQuery布局精粹

图像叠加
源文件 \ 第 4 章 \4-4-2.html

制作固定不动的导航条
源文件 \ 第 4 章 \4-4-4.html

空白边叠加在网页中的应用
源文件 \ 第 4 章 \4-7-2.html

设置背景图像的重复方式
源文件 \ 第 5 章 \5-3-2.html

为网页中的图片设置边框
源文件 \ 第 5 章 \5-4-1.html

网页图片垂直对齐
源文件 \ 第 5 章 \5-7-2.html

为网页中的文字设置样式
源文件 \ 第 6 章 \6-2-3.html

设置英文大小写并修饰文字
源文件 \ 第 6 章 \6-2-7.html

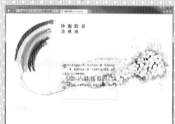

为网页中段落文字设置不同样式
源文件 \ 第 6 章 \6-3-4.html

网页中文字水平居中对齐
源文件 \ 第 6 章 \6-6-2.html

制作网站列表
源文件 \ 第 7 章 \7-2-3.html

制作游戏网站导航
源文件 \ 第 7 章 \7-3-1.html

制作购物网站导航
源文件 \ 第 7 章 \7-3-2.html

内容和透明度属性的应用
源文件 \ 第 7 章 \7-4-2.html

更改部分项目列表符号
源文件 \ 第 7 章 \7-6-2.html

设置表格边框及背景
源文件 \ 第 8 章 \8-2-3.html

设置斑马式表格
源文件 \ 第 8 章 \8-2-4.html

制作网站的登录页面
源文件 \ 第 8 章 \8-5-1.html

制作文字字段提示语效果
源文件 \ 第 8 章 \8-6-1.html

美化登录框
源文件 \ 第 8 章 \8-8-2.MP4

制作网站的登录页面
源文件 \ 第 8 章 \8-5-1.html

制作按钮式超链接
源文件 \ 第 9 章 \9-3-1.html

制作网站的倾斜导航菜单
源文件 \ 第 9 章 \9-5-1.html

制作网站的登录页面
源文件 \ 第 8 章 \8-5-1.html

使用 sepia 滤镜
源文件 \ 第 10 章 \10-1-2.html

使用 saturate 滤镜
源文件 \ 第 10 章 \10-1-5.html

使用 invert 滤镜
源文件 \ 第 10 章 \10-1-7.html

调整图像的对比度
源文件 \ 第 10 章 \10-3-1.html

控制文本换行
源文件 \ 第 11 章 \11-1-3.html

Div+CSS+JQuery布局精粹

为图片添加轮廓
源文件 \ 第 11 章 \11-8-2.html

多列属性的设置
源文件 \ 第 11 章 \11-4-2.psd

全屏大图切换效果
源文件 \ 第 12 章 \12-4-1.html

图像横向滚动效果
源文件 \ 第 12 章 \12-4-2.html

使用 jQuery 制作选项卡
源文件 \ 第 12 章 \12-6-2.html

制作设计作品手机网站页面
源文件 \ 第 13 章 \13-2.html

制作折叠式作品展示栏目
源文件 \ 第 13 章 \13-4-4.html

制作选项卡式新闻列表
源文件 \ 第 13 章 \13-6-2.html

音乐类网站——底部
源文件 \ 第 14 章 \bottom.html

音乐类网站——主体
源文件 \ 第 14 章 \main.html

Div+CSS+jQuery 布局精粹

张晓景　等编著

机械工业出版社

本书系统地介绍了 CSS 样式的基础理论和实际应用技术，并结合实例全面介绍了 CSS 样式中几乎所有的属性，以及利用 Div+CSS 布局制作网页的方法与技巧，还针对实际网页制作中可能遇到的问题，提供了解决问题的思路、方法和技巧，使初学者能够全面、快速地掌握利用 Div+CSS 布局制作网页的方法。

书中详细的讲解步骤配合图示，使得每个步骤清晰易懂、一目了然。同时通过大量实例对重点及难点进行深度剖析，并且结合作者多年的网页设计与教学经验进行点拨，从而使读者达到学以致用的目的。本书还穿插讲解了有关 CSS 3、HTML 5、JavaScript 和 jQuery 的相关知识。希望用户通过本书的学习，能够以符合标准的设计思维，采用实战操作步骤完成网页设计，进而全面掌握利用 Div+CSS 布局制作网页的方法。

本书适合初、中级网页设计爱好者，以及希望学习 Web 标准对原有网站进行重构的网页设计者。本书全部案例的素材、源文件和教学视频可以通过二维码扫描到网上下载。

图书在版编目（CIP）数据

Div+CSS+jQuery 布局精粹 / 张晓景等编著. —北京：机械工业出版社，2016.9

ISBN 978-7-111-54717-4

Ⅰ．①D… Ⅱ．①张… Ⅲ．①网页制作工具 Ⅳ．①TP393.092.2

中国版本图书馆 CIP 数据核字（2016）第 207988 号

机械工业出版社（北京市百万庄大街 22 号 邮政编码 100037）
策划编辑：杨 源 责任编辑：杨 源
责任校对：张艳霞 责任印制：李 洋
北京铭成印刷有限公司印刷
2016 年 9 月第 1 版·第 1 次印刷
184mm×260mm·21.25 印张·2 插页·521 千字
0001－3500 册
标准书号：ISBN 978-7-111-54717-4
定价：59.00 元

前　　言

Div+CSS 是一种全新的网页排版布局方法，与早期的表格布局方式是完全不一样的，使用 Div+CSS 排版布局网页能够真正做到 Web 标准所要求的网页内容与表现相分离，从而使网站的维护更加方便和快捷。目前绝大多数网站已经开始使用 Div+CSS 布局来制作网页，因此学习 Div+CSS 布局已经成为网页设计制作人员的必修课。

本书力求通过简单易懂、边学边练的方式带领读者学习使用 Web 标准进行网页设计制作的知识，逐步使读者理解什么是网页内容与表现的分离，掌握使用 Div+CSS 布局制作网站页面的方法。

内容安排

本书共分为 14 章，采用基础知识与应用案例相结合的方法，循序渐进地介绍了使用 Div+CSS 布局制作网站的方法，下面具体介绍各章所包含的主要内容。

第 1 章　网页和网站的基础知识。主要介绍了网页类型、网页的基本构成、网页设计概述、网页布局、网页版式设计和网站开发流程等。

第 2 章　HTML、XHTML 和 HTML 5 基础。主要介绍了 HTML 基础、HTML 标签、XHTML 基础、HTML 和 XHTML 的对比和 HTML 5 基础等。

第 3 章　CSS 样式基础。主要介绍了 CSS 概述、CSS 样式的语法、CSS 选择器、CSS 3 中新增的选择器、在网页中应用 CSS 样式、CSS 文档结构以及单位和值等。

第 4 章　Div+CSS 布局入门。主要讲解了什么是 Div、可视化盒模型、常见的布局方式、CSS 布局定位及流体网格布局等。

第 5 章　使用 CSS 控制背景和图片。主要介绍了背景控制概述、背景颜色控制、背景图像控制、图片样式概述和网页中的图文混排等。

第 6 章　CSS 控制页面中的文本。主要介绍了文本排版概述、CSS 文本样式、CSS 段落样式以及 CSS 样式的功能及冲突等。

第 7 章　使用 CSS 样式控制列表。主要介绍了列表控制概述、列表样式控制、使用列表制作菜单栏和 CSS 3 中新增的内容以及不透明度属性等。

第 8 章　使用 CSS 控制表格及表单样式。主要介绍了表格及表单的设计概述、使用 CSS 控制表格样式、表单的设计、表单输入、使用 CSS 样式控制表单元素和表单在网页中的特殊应用等。

第 9 章　使用 CSS 控制超链接。主要讲解了网页超链接、超链接的属性控制、超链接特效、CSS 实现鼠标特效和超链接在网页中的特殊应用。

第 10 章　应用 CSS3 中的滤镜。主要对 CSS 3 中新增的滤镜进行了详细讲解。

第 11 章　CSS 3 新增属性。主要包括 CSS 3 中新增的文字属性、背景属性、边框属性、多列布局属性、CSS 3 中有关用户界面的新增属性以及 CSS 3 中其他模块新增属性等。

第 12 章　jQuery 在网页中的应用。主要讲解了 JavaScript、jQuery、在 Dreamweaver CC

中使用 jQuery 和 jQuery 效果等。

第 13 章　jQuery Mobile 与 jQuery UI 的应用。主要讲解了 jQuery Mobile 基础知识、jQuery Mobile 事件、jQuery UI 的下载与使用等。

第 14 章　Div+CSS 布局综合案例。主要通过讲解一个完整的网页制作综合案例，帮助读者对之前所学内容进行串联，强化记忆。

本书特点

本书内容全面、结构清晰、案例新颖。采用理论知识与操作案例相结合的教学方式，全面介绍了不同类型元素的处理和表现的相关知识以及所需的操作技巧。

● **通俗易懂的语言**

本书采用通俗易懂的语言全面地向读者介绍了 Div+CSS 布局的基础知识和操作技巧。

● **基础知识与操作案例结合**

本书摒弃了传统教科书式的纯理论式教学，采用基础知识和操作案例相结合的讲解模式。

● **技巧和知识点的归纳总结**

本书在基础知识和操作案例的讲解过程中列出了大量的提示和技巧，这些信息都是结合作者长期的 Div+CSS 布局制作经验与教学经验归纳出来的，可以帮助读者更准确地理解和掌握相关的知识点和操作技巧。

本书由张晓景执笔，另外刘强、王明、王大远、刘钊、张艳飞、孟权国、杨阳、张国勇、于海波、范明、郑竣天、唐彬彬、李晓斌、王延南、张航、肖阁、魏华、贾勇、高鹏也参与了部分编写工作。本书在写作过程中力求严谨，由于时间有限，疏漏之处在所难免，望广大用户批评指正。

编　者

目　　录

第1章 网页和网站的 基础知识

网页是互联网展示信息的一种形式，由于人们频繁地使用网页来浏览信息，因此促进了网页设计的发展。要制作出精美的网页，不仅要能够熟练地使用相关软件，还要掌握设计网页的一些基本概念和基本原则。

1.1 认识网页

随着互联网的普及，越来越多的人通过网页来浏览信息，网页是互联网展示信息的一种形式，可以把它看成是被保存在世界某个角落的某一台计算机中的文件，而这台计算机必须是与互联网相连的。每天有无数信息在网络上传播，而形态各异且内容繁杂的网页就是这些信息的载体。

1.1.1 网页和网站

网页经由网址（URL）来识别与存取，当用户在浏览器的地址栏中输入网址后，经过一段复杂而又快速的程序，网页文件会被传送到用户的计算机，通过浏览器解释网页的内容，再展示到用户的眼前。没有使用其他后台程序的页面，通常是 HTML 格式的。

进入网站首先看到的是网站的主页，主页集成了指向二级页面及其他网站的超链接，浏览者进入主页后可以浏览最新的信息，找到感兴趣的主题，通过单击超链接跳转到其他网页，如图 1-1 所示。

网站则是各种网页内容的集合，按照其功能和大小来分，目前主要分为门户类网站和公司网站。门户类网站内容庞大而复杂，例如搜狐和新浪等门户网站。公司网站一般只有几个页面，但都是由最基本的网页元素组合到一起的。

在这些网站中，有一个特殊的页面，即浏览者输入某个网站的网址后，首先看到的页面，这样的页面通常称为"首页"。首页承载了一个网站中的主要内容链接，访问者可按照首页中的分类，精确且快速地找到自己想要的信息内容。

地址栏

Flash动画

图片超链接

图 1-1

在网页上单击鼠标右键，选择快捷菜单中的"查看源文件"命令，就可以通过记事本看到网页的源文件，还可以在浏览器的菜单栏中执行"查看>查看源文件"命令。

1.1.2 网页类型

通常人们看到的网页，都是以.htm 或.html 为扩展名的文件，俗称 HTML 文件。不同的扩展名，分别代表不同类型的网页文件，例如 CGI、ASP、PHP、JSP 和 VRML 等。

HTML 正式名称是超文本标记语言，是利用标记来描述网页的字体、大小、颜色及页面布局的语言，使用任何文本编辑器都可以对它进行编辑，与 VB、C++等编程语言有着本质上的区别。

> CGI。CGI 是一种编程标准，它规定了 Web 服务器调用其他可执行程序的接口协议标准。CGI 通过读取使用者的输入请求来产生 HTML 网页。CGI 程序可以用任何程序设计语言编写，如 Shell、Perl、C、Java 等，其中最为流行的是 Perl。

CGI 程序通常用于查询、搜索或其他一些交互式的应用，网易虚拟社区就是使用了 CGI。

> ASP。ASP 是一种应用程序环境，可以利用 VBScript 或 JavaScript 语言来设计，主要用于网络数据库的查询与管理。其工作原理是当浏览者发出浏览请求的时候，服务器会自动将 ASP 的程序码，解释为标准 HTML 格式的网页内容，再送到浏览者的浏览器上显示出来。因此可以将 ASP 理解为一种特殊的 CGI。

利用 ASP 生成的网页，与 HTML 相比具有更大的灵活性。只要结构合理，一个 ASP 页面就可以取代成千上万个网页。尽管 ASP 在工作效率方面较一些新技术要差，但胜在简单、直观、易学，是涉足网络编程的一条捷径。ASP 是微软的产物，微软的网站当然也使用了 ASP。

➢ PHP。PHP 代表的是超文本预处理器。优势在于其运行效率比一般的 CGI 程序要高，而且 PHP 是完全免费的可以从 PHP 官方站点自由下载。PHP 在大多数 UNIX 平台、GUN/Linux 和微软 Windows 平台上均可以运行。

➢ JSP。JSP 与 ASP 非常相似。不同之处在于 ASP 的编程语言是 VBScript 之类的脚本语言，而 JSP 使用的是 Java。此外，ASP 与 JSP 还有一个更为本质的区别就是两种语言引擎用完全不同的方式处理页面中嵌入的程序代码。在 ASP 下，VBScript 代码被 ASP 引擎解释执行，在 JSP 下，代码被编译成 Servlet 并由 Java 虚拟机执行。

➢ VRML。VRML 就是虚拟实境描述模型语言。是描述三维物体及其连接的网页格式。用户可在三维虚拟现实场景中实时漫游，VRML 2.0 在漫游过程中还可能受到重力和碰撞的影响，并可和物体产生交互动作，选择不同视点等。

浏览 VRML 的网页需要安装相应的插件，利用经典的三维动画制作软件 3ds Max，可以简单而快速地制作出 VRML。

1.1.3　网页的基本构成

网页由网址（URL）来识别与存取，当访问者在浏览器的地址栏中输入网址后，通过一段复杂而又快速的程序，网页文件会被传送到访问者的计算机内，然后浏览器把这些 HTML 代码"翻译"成图文并茂的网页。如图 1-2 所示。

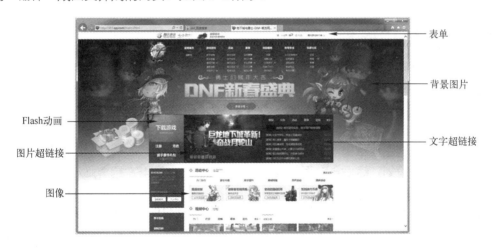

图 1-2

虽然网页的形式与内容不相同，但是组成网页的基本元素是大体相同的，网页由文本、图像、超链接、动画、表单、音频和视频等基本元素构成，下面通过对这些基本元素的介绍，为以后读者运用这些元素奠定基础。

➢ 文本。文字是网页的主体，页面上用同样的字体显示，会使页面显得过于单调。在制作网页时，可以根据需要对网页中字体的大小、颜色、底纹和边框等属性进行设置，从而改善页面的效果。

➢ 图像。丰富多彩的图像是美化网页必不可少的元素，灵活地应用图像，在网页中可以起到点缀的效果。Web 页上的图像文字大部分都使用 JPG 和 GIF 格式。网页中的图像主要用于点缀标题的小图片、介绍性的图片、代表企业形象或栏目内容的标志性图片和用于宣传广告等多种形式。

➢ 超链接。超链接是 Web 网页的主要特色，网页中的超链接又可分为文字超链接和图像超链接两种，是指从一个网页指向另一个目的端的链接，只要访问者用鼠标来单击带有超链接的文字或者图像，就可自动链接到对应的其他文件，这样才能让网页成为一个整体，超链接也是整个网络的基础。

➢ 动画。动画是网页中最活跃的元素，动态的内容要比静止的内容更能吸引人们的注意力，而创意出众、制作精致的动画能够让网页更加丰富。

➢ 表单。表单是用来收集访问者信息和服务器之间进行信息交互的技术，浏览者填写表单的方式是输入文本、从下拉列表中选择选项，以及选中单选按钮或复选框等，其功能是完成搜索、登录、发送邮件等操作。

➢ 音频和视频。随着科技的不断发展，网站上除了图像和文字内容外，越来越多的网页中加入了视频、背景音乐等元素，让网站更加富有个性、魅力和时尚。

1.2　网页设计

网页设计的方向取决于设计的任务，网页设计中最重要的部分并不是软件功能的应用，而是对于网页设计的理解、设计制作的水平和自身的美感，以及对页面的整体把握上。

1.2.1　网页设计概述

网页设计是伴随着互联网的发展，衍生出来的一个行业。互联网发展得越迅速，网页设计也会随之发展得迅速。网页设计已经在近几年内跃升成为一门新生的艺术门类，而不再单单只是一门技术。跟其他传统的艺术设计门类相比，它更突出艺术与技术的结合、交互与情感的诉求，以及形式与内容的统一。

网页设计是根据企业希望向浏览者传递的信息，例如公司产品、理念、服务和文化等方面，进行网站功能策划，然后再对页面设计进行美化工作。由于它是企业对外宣传方式的一种，人们对网页设计产生了更深层次的审美需求。精美的网页设计，不但能够让受众可以直接有效地接收网页上的各种信息和催生消费行为，还可以提升企业的品牌形象。

随着互联网技术的进一步发展与普及，当今时代的网站，更注重审美的要求和个性化的视觉表达，这也对网页设计师这一职业提出了更高层次的要求。一般来说，平面设计中的审美观点都可以套用到网页设计上来，以及利用各种色彩的搭配，营造出不同氛围、不同形式的美。

但网页设计也有自己的独特性，在颜色的使用上，它有自己的标准色；在界面设计上，要充分考虑到浏览者使用的不同浏览器、不同分辨率的各种情况；在元素的使用上，它可以充分利用多媒体的长处，选择恰当的音频与视频相结合的表达方式，给用户以身临其境的感觉和比较直观的印象。在网络世界中，有许许多多设计精美的网页值得学习、欣赏和借鉴，如图 1-3 所示。

图 1-3

1.2.2　网页设计原则

一个成功抓住用户"眼球"并最终带来经济效益的企业网站首先需要一个优秀的设计，然后辅之优秀的制作。设计是网站的核心和灵魂，是一个感性思考与理性分析相结合的复杂过程，它的方向取决于设计的任务，它的实现依赖于网页的制作。只有掌握网页设计的基本原则、网站设计的成功要素及设计风格和色彩搭配等基本知识，才能够设计出更出色的作品。

➢ 明确主题。作为优秀的网站首先要有一个明确的主题，然后再围绕这个主题进行整个网站设计制作，为了能够使主题鲜明突出、要点明确，应该使配色和图片围绕预定的主题，通过对图形、文本等元素的设置，将主题在适当的环境里被人们及时地理解和接受，从而满足其需求，如图 1-4 所示。

图 1-4

➢ 重视首页。首页的设计是决定整个网站成功与否的关键，通过首页可以让浏览者感受到网站的整体氛围。能否吸引浏览者关键在于首页的设计效果。因此，首页的设计需要分类更加明确且类别选项更为人性化，以便浏览者可以快速寻找到需要的内容，如图 1-5 所示。

图 1-5

> ➤ 分类原则。网站内容的分类结构清晰并且便于使用，根据主题、性质和组织结构的分类要求，将页面分成若干板块、栏目，使浏览者一目了然。不仅可以吸引浏览者的眼球，还能通过网页达到信息宣传的目的，显示出鲜明的信息传达效果。但不论采用哪一种分类方法，主要目的都是让访问者能够快速且容易地找到自身需要的内容，如图 1-6 所示。

图 1-6

> **提示** 由于大多数人在短期记忆中只能同时把握 4~7 条分类信息，对多于 7 条的分类信息或者不分类的信息则容易产生记忆上的模糊或遗忘，所以要求在设计时，要将每一页的分类信息都保持在 7 条以内。

> ➤ 互动性。互联网的另一个特性就是互动性。好的网站首页必须与浏览者有良好的互动关系，包括整体页面的呈现和使用界面引导等，都应掌握互动性原则，让浏览者感受到他现在的每步操作都得到了恰当的回应。
> ➤ 统一性。任何设计都有一定的内容和形式。设计的内容是指它的主题、形象及题材等要素的总和，形式就是它的结构、风格与设计语言等表现方式。一个优秀的设计必定是形式对内容的完美表现。

网页具有多屏、分页和嵌套等特性，为了将丰富的内容和多样的形式组织成统一的页面结构，设计者可以对其进行形式上的适当变化以达到多变的处理效果，从而丰富整个网页的形式美。形式语言及图像的使用技巧，也都必须符合页面的内容，在体现内容丰富的同时，也要注意版式设计的统一性，如图 1-7 所示。

图 1-7

> 合理地运用技术。前沿的技术永远都是使设计师着迷的东西，很多网页设计师喜欢运用各种各样的网页制作技术。好的技术运用到网页中可以使网页栩栩如生，给浏览者耳目一新的感觉，但不恰当的技术会起到反作用，使浏览者对网页产生反感。

> 更新与维护。在网站站点建立后，应当及时对网站的内容进行更新，访问者总是希望看到新鲜的内容，没有人会对过时的信息感兴趣，因此网站的信息一定要注意与时俱进。适时地对网页进行内容或形式上的更新，是保持网站鲜活力的重要手段，如果想要经营一个带有即时性质的网站，除了注意内容外，还需要考虑的就是和访问者之间建立良好的沟通及事后维护管理的问题。

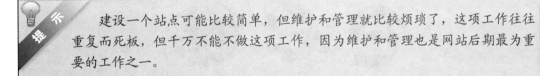

建设一个站点可能比较简单，但维护和管理就比较烦琐了，这项工作往往重复而死板，但千万不能不做这项工作，因为维护和管理也是网站后期最为重要的工作之一。

1.2.3　网页设计相关术语

在打开网页时，浏览者可能会有这样的经历，在相同的条件下，有些网页不仅美观，打开的速度也非常快，而有些网页却要等很久，这说明网页设计不仅仅需要页面精美、布局整洁，很大程度上还要依赖于网络技术。因此，网站不仅仅是设计者审美观和阅历的体现，更是设计者知识面和技术等综合素质的展示。下面为用户介绍一些与网页设计相关的术语，只有了解网页设计的相关术语，才能制作出具有艺术性和技术性的网页。

> 因特网。因特网是由一些使用公用语言互相通信的计算机连接而成的网络，即广域网、局域网及单机按照一定的通信协议组成的国际计算机网络。因特网是全球性的网络，是一种公用信息的载体，这种大众传媒比以往的任何一种通信媒体都要快。

这种将计算机网络互相连接在一起的方法可称为"网络互联"。

在因特网上查找信息时，"搜索"是最好的办法。例如可以使用搜索引擎，它提供了强大的搜索能力，用户只需要在文本框中输入几个查找内容的关键字，就可以找到成千上万与之相关的信息，如图1-8所示。

图 1-8

➤ 浏览器。浏览器是指可以显示网页服务器或者文件系统的 HTML 文件内容，并让用户与这些文件交互的一种软件。它用来显示在万维网或局域网内的文字、图像及其他信息。这些文字或图像，可以是连接其他网址的超链接，用户可迅速浏览各种信息。大部分网页为 HTML 格式。

常见的网页浏览器有 Microsoft Edge、Internet Explorer、Firefox、Safari、Opera、Google Chrome、百度浏览器、搜狗浏览器、猎豹浏览器、360 浏览器、UC 浏览器、傲游浏览器和世界之窗浏览器等，浏览器是最经常使用到的客户端程序，如图1-9所示。

图 1-9

➤ 静态网页。静态网页是相对于动态网页而言的，是指没有后台数据库和不可交互的网页。静态网页相对更新起来比较麻烦，适用于一般更新较少的展示型网站。

➤ 动态网页。动态网页除了静态网页中的元素外，还包括一些应用程序，这些程序需要浏览器与服务器之间发生交互行为，而且应用程序的执行需要服务器中的应用程序服务器才能完成。目前的动态网页主要使用 ASP、PHP、JSP

和.NET 等程序。

动态网页有以下几条规则：
- 交互性：网页会根据用户的要求和选择而动态地改变和响应，将浏览器作为客户端界面，这将是今后 Web 发展的趋势。
- 自动更新：无须手动更新 HTML 文档，便会自动生成新的页面，可以大大节省工作量。
- 因时间和访问者而变：当不同的时间、拥有不同权限的访问者访问同一网址时会产生不同的页面，使内部的资料不致泄露。

➢ HTTP。超文本传输协议（Hypertext Transfer Protocol，HTTP）是互联网上应用最为广泛的一种网络协议。所有的 WWW 文件都必须遵守这个标准。设计 HTTP 最初的目的是为了提供一种发布和接收 HTML 页面的方法。不论是用哪一种网页编辑软件，在网页中加入什么资料，或是使用哪一种浏览器，利用 HTTP 协议都可以看到正确的网页效果。

➢ URL。统一资源定位符（Uniform Resource Locater，URL）是可以从互联网上得到的资源的位置和访问方法的一种简洁的表示，是互联网上标准资源的地址。互联网上的每个文件都有一个唯一的 URL，它包含的信息可以指出文件的位置，以及浏览器应该怎么处理它。例如百度的 URL 是 www.baidu.com，也就是它的网址，如图 1-10 所示。

➢ TCP/IP。传输控制协议/因特网互联协议（Transmission Control Protocol/Internet Protocol，TCP/IP），又名网络通信协议，是 Internet 最基本的协议，也是 Internet 国际互联网络的基础，由网络层的 IP 协议和传输层的 TCP 协议组成。TCP 负责发现传输的问题，有问题就发出信号，要求重新传输，直到所有数据安全正确地传输到目的地，而 IP 是给因特网的每一台联网设备规定一个地址。用户可以在"本地连接属性"对话框中选择相应的 Internet 协议（TCP/IP）复选框进行设置，如图 1-11所示。

图 1-10

图 1-11

➢ FTP。文件传输协议（File Transfer Protocol，FTP）用于在 Internet 上控制文件的双向传输。与 HTTP 协议相同，它也是 URL 地址使用的一种协议名称，以指定传输某一种因特网资源。HTTP 协议用于链接到某一网页，而 FTP 协议则用于上传或是下载文件等。

"下载"文件就是从远程主机复制文件至自己的计算机上，"上传"文件就是将文件从自己的计算机中复制至远程主机上。

➢ IP 地址。IP 地址是指互联网协议地址，是 IP Address 的缩写。IP 地址是 IP 协议提供的一种统一的地址格式，它为互联网上的每一个网络和每一台主机分配一个逻辑地址，以此来屏蔽物理地址的差异。

当使用动态 IP 时，那么每一次分配的 IP 地址是不同的，在使用网络的这一时段内，这个 IP 是唯一指向正在使用的计算机的。另一种是静态 IP，它是固定将这个 IP 地址分配给某台计算机使用的。网络中的服务器使用的就是静态 IP。

IP 地址是一个 32 位的二进制数，通常被分割为 4 个 8 位二进制数。IP 地址通常用"点分十进制"表示成（a.b.c.d）的形式，都是 0～255 的十进制整数。

➢ 域名。域名是由一串用点分隔的名字组成的 Internet 上某一台计算机或计算机组的名称，用于在数据传输时标识计算机的电子方位。
➢ 虚拟主机。虚拟主机是指在网络服务器上分出一定的磁盘空间供用户放置站点、应用组件等，提供必要的站点功能、数据存放和传输功能。所谓虚拟主机，也叫"网站空间"，就是把一台运行在互联网上的服务器划分成多个"虚拟"的服务器，每一个虚拟主机都具有独立的域名和完整的 Internet 服务器功能。虚拟主机是网络发展的福音，极大地促进了网络技术的应用和普及。同时虚拟主机的租用服务也成了网络时代新的经济形式。
➢ 租赁服务器。租赁服务器是指通过租赁 ICP 的网络服务器来建立自己的网站。使用这种建站方式，用户无须购置服务器，只需租用服务商的线路、端口、机器设备和所提供的信息发布平台就能够发布企业信息，开展电子商务。它能替用户减轻初期投资的压力，减少对硬件长期维护所带来的人员及机房设备投入，使用户既不必承担硬件升级负担，又同样可以建立一个功能齐全的网站。
➢ 主机托管。主机托管指的是客户将自己的互联网服务器放到互联网服务供应商 ISP 所设立的机房，每月支付必要费用，由 ISP 代为管理、维护，而客户从远端连线服务器进行操作的一种服务方式。客户对设备拥有所有权和配置权，并可要求预留足够的扩展空间。主机托管摆脱了虚拟主机受软、硬件资源的限制，能够提供高性能的处理能力，同时有效降低维护费用和机房设备投入、线路租用等高额费用，非常适合中、小企业的服务器需求。

1.2.4　常见网页类型

网站就是把一个个网页系统地连接起来的集合，例如常见的百度、腾讯和搜狐等门户网站。网站按照其内容和形式可以分为很多种类型，下面就简单介绍各种不同类型的网站。

（1）个人网站

个人网站是以个人名义开发创建的具有较强个性化的网站，一般是个人为了兴趣爱好等目的而创建的，具有较强的个性化特色，带有很明显的个人色彩，无论是内容、风格，还是样式都形色各异等，如图 1-12 所示。

图 1-12

（2）企业类网站

所谓企业网站，就是企业在互联网上进行网络建设和形象宣传的平台。企业网站相当于一个企业的网络名片，企业网站作为电子商务时代企业对外的窗口，起着宣传企业、提高企业知名度、展示和提升企业形象、方便用户查询产品信息和提供售后服务等重要作用，因而越来越受到企业的重视，如图 1-13 所示。

图 1-13

（3）机构类网站

所谓机构网站，通常指机关、非营利性机构或相关社团组织建立的网站，网站的内容多以机构或社团的形象宣传和服务为主，如图 1-14 所示。

图 1-14

（4）娱乐休闲类网站

随着互联网的飞速发展，不仅涌现出了很多个人网站和商业网站，同时也产生了很多的娱乐休闲类网站，如电影网站、游戏网站、交友网站、社区论坛、手机短信网站等。这些网站为广大网民提供了娱乐休闲的场所，如图 1-15 所示。

图 1-15

（5）行业信息类网站

随着互联网的发展、网民人数的增多及网上不同兴趣群体的形成，门户网站已经明显不能满足不同群体的需要。一批能够满足某一特定领域上网人群及其特定需要的网站应运而生，如图 1-16 所示。

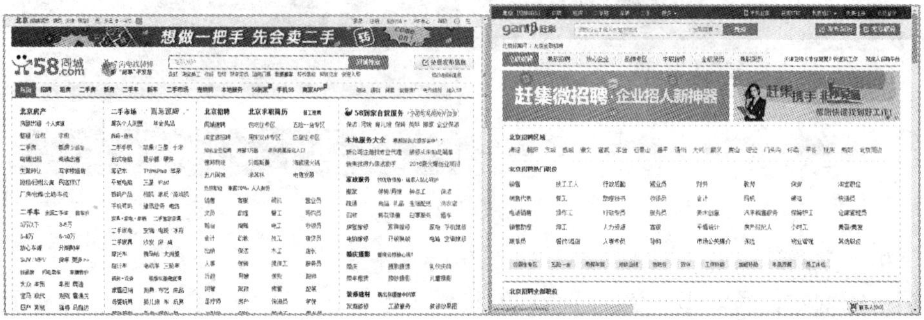

图 1-16

（6）购物类网站

随着网络的普及和人们生活水平的提高，网上购物已成为一种时尚，丰富多彩的网上资源、价格实惠的打折商品、服务优良送货上门的购物方式，已成为人们休闲、购物两不误的首选方式，如图 1-17 所示。

图 1-17

（7）门户类网站

门户类网站将无数信息整合、分类，为上网者打开方便之门，绝大多数网民通过门户类网站来寻找自己感兴趣的信息资源。门户类网站涉及的领域非常广，是一种综合性网站，如搜狐、网易和新浪等，如图 1-18 所示。

图 1-18

1.3 网页布局

目前常用的网页布局方式主要有表格布局和用 Div+CSS 布局两种。表格布局使用方法简单，制作者只要将内容按照行和列拆分，用表格组装起来即可实现设计版面布局。用 Div+CSS 布局网站页面，可以大大地减少网页代码，并且将网页结构与表现相互分离。

1.3.1 表格布局

传统的表格布局方式实际上利用了 HTML 中的表格元素<table>具有的无边框特性，由于表格元素可以在显示时将单元格的边框和间距设置为 0，可以将网页中的各个元素按版式划分放入表格的各个单元格中，从而实现复杂的排版组合。

1.3.2　表格布局的特点

由于对网站外观"美化"要求的不断提高，设计者开始用各种图片来装饰网页。由于大的图片下载速度缓慢，一般制作者会将大图片切分成若干个小图片，浏览器会同时下载这些小图片，这样就可以在浏览器上尽快将图片打开。因此表格成为把这些小图片组装成一张完整图片的工具。如图 1-19 所示为使用表格布局的页面和该页面的 HTML 代码。

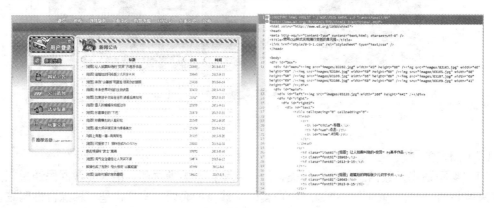

图 1-19

1.3.3　冗余的嵌套表格和混乱的结构

采用表格布局的页面，为了实现设计的布局，制作者往往在单元格标签<td>内设置高度、宽度和对齐等属性，有时还要加入装饰性的图片，图片和内容混杂在一起，使代码视图显得非常臃肿。

表格在版面布局上很容易掌控，通过表格的嵌套可以很轻易地实现各种版式布局，但即使是一个最基本的表格，也需要<table>、<tr>和<td>这 3 个标签，最简单的表格代码如下所示：

```
<table>
<tr>
<td>Adobe Dreamweaver</td>
</tr>
</table>
```

当需要制作一个较为复杂的页面时，HTML 文档内将会充满<tr>和<td>标签。同时，由于浏览器需要把整个表格下载完成后才会显示，因此如果一个表格过长、内容过多，浏览者往往要等很长时间才能看到页面中的内容。

同时，由于浏览器对 HTML 的兼容，因此就算嵌套错误甚至标签不完整都能显示出来。如此多的冗余代码，对于服务器端来说也是一个不小的压力，也许一个只有几个页面、每天只有十几个人访问的个人站点对流量不会太在意，但是对于一个每天都有几千人甚至上万人在线的大型网站来说，服务器的流量就是一个必须关注的问题了。

1.3.4　表格布局的优缺点

表格布局容易上手，可以形成复杂的变化，简单快速，在表现上更加"严谨"，在不同的浏览器中都能得到很好的兼容。但是如果网站有布局变化的需要时，这样的布局就需要重新设计，再加上表格的分行分列，页面变化的比例会很大。

1.3.5　Div+CSS 布局

Div+CSS 布局又可以称为 CSS 布局，重点在于使用 CSS 样式对网页中元素的位置和外观进行控制。Div+CSS 布局的重点不再放在表格元素的设计中，取而代之的是 HTML 中的另一个元素——Div。Div 可以理解为"图层"或是一个"块"，是一种比表格简单的元素，语法上从<div>开始，以</div>结束，Div 的功能仅仅是将一段信息标记出来用于后期的 CSS 样式定义。

1.3.6　Div+CSS 布局的特点

采用 CSS 进行网站布局非常整洁，可以使内容更加清晰，更容易让设计人员进行分离，不像表格布局那样充满各种各样的属性和数字，而且很多 CSS 文件通常是共用的，从而大大缩减了页面代码，提高了页面浏览速度，采用 Div+CSS 代码进行网站制作对关键词排名优化也有很多好处。

Div+CSS 是实现 Web 标准的主要技术手段之一，Web 标准不仅仅是 HTML 向 XHTML 的转换，更重要的是信息结构清晰、内容与表现相分离，而 Div+CSS 技术能较好地实现这种思想。因此，多数符合标准的页面都是采用 Div+CSS 制作的。如图 1-20 所示为使用 Div+CSS 布局的页面和该页面的 HTML 代码。

图 1-20

1.3.7　Div+CSS 布局的优缺点

Div+CSS 布局符合 W3C 标准。微软等公司均为 W3C 支持者。这保证网站不会因为将来网络应用的升级而被淘汰。支持浏览器的向后兼容，也就是无论未来的浏览器如何发展，网站都能很好地兼容。搜索引擎更加友好，采用 Div+CSS 技术的网页，对于搜索引擎的收录更加友好。内容和样式的分离，使页面和样式的调整变得更加方便。CSS 的最大优势表现在简洁的代码，对于一个大型网站来说，可以节省大量带宽，而且众所周知，搜索引擎喜欢简洁的代码。表现和结构分离，在团队开发中更容易分工合作，且可以减少相互的关联性。

比较表格布局和 CSS+Div 后发现，CSS 语法其实很容易理解，但 bug 问题也是阻止 CSS 普及的原因之一，即使是 Web 专业人士也往往要花费大量时间修改 bug，更不用说那些对 CSS 使用的新手了。深度比较可以发现，一些通过表格方式可以轻松解决的问题在使用 CSS+Div 的时候会变得复杂。

1.4 网页版式设计

网页设计的基本要求就是主题明确、突出，要点明确，充分表现网站的个性，并且可以突出网站的特点。板式设计在网页设计中占有重要的地位，精美的排布可以为网页增光添彩，如图 1-21 所示为两款精美布局的网页设计。

图 1-21

1.4.1 网页版式设计的特点

所谓网页版式设计就是在有限的空间内，对网页中的图片、文字、动画、视频和音频等基本元素进行整合处理，按照一定的规律和艺术化的处理方法进行编排和布局，形成整体构图，并最终达到有效传递信息的目的。网页版式设计决定了网页的风格和个性，通过视觉配置影响页面之间导航的方向性，以吸引浏览者的注意力并增强网页内容的表达效果。

1.4.2 页面尺寸

网页设计的版面尺寸没有固定的标准，和显示器的大小及分辨率有关，在设计网页时需要根据实际情况决定，如图 1-22 所示为不同分辨率下网页的显示效果。网页的局限性就在于无法突破显示器的范围，并且浏览器也会占据一部分位置，因此留给页面的空间就会很小。在网页设计过程中，给网页增加内容的唯一方法就是下拉页面，但是一定要确保网站的内容足够吸引浏览者向下拖动，并且最好不要使拖动的页面超过 3 页。如果需要在一页中显示超过 3 页的内容，最好在网页中设置内部超链接，以方便用户访问浏览。

图 1-22

1.4.3　整体造型

这里所指的整体造型是页面的整体形象，这种形象应该是一个整体，图像与文本文字的结合是层叠有序的。虽然显示器和浏览器都是单调的矩形，但是可以通过对一些基本图形的运用来实现页面的个性造型，如图 1-23 所示。

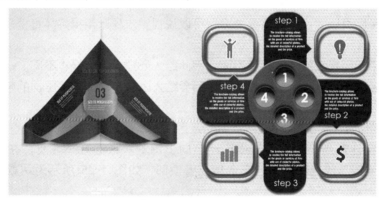

图 1-23

1.4.4　网页布局方法

网页布局方法可以分为纸上布局和软件布局两种类型。

在制作网页时，如果不先画出页面布局的草图，而是直接在网页设计软件中边设计布局边添加内容，很难设计出优秀的作品来。因此在制作网页前，要先在纸上画出网页的布局草图，这就是纸上布局法。

如果不喜欢在纸上完成这项操作，也可以利用软件来完成。例如可以使用 Photoshop 中的图像编辑功能来设计网页布局，这就是软件布局法。利用 Photoshop 可以方便地使用颜色和图形，这一点是纸张所无法实现的布局概念。

1.4.5　网页设计的构图方法

网页设计的基本类型主要有骨骼型、满版型、分割型、中轴型、曲线型、倾斜型、对称型、三角形、焦点型和自由型等构图方式，如图 1-24 所示。对于不同构图方式的选择是根据网站的行业属性、受众群体等因素进行选择的。

图 1-24

1.4.6　版式设计的视觉流程

视觉流程是网页版式设计的重要内容，可以说视觉流程运用得好坏直接反映了设计者的技术是否成熟。

由于网页中不同视域的注视程度不同，因此给人心理上的感受也不同。一般来说，版面的上部会给人轻快、漂浮和积极的感觉，下部会给人以稳定、慎重和压抑的感觉，左侧感觉轻便和自由，右侧会显得庄重。

在浏览网页时，通常按照阅读习惯以从上往下、从左往右的顺序浏览。因此，浏览者的目光首先会注意到左上角，然后再逐步向下浏览。根据这一习惯，在进行版式设计时，可以将重要信息放置在页面的左上角或者顶部，如图 1-25 所示为两款版式设计合理的网页界面。

图 1-25

> 提示　网页设计的视觉流程主要有线性视觉流程、曲线视觉流程、焦点视觉流程、反复视觉流程、导向视觉流程和散点视觉流程等。

1.5　了解 Web 标准

在学习使用 Div+CSS 对网页进行布局制作之前，还需要清楚什么是 Web 标准。Web 标准也称为网站标准，通常所说的 Web 标准是指进行网站建设所采用的基于 XHTML 语言的网站设计语言。

1.5.1　Web 标准的基础概念

Web 标准即网站标准。目前通常所说的 Web 标准一般指进行网站建设所采用的基于 XHTML 语言的网站设计语言。Web 标准中典型的应用模式是 Div+CSS。实际上，Web 标准并不是某一个标准，而是一系列标准的集合。

Web 标准由一系列的规范组成。由于 Web 设计越来越趋向于整体与结构化，对于网页设计制作者来说，理解 Web 标准首先要理解结构和表现分离的意义。刚开始的时候理解结构和表现的不同之处可能很困难，特别是不习惯思考文档的语义结构。但是理解这一点是很重要的，因为当结构和表现分离后，用 CSS 样式表来控制表现就很容易了。

> 制定网站标准的目的是：提供最多利益给最多的网站用户；确保任何网站文档都能够长期有效；简化代码、降低建设成本；让网站更容易使用，能适应更多不同用户和更多网络设备；当浏览器版本更新，或者出现新的网络交互设备时，确保所有应用能够继续正确执行。

1.5.2　认识 W3C

万维网联盟（World Wide Web Consortium，W3C），又称 W3C 理事会。1994 年 10 月在麻省理工学院计算机科学实验室成立。建立者是互联网的发明者蒂姆·伯纳斯-李。

W3C 组织是对网络标准制定的一个非盈利组织，例如 HTML、XHTML、CSS、XML 的标准就是由 W3C 来制定的。W3C 会员包括生产技术产品及服务商、内容供应商、团体用户、研究实验室、标准制定机构和政府部门，一起协同工作，致力于在万维网发展方向上达成共识。自从 Web 诞生以来，Web 的每一步发展、技术成熟和应用领域的拓展，都离不开 W3C 的努力。W3C 是专门致力于创建 Web 相关技术标准并促进 Web 向更深、更广发展的国际组织。

1.5.3　W3C 发布的标准

Web 标准不是某一个标准，而是一系列标准的集合。网页主要由结构、表现和行为 3 部分组成。对应的标准也分 3 个方面：结构化标准语言、表现标准语言和行为标准。

- ➤ 结构化标准语言。主要包括 HTML、XHTML 和 XML，推荐遵循的是 W3C 于 2000 年 10 月 6 日发布的 XML 1.0。
- ➤ 表现标准语言。主要包括 CSS 样式，目前推荐遵循的是 W3C 于 1998 年 5 月 12 日发布的 CSS 2.0。
- ➤ 行为标准。主要包括对象模型（如 W3C DOM）和 ECMAScript 等。

Web 标准是由 W3C 和其他标准化组织制定的一套规范集合，包含一系列标准，例如人们所熟悉的 HTML、XHTML、JavaScript 及 CSS 等。制定 Web 标准的目的在于创建一个统一的用于 Web 表现层的技术标准，以便于通过不同浏览器或终端设备向最终用户展示信息内容。

（1）HTML

超文本标记语言（Hyper Text Markup Language，HTML），HTML 被用来结构化信息，例如标题、段落和列表等，也可用来在一定程度上描述文档的外观和语义。页面内包含图片、超链接、音乐，结构上包括头和主体两部分，头提供网页信息，主体提供网页具体内容。超文本标记语言是万维编程的基础，是文本包含超链接的一种形式。

> HTML 元素构成了 HTML 文件，这些元素是由 HTML 标签（tags）所定义的。HTML 文件是一种包含很多标签的纯文本文件，标签告诉浏览器如何显示页面。

（2）XML

XML 即可扩展标记语言，它与 HTML 一样，都是标准通用标记语言。XML 是 Internet 环境中跨平台的，依赖于内容的技术，是当前处理结构化文档信息的工具。扩展标记语言 XML 是一种简单的数据存储语言，使用一系列简单的标记描述数据，而这些标记可以用方便的方式建立，虽然 XML 要占用比二进制数据更多的空间，但 XML 极其简单，易于掌握和使用。下面看一个 XML 的例子：

```xml
<?xml version = "1.0" encoding="UTF-8"?>
<BookList>
  <Book>
      <Title>Photoshop</Title>
      <Author>张三</Author>
      <Publisher>金景盛意文化传媒</Publisher>
      <PubDate>2016 年 2 月</PubDate>
      <ISBN>1-1111-1111-1</ISBN>
  </Book>
</BookList>
```

（3）XHTML

XHTML 是可扩展超文本标记语言，是一种置标语言，表现方式与超文本标记语言（HTML）类似，不过语法上更加严格。从继承关系上讲，HTML 是一种基于标准通用置标语言的应用，是一种非常灵活的置标语言，而 XHTML 则基于可扩展标记语言，可扩展标记语言是标准通用置标语言的一个子集。XHTML 1.0 在 2000 年 1 月 26 日成为 W3C 的推荐标准。

> XHTML 有 3 种 DTD 定义：严格、过渡和框架。DTD 写在 XHTML 文件的最开始，告诉浏览器这个文档符合的规范，以及用哪种规范来解析。

（4）CSS

CSS 是 Cascading Style Sheets 的缩写，是一种用来表现 HTML 或 XML 等文件样式的计算机语言。

CSS 目前最新版本为 CSS 3.0，是能够真正做到网页表现与内容分离的一种样式设计语言。相对于传统 HTML 的表现而言，CSS 能够对网页中对象的位置排版进行像素级的精确控制，支持几乎所有的字体、字号样式，拥有对网页对象和模型样式编辑的能力，并能够进行初步交互设计，是目前基于文本展示最优秀的表现设计语言。CSS 能够根据不同使用者的理解能力，简化或者优化写法，针对各类人群，有较强的易读性。

（5）DOM

文档对象模型（Document Object Model，DOM）是 W3C 组织推荐的处理可扩展置标语言的标准编程接口，用于对结构化文档建立对象模型，从而使得用户可以通过程序语言来控制其内部结构。W3C 的重要目标是利用 DOM 提供一个适用于多个平台的编程接口，可使用任意编程语言实现。

（6）ECMAScript

ECMAScript 是一种由 ECMA 国际（前身为欧洲计算机制造商协会）通过 ECMA-262 标准化的脚本程序设计语言。这种语言在万维网上应用广泛，往往被称为 JavaScript 或 JScript，但实际后两者是 ECMA-262 标准的实现和扩展。

1.5.4　网页标准化的好处

网页标准化的好处可以分为网站建设标准化的好处、浏览者的好处和网站开发者的好处 3 类。

（1）网站建设标准化的好处
- 简化代码，降低建设成本。
- 确保任何网站文档都能够长期有效。
- 让网站更容易使用，能适应更多不同用户和更多网络设备。
- 确保出现新的网络交互设备时，所有应用仍能够继续正确执行。

（2）网站浏览者的好处
- 更快的文件下载和页面显示速度。
- 内容能够被更多用户所访问。
- 内容能够被更多设备所访问。
- 用户能够通过样式定制个性界面。
- 所有页面能够提供适合打印的版本。

（3）对网站开发维护所有者的好处
- 更少的代码和组件，易于维护。
- 代码更简洁，降低了成本。
- 更容易被搜索引擎搜索到。
- 改版方便，无须变动页面内容。
- 提供打印版本，而不需要复制内容。
- 提高了网站易用性。

> 在很多发达国家，由于 Web 标准页面的结构清晰、语义完整，利用相关设备能很容易地正确提取信息给残障人士。方便盲人阅读信息成为 Web 标准的好处之一。

1.6 网站开发流程

在开始建设网站之前就应该有一个整体的战略规划和目标，规划好网页的大致外观后，就可以进行设计了。而当整个网站测试完成后，就可以发布到网上了。大部分站点需要定期进行维护，以实现内容的更新和功能的完善，如图 1-26 所示为网站开发流程图。

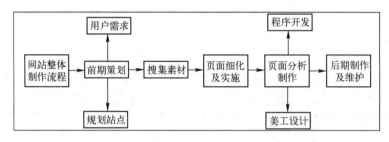

图 1-26

1.7 专家支招

通过对本章的学习，相信读者对网页的基础知识、网页设计与网页制作有了一个初步的了解，接下来解答两类常见问题。

1.7.1 确定域名注意事项

网页制作完毕后，要发布到 Web 服务器上，才能够让众多的浏览者观看。首先需要申请域名和空间，然后才能上传到服务器上。当确定域名时，有一些需要注意的事项：

➢ 一般来说，域名的长度越短越好。
➢ 域名的意义以越简单、越常用越好。
➢ 域名要尽可能给人留下良好的印象。
➢ 一般来说，组成域名的单词数量越少越好，主要类型有英文、数字、中文、拼音和混合。
➢ 是否是以前被广泛使用过的域名，是否在搜索引擎中有好的排名或者多的连接数。
➢ 是否稀有，是否有不可替代性。

1.7.2 常用网页编辑软件

在进行网页制作之前，还需要一款强大的网页编辑软件。常用的网页编辑软件有 Dreamweaver、FrontPage 和 Netscpe 等。

（1）Dreamweaver

Adobe Dreamweaver，简称"DW"，是集网页制作和管理网站于一身的所见即所得网页编辑器。Dreamweaver 由 MX 版本开始使用 Opera 软件公司的排版引擎"Presto"作为网页预览。由于同新的 Adobe CS Live 在线服务 Adobe BrowserLab 集成，可以使用 CSS 检查工具进行设计，使用内容管理系统进行开发并实现快速、精确的浏览器兼容性测试。如图 1-27 所示为 Dreamweaver 编辑器主界面。

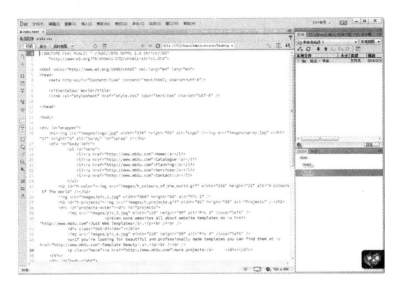

图 1-27

（2）HomeSite

由 Adobe 公司提供的 HomeSite 是一种功能完备的 HTML 编辑器。它与文本编辑器相似，但含有自动添加 HTML 标签及轻松创建 HTML 复杂元素的功能。HomtSite 还有大量的 JavaScript 特性，比如自动创建标签等。

1.8　总结扩展

网页作为一种新的视觉表现形式，它的发展虽然没有多长时间，但兼容了传统平面设计的特征，又具备其所独有的优势，成为今后信息交流的一个非常有影响的途径。

1.8.1　本章小结

本章主要介绍了网页和网站的相关基础知识，包括网页与网站的关系、网页的基本构成元素、网页设计的特点、网页设计相关术语和常见网站类型等内容，使读者对网页与网站有一个更深入的了解和认识。本章还介绍了表格布局的特点和 Div+CSS 布局的特点、网页版式设计相关知识，以及有关 Web 标准的相关知识。本章所介绍的基础概念较多，读者需要认真学习。

1.8.2　举一反三——制作简单的 HTML 页面

根据自己对本章中网页和网站基础知识的了解和学习，现在通过一个课后练习来制作一个简单的 HTML 页面，加深对本章基础知识的学习。

源文件地址：	源文件\第 1 章\1-8-2.html
视频地址：	视频\第 1 章\1-8-2.MP4

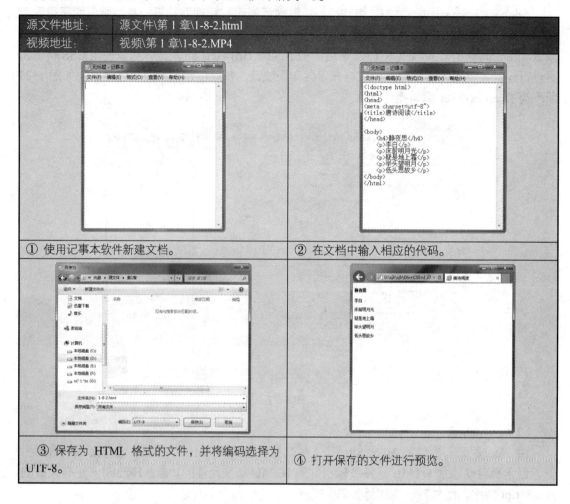

① 使用记事本软件新建文档。	② 在文档中输入相应的代码。
③ 保存为 HTML 格式的文件，并将编码选择为 UTF-8。	④ 打开保存的文件进行预览。

第 2 章　HTML、XHTML 和 HTML 5 基础

好的网页设计除了首先考虑其内容上的精益求精外，其次就是对内容合理有效的视觉编排。由于网页都是由 HTML 构成的，所以要想制作出精美的网页，就需要对 HTML 的相关知识有所了解，本章主要介绍 HTML、XHTML 和 HTML 5 的相关知识，并对它们各自的属性标签做了简单的介绍。

2.1　HTML 基础

HTML 是一种建立网页文件的语言，它主要运用标签使页面文件显示出预期的效果，也就是在文本文件的基础上，加上影像、声音、图片和文字等网页元素展示效果，可通过记事本、写字板或 Dreamweaver 等编辑工具来编写，最后形成扩展名为.htm 或.html 的文件。

2.1.1　HTML 概述

在学习 HTML 语言之前，要先对 World Wide Web 有所了解。万维网是一种建立在因特网上的、全球性的、交互的、多平台的和分布式的信息资源网络。它采用 HTML 语法描述超文本文件。Hypertext 一词共包含两个含意，分别是链接相关联的文件和内含多媒体对象的文件。

从技术上讲，万维网有 3 个基本组成部分，分别是 URLs（全球资源定位器）、HTTP（超文本传输协议）和 HTML（超文本标记语言）。

全球资源定位器（Universal Resource Locators，URLs），提供在 Web 上进入资源的统一方法和路径，使得用户所要访问的站点具有唯一性，相当于实际生活中的门牌地址。

超文本传输协议（Hypertext Transfer Protocol，HTTP）是一种网络上传输数据的协议，专门用于传输万维网上的信息资源。

超文本标记语言（Hypertext Markup Language，HTML）是一种文本类、解释执行的标记语言，是在标准一般化的标记语言（SGML）的基础上建立的。SGML 仅描述了定义一

套标记语言的方法，而没有定义一套实际的标记语言。HTML 就是根据 SGML 制定的特殊应用。

HTML 语言是一种简易的文件交换标准，有别于物理的文件结构，旨在定义对象的描述文件的逻辑结构，而并不是定义文件的显示。由于 HTML 所描述的文件具有极高的适应性，所以特别适合万维网的环境。

HTML 于 1990 年被万维网采用，至今经历了众多版本，主要由万维网国际协会主导其发展。而很多编写浏览器的软件公司也根据自己的需要定义 HTML 标记或属性，导致现在的 HTML 标准较为混乱。

由于 HTML 编写的文件是标准的 ASCII 码文本文件，所以可以使用任何的文本编辑器打开 HTML 文件。

> HTML 文件可以直接由浏览器解释执行，而无须编译。当用浏览器打开网页时，浏览器读取网页中的 HTML 代码，分析其语法结构，然后根据解释的结果显示网页内容，正是因为如此，网页显示的速度同网页代码的质量有很大的关系，保持精简和高效的 HTML 源代码是十分重要的。

2.1.2　HTML 文件的基本结构

编写 HTML 文件时，必须遵循 HTML 的语法规则。一个完整的 HTML 文件是由标题、段落、列表、表格、单词和嵌入的各种对象组成的。这些逻辑上统一的对象统称为元素，这些元素被 HTML 使用标签来分割并描述。实际上，元素和标签组成了完整的 HTML 文件。

标记的功能是逻辑性地描述文件的结构，从结构上分，HTML 文件内容也分为 head 和 body 两大部分，这两部分各有其特定的标记及功能。　个 HTML 文件的基本结构如下所示：

```
<html>
<head>
<title>HTML 文件</title>
</head>
<body>
<h2> Div+CSS+jQuery 网页建设布局精粹</h2>
<b>微软</b>公司的网址是：</br>
<a href="http://www.microsoft.com/zh-cn">
http://www.microsoft.com/zh-cn</a>
</body>
</html>
```

在以上程序中，<html>与</html>作为文件的开始与结束，<head>与</head>表示 HTML 文件的头部标记，<title>与</title>标记用来定义文件的标题，它一般都放在 HTML 文件的表头部分，<body>与</body>是 HTML 文件的主题标记，大部分文件内容都放置在这个区域中，例如文本、图像和超链接等。该段 HTML 代码在浏览器中显示的效果如图 2-1 所示。

图 2-1

2.1.3　HTML 能做什么

HTML 语言作为一种网页编辑语言，易学易懂，能制作出精美的网页效果，其主要在网页中实现的功能如下：

（1）格式化文本

使用 HTML 语言格式化文本，例如设置标题、字体、字号和颜色，以及设置文本的段落和对齐方式等。

（2）创建表格

使用 HTML 语言可以创建表格，表格为浏览者提供了快速找到需要信息的显示方式。

（3）插入图像

使用 HTML 语言可以在页面中插入图像，使网页图文并茂，还可以设置图像的各种属性，例如大小、边框、布局等。

（4）创建列表

HTML 语言可以创建列表，将信息用一种易读的方式表现出来。

（5）插入多媒体

使用 HTML 语言可以在页面中加入多媒体，可以在网页中加入音频、视频和动画，还能设定播放的时间和次数。

（6）创建超链接

HTML 语言可以在网页中创建超链接，通过超链接检索在线信息，只需用鼠标单击，就可以链接到任何一处。

（7）创建表单

使用 HTML 语言还可以实现交互式表单和计数器等网页元素。

HTML 是最基本的网页制作语言，其他的专业网页编辑软件，如 Dreamweaver 等，都是以 HTML 为基础的。

2.1.4　HTML 的基本语法

绝大多数元素都有起始标签和结束标签，在起始标签和结束标签之间的部分是元素体，例如<body>…</body>。每一个元素都有名称和可选择的属性，元素的名称和属性都在起始标签内标明。

（1）一般标签

一般标签是由一个起始标签和一个结束标签所组成的，其语法格式如下：

```
<p>文本内容</p>
```

其中，p 代表标记名称。<p>和</p>就如同一组开关：起始标签<p>为开启某种功能，而结束标签</p>（通常为起始标签加上一个斜线/）为关闭该功能，受控制的文字信息便放在两个标签之间，例如下面的标签形式：

```
<i>斜体字</i>
```

标签之中还可以附加一些属性，用来实现或完成某些特殊效果或功能，其语法格式如下：

```
<x a₁="v₁", a₂="v₂",…, aₙ="vₙ">控制文字</x>
```

其中，a_1，a_2…，a_n 为属性名称，而 v_1，v_2…，v_n 则是其所对应的属性值。属性值加不加引号，目前所使用的浏览器都可以接受，但根据 W3C 的新标准，属性值是要加引号的，因此最好养成加引号的习惯。

（2）空标签

虽然大部分标签是成对出现的，但也有一些是单独存在的，这些单独存在的标签称为空标签，其语法格式如下：

```
<x>
```

同样，空标签也可以附加一些属性，用来完成某些特殊效果或功能，其语法格式如下：

```
<x a₁="v₁", a₂="v₂", a₃="v₃",…, aₙ="vₙ">
```

W3C 定义的新标准（XHTML 1.0/ HTML 4.0）建议：空标签应以/结尾，即<x />。如果附加属性，则语法格式如下：

```
<x a₁="v₁", a₂="v₂", a₃="v₃",…, aₙ="vₙ"/>
```

例如下面的代码即为水平线<hr />标签设置 color 属性：

```
<hr color="#0000FF" />
```

　　目前所使用的浏览器对于空标签后面是否要加/并没有严格要求，即在空标签最后加/和没有加/不影响其功能，但是如果希望文件能满足新标准，最好加上/。

2.2 HTML 标签

标签是 HTML 语言最基本的单位，每一个标签都是由"<"开始、">"结束的，标签通过指定某块信息为段落或标题等来标示文档中的某一部分内容。本节详细介绍在 HTML 语言中重用的一些标签。

2.2.1 基本标签

基本标签是指用来标记文件结构的，其主要由<html>、<head>和<body>3 个标签组成，除此之外，HTML 包括另外一些基本标签，常见的基本标签如下：

➤ <html>…</html>：表示 HTML 文件的开始和结束。

➤ <head>…</head>：其标签是网页的头标签，用来定义 HTML 文档的头部信息。

➤ <body>…</body>：其标签是 HTML 文档的主体部分。

<body>标签作为网页的主体内容部分，通过这些属性的设置，可对页面的
背景颜色、文本颜色和超链接颜色等内容进行设置。

➤ <title>…</title>：其标签用来定义 HTML 文档的标题，在<title>…</title>标签对之间
加入要显示的文本，即可显示在浏览器窗口的标题栏上。

➤ <hi>…</hi>：i=1，2，…，6，网页中文本标题的级别。

```
<html>
<body>
<h1>This is heading 1</h1>
<h2>This is heading 2</h2>
<h4>This is heading 4</h4>
<h6>This is heading 6</h6>
</body>
</html>
```

➤ <hr/>：表示的是水平标签，用来在网页中插入水平分割线。

➤ <pre>…</pre>：以原始格式显示。

➤ …：粗体字。

➤ <i>…</i>：斜体字。

➤ <font>…</font>：改变字体设置。

➤ <center>…</center>：居中对齐。

➤ <blink>…</blink>：文字闪烁。

➤ <cite>…</cite>：参照。

➤ <big>…</big>：加大字号。

➤ <small>…</small>：缩小字号。

➤ <img>：嵌入图像。

➤ <embed>：嵌入多媒体对象。

➤ <bgsound>：背景音乐。

➤ <a>…</a>：建立超链接。

```
<html>
<body>
<a href=" https://www.baidu.com/">百度首页</a>
</body>
</html>
```

2.2.2　格式标签

格式标签主要用于对网页中的各种元素进行排版布局，格式标签放置在 HTML 文档中
的<body>与</body>标签之间，通过格式标签使文字以特定的格式显示，以增强文件的可看

度，其基本应用格式如下：

```
<body>
<center>文字居中</center>
<p>定义一个段落</p>
</body>
```

常见的基本标签如下：

➤
：换行标签，用于强制文本换行显示，该标签是空标题，单独出现。

➤ <p>…</p>：定义一个段落，该标签是成对使用的。

```
<html>
<body>
<p>这是段落。</p>
<p>段落元素由 p 标签定义。</p>
</body>
</html>
```

➤ <center>：居中标签，可以使页面元素居中显示。

➤ <ul>…</ul>：用于在网页中创建无编号项目列表。

➤ <ol>…</ol>：用于在网页中创建有编号项目列表。

```
<!DOCTYPE html>
<html>
<body>
<ol start="10">
<li>咖啡</li>
<li>牛奶</li>
</ol>
</body>
</html>
```

➤ <dl>…</dl>：用于在网页中创建定义列表。

➤ <dt>…</dt>：用于创建列表中的上层项目。

➤ <dd>…</dd>：用于创建列表中的下层项目。

➤ <menu>…</menu>：用于创建菜单式列表。

2.2.3 文本标签

文本标签主要是将一些比较重要的文本内容以醒目的方式显示出来，从而吸引浏览者的目光，让浏览者能够特别注意到这些重要的文字内容，由于可以使用"属性"面板和 CSS 样式实现，所以在制作网页时，直接在 HTML 代码中添加段落和文字标记的已经不多了。文本标签也是写在<body>标签内部的，其基本应用格式如下：

```
<body>
<h3>标题 3 的格式</h3>
<i>文本斜体</i>
</body>
```

常用的文本标签介绍如下：

➤ <font>：设置文本的字体、字号和颜色，该标签成对使用。

> <b>：文本加粗标签，用于显示需要加粗的文字，该标签成对使用。
> <strong>：加重文本，即粗体的另一种方式，该标签成对使用。
> <i>：文本斜体标签，用于需要显示为斜体的文字，该标签成对使用。
> <em>：文本强调标签，用于显示需要强调的文本，强调的文本会显示为斜体，该标签成对使用。
> <blink>：使文字闪烁，但多数浏览器不支持。

2.2.4　超链接标签

（1）文字、图像超链接

文字、图像超链接格式如下：

```
<a href="""title="" target"">链接文字或图像</a>
```

属性 href 为设置超链接地址，title 为设置超链接文本或图片的提示文字，target 为设置超链接的打开方式，target 属性有 4 个可选值。

> _blank：新的浏览器窗口中打开。
> _parent：将链接地址在父框架页面中打开。
> _self：打开方式将链接地址在当前的浏览器窗口中打开。
> _top：打开方式将链接地址在整个浏览器窗口中打开。

（2）锚点链接

锚点链接的格式如下：

```
<a name=" #锚点名称">链接文字或图像</a>
```

Name 为插入锚点时输入的名称，指向锚点的方式是为其指向文字创建超链接，超链接的格式为 "#加锚点的名称"，例如：

```
<a href=" #HTML">
```

（3）E-mail 超链接

E-mail 超链接的格式如下：

```
<a href="mailto:邮件地址">
```

如果需要同时写下多个参数，可在参数之间用&分隔。

2.2.5　图像标签

图像是网页中不可缺少的重要元素之一，在 HTML 中使用<img/>标签对图像进行处理，在网页中就能显示出路径所链接的图像，其基本应用格式如下：

```
<img src="图片地址" width="图片宽度" height="图片高度">
```

 通常图像文件都会放在网站中一个独立的目录里。在这里需要注意的是，src 属性在<img>标志中是必须赋值的，是标志中不可缺少的一部分。

> scr 属性：指定存放图片的具体路径。
> width 属性：用于设置图像的宽度。
> height 属性：用于设置图像的高度。
> lowsrc 属性：指定图像的低解析度源，若图像过大，浏览器下载会很慢，可以指定一

个低分辨率的图像副本，浏览器会先下载副本并在浏览器中显示，再下载大的图像。

- ➤ alt 属性：图像的注释，也就是代替的文字。
- ➤ border 属性：指定图像的边框。
- ➤ vspace 属性：指定图像的垂直边距。
- ➤ border 属性：用于设置图像边框的宽度，该属性的取值为大于或等于 0 的整数，它以像素为单位。
- ➤ align 属性：用于设置图像与其周围文本的对齐方式，共有 4 个属性值，分别为 top、right、bottom 和 left。

2.2.6 　表格标签和表单标签

在 HTML 中，表格标签是开发人员常用的标签，尤其是在 Div+CSS 布局还没有兴起的时候，它是表格中网页布局的主要方法，其基本应用格式如下：

```
<table>
<tr>
<td>一行一列的表格</td>
</tr>
</table>
```

常用表格标签和表单标签的属性介绍如下：

- ➤ <table>…</table>：定义表格区域。
- ➤ <caption>…</captoin>：表格标题。
- ➤ <th>…</th>：表头。
- ➤ <tr>…</tr>：表格行。
- ➤ <td>…</td>：表格单元格。
- ➤ <form>…</form>：表明表单区域的开始与结束。
- ➤ <input>：产生单行文本框、单选按钮或复选框等。
- ➤ <textarea>…</textarea>：产生多行输入文本框。
- ➤ <select>…</select>：标明下拉列表的开始与结束。
- ➤ <option>…</option>：在下拉列表中产生一个选择项目。

2.2.7 　分区标签

在 HTML 文档中常用的两个分区标签，分别是<div>标签和<span>标签。

➤ <div>…</div>：该标签又称区域标签，用来作为多种 HTML 标签组合的容器，对该区域进行操作和设置，就可完成对区域中元素的操作和设置。

<div>标签也可用来排版大块 HTML 段落，也用于格式化表，此标签对的用法与<p>…</p>标签对非常相似，同样有 align 对齐方式属性。但它不能嵌套在<p>标签中使用。

➤ <span>标签用来作为片段文字和图像等简短内容的容器标签，其意义与<div>标签相似，但是和<div>标签不一样的是，<span>标签是文本级元素，在默认情况

下不会占用正行，但可在一行中显示多个<span>标签，此标签常用于段落和列表项目中。

2.3　HTML 基础

XHTML 是 HTML 的发展和延伸，HTML 是一种基于标准通用置标语言的应用，是一种非常灵活的置标语言，而 XHTML 则基于可扩展标记语言，可扩展标记语言是标准通用置标语言的一个子集。

2.3.1　XHTML 概述

XHTML 是当前 HTML 版的继承者。HTML 语法要求比较松散，这样对网页编写者来说，比较方便，但对于机器来说，语言的语法越松散，处理起来就越困难，对于传统的计算机来说，还有能力兼容松散语法，但对于许多其他设备，比如手机，难度就比较大。因此产生了由 DTD 定义规则，语法要求更加严格的 XHTML。

大部分常见的浏览器都可以正确地解析 XHTML，即使旧一点的浏览器，XHTML 作为 HTML 的一个子集，大多也可以解析。也就是说，几乎所有的网页浏览器在正确解析 HTML 的同时，可兼容 XHTML。当然，从 HTML 完全转移到 XHTML，还需要一个过程。

2.3.2　XHTML 的页面结构

首先看一个最简单的 XHTML 页面实例，其代码如下：

```
<!DOCTYPE html PUBLIC "-//W3C//DTD XHTML 1.0 Transitional//EN"
  "http://www.w3.org/TR/
xhtml1/DTD/xhtml1-transitional.dtd">
<html xmlns="http://www.w3.org/1999/xhtml">
<head>
<meta http-equiv="Content-Type" content="text/html; charset=utf-8" />
<title>新建文档</title>
</head>
<body>
文本内容
</body>
</html>
```

在这段代码中，包含了一个 XHTML 页面必须具有的页面基本结构，其具体结构如下：

➤ 文档声明部分声明：文档类型声明部分由<!DOCTYPE>元素定义，其对应的页面代码如下：

```
<!DOCTYPE html PUBLIC "-//W3C//DTD
XHTML 1.0 Transitional//EN" "http://
www.w3.org/TR/xhtml1/DTD/xhtml1-
transitional.dtd">
```

➤ <html>元素和名字空间：<html>元素是 XHTML 文档中必须使用的元素，所有的文档内容（包括文档头部内容和文档主体内容）都要包含在<html>元素之中，<html>元素的语法结构如下：

```
<html>文本内容</html>
```

起始标签<html>和结束标签</html>一起构成一个完整的<html>元素，其包含的内容要写在起始标签和结束标签之间。

名字空间是<html>元素的一个属性，写在<html>元素起始标签里面，其在页面中的相应代码如下：

```
<html xmlns="http://www.w3.org/1999/ xhtml">
```

名字空间属性用 xmlns 来表示，用来定义识别页面标签的网址。

➢ 网页头部内容：网页头部元素<head>也是 XHTML 文档中必须使用的元素，其作用是定义页面头部的信息，其中可以包含标题元素、<meta>元素等，<head>元素的语法结构如下：

```
<head>头部内容部分</head>
```

<head>元素所包含的内容不会显示在浏览器的窗口中，但是部分内容会显示在浏览器的特定位置，例如标题栏等。

➢ 页面标题元素：页面标题元素<title>用来定义页面的标题，其语法结构如下：

```
<title>新建文档</title>
```

➢ 页面主体元素：主体元素<body>用来定义页面所要显示的内容，页面的信息主要通过页面主体来传递，在<body>元素中，可以包含所有页面元素，<body>元素的语法结构如下：

```
<body>页面主体</body>
```

在制作页面的时候，经常要在<body>元素中定义相关属性，用来控制页面的显示效果。

2.3.3　XHTML 代码规范

HTML 和 XHTML 语言都是搭建网页的基本语言，从 HTML 到 XHTML 过渡的变化比较小，主要是为了适应 XML。XHTML 的代码书写规范比 HTML 要严格许多，必须要遵循一定的语法规范。具体的 XHTML 代码规范可以总结为如下几个方面。

（1）属性值必须小写

HTML 中是不区分大小写的，但 XHTML 对大小写是敏感的。XHTML 的所有标签和属性都要小写，<title>和<TITLE>是不同的标签。所以 XHTML 要求所有的标签和属性的名字都必须使用小写。大小写夹杂也是不可以的。

正确的写法如下：

```
<body>
<table width="80%" border="0"
```

```
cellspacing="0" cellpadding="0" >
<tr>
<td>文本文字</td>
</tr>
</table>
</body>
```

错误的写法如下：

```
<BODY>
<TABLE WIDTH="80%" BORDER="0"
CELLSPACING="0" CELLPADDING="0" >
<TR>
<TD>文本文字</TD>
</TR>
</TABLE>
</BODY>
```

（2）XHTML 所有元素必须关闭

在 HTML 下，某些原始标签可以单独使用，例如<p>标签，可以不写</p>。但在 XHTML 中这是不合法的。XHTML 要求有严谨的结构，所有标签必须关闭。如果是单独不成对的标签，在标签最后加一个 "/" 来关闭它。也就是说所有的标签都必须要有一个相应的结束标签。

正确的写法如下：

```
<body>
<p>
<img src="/i/eg_mouse.jpg" width="128" height="128" />
</p>
</body>
```

错误的写法如下：

```
<body>
<p>
<img src="/i/eg_mouse.jpg" width="128" height="128" />
</body>
```

（3）属性值必须使用英文双引号

在 HTML 中，可以不给属性值加引号；但是在 XHTML 中，必须给它们加引号。

正确的写法如下：

```
<body>
<table width="100%" border="0"
cellspacing="0" cellpadding="0" >
<tr>
<td>文档内容</td>
</tr>
</table>
</body>
```

错误的写法如下：

```
<body>
```

```
<table width=100% border=0
cellspacing=0 cellpadding=0 >
<tr>
<td>文档内容</td>
</tr>
</table>
</body>
```

 在一般情况下，需要在属性值里用双引号时，也可以用单引号代替，但必须要成对。

（4）正确嵌套所有元素

由于 XHTML 要求有严谨的结构，因此所有的嵌套都必须按顺序严格进行嵌套，正确嵌套标签的代码示例如下：

```
<ul>
<li></li>
</ul>
```

错误的嵌套标签的代码示例如下：

```
<ul>
<li></ul>
</li>
```

XHTML 中还有一些需要严格执行的嵌套规则，其限制包括以下节点：

➤ <a>标签中不能包含其他的<a>标签。

➤ <pre>标签中不能包含<object>、<sup>、<sub>、<img>、<big>和<small>等标签。

➤ <botton> 标签中不能包含 <input>、<textarea>、<label>、<button>、<form>、<iframe>、<isindex>和<fieldset>等标签。

➤ <label>标签中不能包含其他的<label>标签。

➤ <form>标签在中不能包含其他的<form>标签。

在 XHTML 页面内容中，所有的特殊字符都要用编码表示，例如 "&" 必须要用 "&" 的形式，例如下面的 HTML 代码：

```
<img scr="pic.jpg" alt="abc & def">
```

在 XHTML 中必须写成如下格式：

```
<img scr="pic.jpg" alt="abc &amp def">
```

（5）推荐使用 CSS 样式控制页面外观

在 XHTML 中，推荐使用 CSS 样式控制页面的外观，实现页面的结构和表现相分离，不推荐使用部分外观属性，例如 align 属性等。

（6）使用页面注释

XHTML 中使用<!-- 和-->为页面注释，在页面中相应的位置使用注释可以使文档结构更加清晰，其代码示例如下所示：

```
<!--这是注释-->
```

（7）推荐通过链接调用外部脚本

在 XHTML 中使用<!--和-->在注释中插入脚本，但是在 XML 浏览器中会被简单地删除，导致脚本或样式失效，推荐使用外部链接来调用脚本，调用脚本的代码如下：

```
<script language="JavaScript1.2" type="text/
javascript" src="scripts/menu.js"></script>
```

 language 是指所使用的语言版本，type 是指所使用脚本语言的种类，src 是指脚本文件所在路径。

下面的例子展示了带有最少的必需标签的 XHTML 文档。

```
<!DOCTYPE html PUBLIC "-//W3C//DTD XHTML 1.0 Transitional//EN"
"http://www.w3.org/TR/xhtml1/DTD/xhtml1-transitional.dtd">
<html xmlns="http://www.w3.org/1999/xhtml">
<head>
<title>Title of document</title>
</head>
<body>
…
</body>
</html>
```

2.3.4　3 种不同的 XHTML 文档类型

文档类型的选择将决定页面中可以使用哪些元素和属性，同时将决定级联样式能否实现，下面详细介绍文档类型的定义和选择。

文档类型又可以写为 DOCTYPE，在页面中用来说明页面所使用的 XHTML 是什么版本。制作 XHTML 页面，一个必不可少的关键组成部分就是 DOCTYPE 声明，只有确定了一个正确的 DOCTYPE，XHTML 里的标志和级联样式才能正常生效。

在 XHTML 1.0 中有 3 种 DTD 声明可以选择：transitional（过渡的）、strict（严格的）和 frameset（框架的）。

（1）transtional

这是一种要求不是很严格的 DTD，允许用户使用部分旧的 HTML 标签来编写文档，目的是帮助用户慢慢适应 XHTML 的编写，过渡的 DTD 的写法如下：

```
<!DOCTYPE html PUBLIC "-//W3C//DTD
XHTML 1.0 Transitional//EN" "http://
www.w3.org/TR/xhtml1/DTD/xhtml1-
transitional.dtd">
```

（2）frameset

这是一种专门针对框架页面所使用的 DTD，当页面中包含框架元素时，就要采用这种 DTD，框架的 DTD 的写法如下：

```
<!DOCTYPE html PUBLIC "-//W3C//DTD
XHTML 1.0 Transitional//EN" "http://
www.w3.org/TR/xhtml1/DTD/xhtml1-
frameset.dtd">
```

虽然使用严格的 DTD 来制作页面是最理想的方式，但对于没有深入了解 Web 标准的网页设计者来说，还是比较适合使用过渡的 DTD。这种 DTD 还允许使用表现层的标志、元素和属性。DOCTYPE 的声明一定要放置在 XHTML 文档的头部。

2.4 HTML 和 XHTML

HTML 与 XHTML 非常相似，XHTML 是从 HTML 基础上发展而来的，在 HTML 语言的基础上加入一些规范和标准，使网页代码更加规范，便于向 XML 语言过渡。

2.4.1 HTML 和 XHTML 的区别

HTML 经过漫长时间的检验，存在着一些缺点和不足，已经不能适应现在越来越广泛的网络设备和应用的需要。因此 HTML 需要进一步发展才能解决目前的问题，因此 W3C 制定了 XHTML，XHTML 是 HTML 向 XML 过渡的桥梁。

HTML 和 XHTML 语言都是搭建网页的基本语言，HTML 是超文本标记语言，它能够构成网站的页面，是一种表示 Web 页面符号的标记性语言。

XHTML 是 HTML 的扩展，称为可扩展的超文本标记语言，它是一种由 XML 演变而来的语言，比 HTML 语言更加严谨。

2.4.2 使用 XHTML 的优点

XML 是 Web 发展的趋势，所以人们急切希望加入 XML 的潮流中。XHTML 是当前替代 HTML 4 标记语言的标准，使用 XHTML 1.0，只要遵守一些简单的规则，就可以设计出既适合 XML 系统，又适合当前大部分 HTML 浏览器的页面。

使用 XHTML 语言非常严密。XHTML 能与其他基于 XML 的标记语言、应用程序及协议进行良好的交互工作。XHTML 是 Web 标准家族的一部分。在网站设计方面，XHTML 可帮助设计者改掉编写代码方面的恶习，养成标记校验来测试页面工作的习惯。

2.4.3 HTML 转化成 XHTML 的方法

XHTML 具有 HTML 的优点。既能存储大量结构化的文档，也可以使用 CSS 设计外观。要把 HTML 改为 XHTML，需要做以下几点：

> 添加一个 XHTML <!DOCTYPE>到网页中。标签必须是 DOCTYPE 之后的第一个标签，且必须是文档的最后一个标签。
> 添加 XMLNS 属性到每个页面的 HTML 元素中。
> 所有元素名称必须用小写字母表示。
> 关闭所有的空元素。如果一个元素是空的，那么它的标签必须以空格结尾，后跟/>。
> 修改所有的属性名称为小写，并且将所有属性值都添加引号。

实例：制作简单的 HTML 页面

前面已经学习了 HTML 和 XHTML 的相关知识，并且了解了 HTML 与 XHTML 的区别，这里将使用 Dreamweaver 制作一个简单的 HTML 页面，掌握基础的 HTML 制作方法，如图 2-2 所示。

图 2-2

学习时间	15 分钟
视频地址	视频\第 2 章\2-4-3.mp4
源文件地址	源文件\第 2 章\2-4-3.html

01 ▶ 执行"文件>新建"命令，在弹出的"新建文档"对话框中，对相关选项进行设置，如图 2-3 所示。单击"创建"按钮，创建一个 XHTML 页面，单击"文档"工具栏上的"代码"按钮，切换到代码视图，如图 2-4 所示。

图 2-3

图 2-4

02 ▶ 在页面 HTML 代码中的<title>与</title>标签之间输入页面标题，如图 2-5 所示。在<body>与</body>标签之间输入页面的主要内容，如图 2-6 所示。

图 2-5

图 2-6

03 ▶ 执行"文件>保存"命令，弹出"另存为"对话框，将其保存为"源文件\第 2 章\2-4-3.html"，如图 2-7 所示。完成页面的制作，在浏览器中预览该页面，效果如图 2-8 所示。

图 2-7   图 2-8

　　　　在 Dreamweaver 中新建的 HTML 页面，默认遵循 HTML 5 规范，如果需要新建其他规范的 HTML 页面，例如 XHTML 1.0 Transitional 的页面，需要在"新建文档"对话框中的"文档类型"下拉列表中进行选择。

2.5　HTML 5 基础

　　HTML 是英文 HyperText Mark-up Language 的缩写，即超文本标记语言，它是 W3C 组织推荐使用的一个国际标准，HTML 的最新版本是 HTML 5。

2.5.1　HTML 5 概述

　　HTML 5 是万维网的核心语言，由 W3C 在 2010 年 1 月 22 日发布了最新的 HTML 5 工作草案。HTML 5 工作组包括 AOL、Apple、Google、IBM、Microsoft、Mozilla、Nokia、Opera，以及数百个其他的开发商。HTML 5 中的一些新特性包括嵌入音频、视频、图片的函数、客户端数据存储及交互式文档。其他特性包括新的页面元素，比如<header>、<section>、<footer>及<figure>。2014 年 10 月 29 日，HTML 5 标准规范终于完成了最终制定，并已公开发布。

　　HTML 5 实际上指的是包括 HTML、CSS 样式和 JavaScript 脚本在内的一整套技术组合，希望通过 HTML 5 能够轻松实现许多网络应用需求，从而大大减少浏览器对插件的依赖，并且提供了许多增强网络应用的标准集。

2.5.2　HTML 5 的简化操作

　　在 HTML 5 中对 HTML 代码的一些声明进行了简化操作，避免了不必要的复杂性，DOCTYPE 和字符集都进行了简化，使网页设计者在编写代码时更加简单和方便。

（1）简化的 DOCTYPE 声明

DOCTYPE 声明是 HTML 文档中不可或缺的内容，DOCTYPE 声明位于 HTML 文档的首行，声明了 HTML 文档所遵循的规范。XHTML 1.0 Transitional 的 DOCTYPE 代码如下：

```
<!DOCTYPE  html  PUBLIC  "-//W3C//DTD  XHTML  1.0  Transitional//EN"
"http:// www.w3.org/ TR/xhtml1/DTD/xhtml1- transitional.dtd">
```

在 HTML 5 中对 DOCTYPE 声明代码进行了简化，代码如下：

```
<! DOCTYPE html>
```

如果使用了 HTML 5 的 DOCTYPE 声明，则会触发浏览器以标准兼容的模式来显示页面。

（2）简化的字符集声明

字符集的声明也是非常重要的，它决定了网页文件的编码方式。在以前的 HTML 页面中，都是使用如下代码来指定字符集的：

```
<meta http-equiv="Content-Type" content="text/html; charset=utf-8" />
```

在 HTML 5 中，对字符集声明代码进行了简化，代码如下。

```
<meta charset="utf-8">
```

　　在 HTML 5 中，以上两种方式都可以使用，这是由 HTML 5 的向下兼容原则决定的。

2.5.3　HTML 5 标签

通过制定如何处理所有 HTML 元素，以及如何从错误中恢复的精确规则，HTML 5 改进了互操作性，并减少了开发成本。HTML 5 标签如表 2-1 所示。

表 2-1　HTML 5 标签

标　　签	描　　述
<!--...-->	定义注释
<!DOCTYPE>	定义文档类型
<a>	定义超链接
<abbr>	定义缩写
<address>	定义地址元素
<area>	定义图像映射中的区域
<article>	HTML 5 新增，定义 article
<aside>	HTML 5 新增，定义页面内容之外的内容
<audio>	HTML 5 新增，定义声音内容
<b>	定义粗体文本
<base>	定义页面中所有链接的基准 URL
<bdo>	定义文本显示的方向
<blockquote>	定义长的引用
<body>	定义 body 元素
 	插入换行符
<button>	定义按钮

（续）

标　签	描　述
<canvas>	HTML 5 新增，定义图形
<caption>	定义表格标题
<cite>	定义引用
<code>	定义计算机代码文本
<col>	定义表格列的属性
<colgroup>	定义表格式的分组
<command>	HTML 5 新增，定义命令按钮
<datagrid>	HTML 5 新增，定义树列表中的数据
<datalist>	HTML 5 新增，定义下拉列表框
<dataemplate>	HTML 5 新增，定义数据模板
<dd>	定义自定义的描述
<del>	定义删除文本
<details>	HTML 5 新增，定义元素的细节
<dialog>	HTML 5 新增，定义对话框
<div>	定义文档中的一个部分
<dfn>	定义自定义项目
<dl>	定义自定义列表
<em>	定义强调文本
<embed>	HTML 5 新增，定义外部交互内容或插件
<event-source>	HTML 5 新增，为服务器发送的事件定义目标
<fieldset>	定义 fieldset
<figure>	HTML 5 新增，定义媒介内容的分组，以及它们的标题
<font>	定义文本的字体、尺寸和颜色
<footer>	HTML 5 新增，定义 section 或 page 的页脚
<form>	定义表单
<h1>to<h6>	定义标题 1 至标题 6
<head>	定义关于文档的信息
<header>	HTML 5 新增，定义 section 或 page 的页眉
<hr>	定义水平线
<html>	定义 HTML 文档
<i>	定义斜体文本
<iframe>	定义行内的子窗口（框架）
<img>	定义图像
<input>	定义输入域
<ins>	定义插入文本
<kbd>	定义键盘文本
<label>	定义表单控件的标注
<legend>	定义 fieldset 中的标题

（续）

标　签	描　述
\<li\>	定义列表的项目
\<link\>	定义资源引用
\<m\>	HTML 5 新增，定义有记号的文本
\<map\>	定义图像映射
\<menu\>	定义菜单列表
\<meta\>	定义元信息
\<meter\>	HTML 5 新增，定义预定义范围内的度量
\<nav\>	HTML 5 新增，定义导航链接
\<nest\>	HTML 5 新增，定义数据模板中的嵌套点
\<object\>	定义嵌入对象
\<ol\>	定义有序列表
\<optgroup\>	定义选项组
\<option\>	定义下拉列表框中的选项
\<output\>	HTML 5 新增，定义输出的一些类型
\<p\>	定义段落
\<param\>	为对象定义参数
\<pre\>	定义预格式化文本
\<progress\>	HTML 5 新增，定义任何类型的任务进度
\<q\>	定义短的引用
\<rule\>	HTML 5 新增，为升级模板定义规则
\<samp\>	定义样本计算机代码
\<script\>	定义脚本
\<section\>	HTML 5 新增，定义 section
\<select\>	定义可选列表
\<source\>	HTML 5 新增，定义媒介源
\<span\>	定义文档中的行内元素
\<strong\>	定义强调文本
\<style\>	定义样式
\<sub\>	定义上标文本
\<sup\>	定义下标文本
\<table\>	定义表格
\<tbody\>	定义表格的主体
\<td\>	定义表格单元
\<textarea\>	定义文本区域
\<tfoot\>	定义表格的脚注
\<th\>	定义表头
\<thead\>	定义表头
\<time\>	HTML 5 新增，定义日期/时间
\<title\>	定义文档的标题

（续）

标　签	描　述
\<tr\>	定义表格行
\<ul\>	定义无序列表
\<var\>	定义变量
\<video\>	HTML 5 新增，定义视频

提示　　HTML 文件可以直接由浏览器解释执行，而无须编译。当用浏览器打开网页时，浏览器会自动读取网页中的 HTML 标签代码，分析其中的语法结构，然后根据解释显示网页中的内容。

2.5.4　　HTML 5 标准属性

在 HTML 中，标签拥有属性，HTML 5 中新增的属性包括 contenteditable、contextmenu、draggable、irrelevant、ref、registrationmark 和 template。不再支持 HTML 4.01 中的 accesskey 属性。在表 2-2 中所列出的属性通用于每个标签的核心属性和语言属性。

表 2-2　　通用于每个标签的核心属性和语言属性

属　性	值	描　述
class	class_rule or style_rule	元素的类名
contenteditable	true、false	设置是否允许用户编辑元素
contextmenu	id of a menu element	给元素设置一个上下文菜单
dir	ltr、rtl	设置文本方向
draggable	true、false、auto	设置是否允许用户拖动元素
id	id name	元素的唯一 id
irrelevant	true false	设置元素是否相关，不显示非相关的元素
lang	language_code	设置语言码
ref	url of elementID	引用另一个文档或本文档上的另一个位置，仅在 template 属性设置时使用
registrationmark	mark	为元素设置遮罩，可用于\<nest\>元素以外的任何\<rule\>元素的后代元素
style	style_definition	行内的样式定义
tabindex	number	设置元素的 tab 顺序
template	url or elementID	引用应该应用到该元素的另一个文档或本文档上的另一个位置
title	tooltip_text	显示在工具提示中的文本

2.5.5　　HTML 5 事件属性

HTML 5 元素可拥有事件属性，这些属性在浏览器中触发行为，可以把它们插入 HTML 标签来定义事件行为。

HTML 5 中的新事件属性包括 onabort、onbeforeunload、oncontextmenu、ondrag、

ondragend、ondragenter、ondragleave、ondragover、ondragstart、ondrop、onerror、onmessage、
onmousewheel、onresize、onscroll 和 onunload。

HTML 5 支持的事件属性如表 2-3 所示。

表 2-3　HTML 5 支持的事件属性

属　性	值	描　述
onabort	JavaScript 代码	当元素的内容被取消加载时触发
onbeforeonload	JavaScript 代码	在加载元素前运行脚本
onblur	JavaScript 代码	当元素失去焦点时运行脚本
onchange	JavaScript 代码	当元素改变时运行脚本
onclick	JavaScript 代码	在鼠标单击时运行脚本
oncontextmenu	JavaScript 代码	当菜单被触发时运行脚本
ondblclick	JavaScript 代码	当鼠标双击时运行脚本
ondrag	JavaScript 代码	只要脚本在被拖动就运行脚本
ondragend	JavaScript 代码	在拖动操作结束时运行脚本
ondragenter	JavaScript 代码	当元素被拖动到一个合适的放置目标时，执行脚本
ondragleave	JavaScript 代码	当元素离开合法的放置目标时，执行脚本
ondragover	JavaScript 代码	只要在合法的放置目标上拖动元素时，就执行脚本
ondragstart	JavaScript 代码	当拖动操作开始时执行脚本
ondrop	JavaScript 代码	当元素正在被拖动时执行脚本
onerror	JavaScript 代码	当加载元素的过程中出现错误时执行脚本
onfocus	JavaScript 代码	当元素获得焦点时执行脚本
onkeydown	JavaScript 代码	当敲下按钮时执行脚本
onkeypress	JavaScript 代码	当按钮被按下时执行脚本
onkeyup	JavaScript 代码	当按钮被松开时执行脚本
onload	JavaScript 代码	当文档被加载时执行脚本
onmessage	JavaScript 代码	当 message 事件被触发时执行脚本
onmousedown	JavaScript 代码	当按下鼠标时执行脚本
onmousemove	JavaScript 代码	当移动鼠标指针时执行脚本
onmouseover	JavaScript 代码	当将鼠标指针移动到一个元素上时执行脚本
onmouseout	JavaScript 代码	当将鼠标指针移出元素时执行脚本
onmouseup	JavaScript 代码	当将鼠标松开时执行脚本
onmousewheel	JavaScript 代码	当滚动鼠标滚轮时执行脚本
onreset	JavaScript 代码	HTML 5 不支持，当表单重置时执行脚本
onresize	JavaScript 代码	当调整元素大小时运行脚本
onscroll	JavaScript 代码	当元素滚动条被滚动时执行脚本
onselect	JavaScript 代码	当元素被选中时执行脚本
onsubmit	JavaScript 代码	当提交表单时运行脚本
onunload	JavaScript 代码	当文档被卸载时运行脚本

2.6　HTML 5 的设计目的

　　HTML 5 的设计是为了在移动设备上支持多媒体。新的语法特征被引进以支持这一点，如<video>、<audio>和<canvas>标签。本节将通过这几个 HTML 5 中新增的标签在网页中实现一些强大的功能。

2.6.1　<video>标签

　　视频标签的出现是 HTML 5 的一大特点，此标签用来定义视频，例如电影片段或其他视频流等，但在现阶段要想使用 HTML 5 的视频功能，浏览器兼容性是一个不得不考虑的问题。

　　<video>标签的基本应用格式如下所示：

```
<video src="movie.swf" controls="controls"></audio>
```

　　<video>标签的属性有很多种，其具体含义如下所示：

- ➤ autoplay：设置该属性，可以在打开网页的同时自动播放视频。
- ➤ controls：设置该属性，浏览器为视频提供播放控件，比如播放按钮。
- ➤ width：该属性用于设置视频的宽度，默认的单位为像素。
- ➤ height：该属性用于设置视频的高度，默认的单位为像素。
- ➤ loop：设置该属性，可以设置视频重复播放。
- ➤ preload：设置该属性，可以规定是否预加载视频。
- ➤ src：该属性用于设置视频文件的地址。

> 提示　HTML 5 能够在完全脱离插件的情况下播放视频文件，但也不是所有的格式都支持，HTML 5 支持的视频格式有 3 种，分别是.ogg（带有 Theora 视频编码）、.mepg4（带有 H.264 视频编码）和.webm（带有 VP8 视频编码）格式。

实例：在网页中嵌入视频

　　HTML 5 中的<video>标签是专门用来在网页中播放视频文件的，前面已了解了<video>标签的基础知识，接下来为用户介绍如何使用 HTML 5 中的<video>标签在网页中嵌入视频，如图 2-9 所示。

图 2-9

学习时间	20 分钟
视频地址	视频\第 2 章\2-6-1.mp4
源文件地址	源文件\第 2 章\2-6-1.html

01 ▶ 执行"文件>打开"命令，打开页面"源文件\第 2 章\26101.html"，可以看到该网页的效果，如图 2-10 所示。切换到代码视图中，可以看到该页面的代码，如图 2-11 所示。

図 2-10　　　　　　　　　　　　　　　図 2-11

02 ▶ 将光标移至名为 movie 的 Div 中，将多余文字删除，在该 Div 标签中加入 <video>标签，并设置相关属性，如图 2-12 所示。在<video>标签之间加入 <source>标签，并设置相关属性，如图 2-13 所示。

```
<body>
<div id="box">
  <div id="movie">
    <video controls width="484" height="273">
    </video>
  </div>
</div>
</body>
</html>
```

図 2-12　　　　　　　　　　　　　　　図 2-13

03 ▶ 为了使网页打开时视频能够自动播放，还可以在<video>标签中加入 autoplay 属性，该属性的取值为布尔值，如图 2-14 所示。保存页面，在浏览器中预览页面，可以看到使用 HTML 5 所实现的视频播放效果，如图 2-15 所示。

図 2-14　　　　　　　　　　　　　　　図 2-15

因为 HTML 5 的<video>标签每个浏览器的支持情况不同，而 IE 8 及以下版本目前还并不支持<video>标签，所以在此处使用最新的 IE11 浏览器进行浏览。

2.6.2 <audio>标签

<audio>标签的出现，统一了网页的音频格式，可直接使用该标签在网页中定义声音，比如音乐或其他音频流。

<audio>标签的基本应用格式如下所示：

```
<audio scr="song.wav" controls="controls"></audio>
```

<audio>标签中可以设置的属性如下所示：

➤ autoplay：设置该属性，可以在打开网页的同时自动播放音乐。

➤ controls：设置该属性，可以在网页中显示音频播放控件。

➤ loop：设置该属性，可以设置音频重复播放。

➤ preload：设置该属性，则音频在加载页面时进行加载，并预备播放。

➤ src：该属性用于设置音频文件的地址。

 目前<audio>标签支持 3 种音频格式文件，分别是.ogg、.mp3 和.wav 格式，有部分浏览器已经能够支持<audio>标签，因此在使用该标签时要注意浏览器的兼容性。

实例：在网页中嵌入音频

<audio>标签是专门用来在网页中播放音频文件的，了解了<audio>标签的相关基础知识，接下来通过一个练习详细介绍如何使用 HTML 5 中的<audio>标签在网页中嵌入音频，如图 2-16 所示。

图 2-16

学习时间	20 分钟
视频地址	视频\第 2 章\2-6-2.mp4
源文件地址	源文件\第 2 章\2-6-2.html

01 ▶ 执行"文件>打开"命令，打开页面"源文件\第 2 章\26201.html"，可以看到页面效果，如图 2-17 所示。切换到代码视图中，可以看到该页面的代码，如图 2-18 所示。

```
1   <!doctype html>
2   <html>
3   <head>
4   <meta charset="utf-8">
5   <title>在网页中嵌入音频</title>
6   <link href="style/2-6-2.css" rel="stylesheet" type="text/css">
7   </head>
8   <body>
9   <div id="music">此处显示  id "music" 的内容</div>
10  </body>
11  </html>
12
```

图 2-17　　　　　　　　　　　　　　　　图 2-18

02 ▶ 将光标移至名为 **music** 的 **Div** 中，将多余文字删除并加入<audio>标签，为其设置相应的属性，如图 2-19 所示。保存页面，在 Google Chrome 浏览器中预览该页面的效果，可以看到播放器控件并播放音乐，如图 2-20 所示。

```
1   <!doctype html>
2   <html>
3   <head>
4   <meta charset="utf-8">
5   <title>在网页中嵌入音频</title>
6   <link href="style/2-6-2.css" rel="stylesheet" type="text/css">
7   </head>
8   <body>
9   <div id="music">
10  <audio src="images/music.wav" controls>您当前使用的浏览器不
    支持audio标签</audio>
11  </div>
12  </body>
13  </html>
14
```

图 2-19　　　　　　　　　　　　　　　　图 2-20

2.6.3 　 <canvas>标签

<canvas>是 HTML 5 中新增的图形定义标签，通过该标签可以实现在网页中自动绘制一些常见的图形，例如矩形、椭圆形等，并且能够添加一些图像。<canvas>标签的基本应用格式如下：

```
<canvas id="myCanvas" width="500" height="300"></canvas>
```

HTML 5 中的<canvas>标签本身并不能绘制图形，必须与 JavaScript 脚本结合使用；才能够在网页中绘制出图形。

2.7　专家支招

每一个网页制作人员都必须对 HTML 的相关知识有所了解，因为它是网页制作的基础，在任何可视化软件或者环境中操作都是修改 HTML 代码。

2.7.1 　 在<body>标签中如何设置网页的字体和大小

在<body>标签中不能直接定义网页字体、大小及其他文字属性，只有 text 属性用于定义网页文字的颜色，如果需要定义其他字体属性，可以在<body>标签下加入 style 属性的设置。

2.7.2 　 网页中默认的超链接文字效果是什么样的

在默认情况下，浏览器会以蓝色作为超链接文字的颜色，访问过的文字则会变成暗红色。并且超链接的文字下方会有下画线。

2.8　总结扩展

本章主要介绍了 HTML、XHTML 和 HTML 5 的基础知识，并对 HTML 的基本标签、将 HTML 转换成 XHTML 的方法，以及 HTML 5 的新增标签做了简单的介绍。

2.8.1 　 本章小结

HTML 代码是所有网站页面的根本，通过对本章的学习，读者需要掌握 HTML 的相关知识，对 HTML 标签有基本的了解，为后面的学习打下良好的基础。

2.8.2 　 举一反三——在网页中实现绘图效果

HTML 5 中的<canvas>标签自成体系。JavaScript 就是通过调用这些绘图 API 来实现绘制图形和动画功能的。接下来详细介绍如何使用<canvas>标签在网页中实现绘图效果。

源文件地址：	源文件\第 2 章\2-8-2.html
视频地址：	视频\第 2 章\2-8-2.MP4

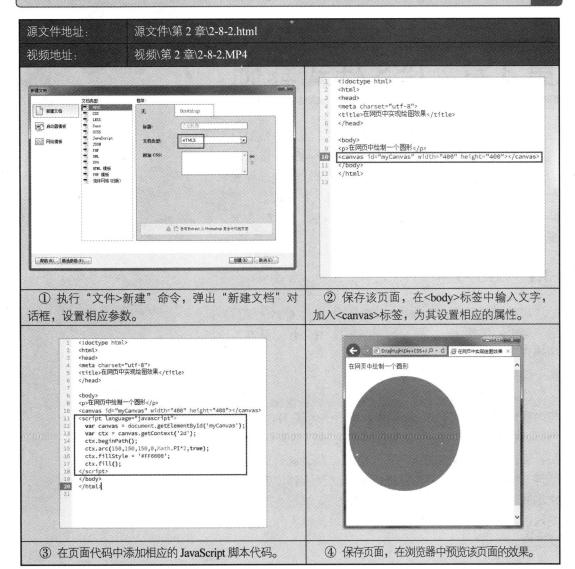

① 执行"文件>新建"命令，弹出"新建文档"对话框，设置相应参数。	② 保存该页面，在<body>标签中输入文字，加入<canvas>标签，为其设置相应的属性。
③ 在页面代码中添加相应的 **JavaScript** 脚本代码。	④ 保存页面，在浏览器中预览该页面的效果。

第 3 章　CSS 样式基础

现如今网页的排版样式越来越丰富，但很多效果只有通过 CSS 才能实现，因此网页制作离不开 CSS 技术。采用 CSS 技术可以有效地对页面的布局、字体、颜色、背景和其他效果实现更加精确的控制，当 CSS 样式被修改后，所有应用该样式的位置都可以自动更新。使用 CSS 样式不仅制作方便，而且能够同时链接多个网页。

3.1　CSS 概述

层叠样式表是（Cascading Style Sheets，CSS）网页设计必不可少的工具之一，是一种用来表现 HTML（标准通用标记语言的一个应用）或 XML（标准通用标记语言的一个子集）等文件样式的计算机语言。

CSS 目前最新版本为 CSS 3，是能够真正做到网页表现与内容分离的一种样式设计语言。相对于传统 HTML 的表现而言，CSS 能够对网页中对象的位置进行像素级的精确控制，支持几乎所有的字体、字号样式，拥有对网页对象和模型样式编辑的能力，并能够进行初步交互设计，是目前基于文本展示最优秀的表现设计语言。CSS 能够根据不同使用者的理解能力，简化或者优化写法，针对各类人群，有较强的易读性。

3.1.1　CSS 的发展历史

随着 CSS 的广泛应用，CSS 技术也越来越成熟。CSS 现在有 3 个不同层次的标准，即 CSS 1、CSS 2 和 CSS 3。

CSS 1 是 CSS 的第一层次标准，它正式发布于 1996 年 12 月，在 1999 年 1 月进行了修改。该标准提供简单的样式表机制，使网页设计人员可以通过附属的样式对 HTML 文档的表现进行描述。

CSS 2 是 1998 年 5 月正式作为标准发布的。CSS 2 基于 CSS 1，包含了 CSS 1 的全部特点和功能，并在多个领域进行了完善，可以将样式文档与文档内容相分离。CSS 2 支持多媒体样式表，使得网页设计者能够根据不同的输出设备为文档制定不同的表现形式。

CSS 3 的几个模块现已完成，包括 SVG、媒介资源类型和命名，而其他的模块开发工作则仍在进行中。如果要给出一个预定的日期则非常困难，不管怎样，Web 浏览器将全面支持 CSS 3 的各种新特点，一些新的探索已经开始了。针对不同的浏览器，新的功能是逐渐应用的，仍然需要 1～2 年的时间，每一个新的模块才有可能被广泛应用。

CSS 1 主要定义了网页的基本属性，如字体、颜色、空白边等。CSS 2 在此基础上添加了一些高级功能，如浮动和定位，以及一些高级选择器，如子选择器、相邻选择器等。

CSS 3 开始遵循模块化开发，这将有助于理清模块化规范之间的不同关系，减少完整文件的大小。以前的规范是一个完整的模块，太过于庞大，而且比较复杂，所以新的 CSS 3 规范将其分成了多个模块。这些模块包括：盒子模型、列表模块、超链接方式、语言模块、背景和边框、文字特效和多栏布局。

3.1.2　CSS 的特点

使用 CSS 样式可以方便地控制网页的外观，为网页上的元素精确地定位和控制传统的格式属性（如字体、尺寸和对齐等），还可以设置如位置、特殊效果和鼠标滑过之类的 HTML 属性。如图 3-1 所示为未使用 CSS 样式时的页面，如图 3-2 所示为使用 CSS 样式美化后的页面效果。

图 3-1

图 3-2

如今，使用 CSS 来布局网页已经是一种潮流，CSS 样式的特点可总结为以下几点：

➢ 更加灵活地控制网页中文字的颜色、大小、字体、风格、间距及位置。
➢ 灵活地设置一段文本的缩进、行高，并可以为其加入三维效果的边框。
➢ 方便地为网页中的任何元素设置不同的背景图像和背景颜色。
➢ 精确地控制网页中各元素的位置。
➢ 为网页中的元素设置各种过滤器，从而产生如模糊、阴影和透明等效果。
➢ 与脚本语言相结合，从而产生各种动态效果。
➢ 由于是直接的 HTML 格式的代码，因此可以提高页面打开的速度。

3.1.3　CSS 样式的功能

CSS 样式可以用来改变从文本样式到页面布局的一切，并且能够与 JavaScript 结合产生动态显示效果，CSS 样式在网页中的应用主要表现在以下几个方面：

（1）文本格式和颜色

使用 CSS 样式可以控制很多文本效果，主要包括如下几种：

➢ 设置网页中的字体和字体大小。

➢ 设置粗体、斜体、下划线和文本阴影等效果。

➢ 改变文本颜色与背景颜色。

➢ 改变超链接文本的颜色，去除超链接文本的下画线。

➢ 缩进文本或使文本居中。

➢ 拉伸、调整文本大小和行间距。

➢ 将文本部分转换成大写或小写，或者转换成大小写混合形式（针对英文）。

➢ 设置首字母下沉和其他特效。

（2）图形外观和布局

CSS 样式也可以用来改变整个页面的外观。在 CSS 2 中引入了 CSS 的定位属性，运用该属性，用户可以不使用表格就能够格式化网页。用户运用 CSS 样式影响页面图形布局的一些操作主要包括以下几种类型：

➢ 设置背景图像，控制其位置、排列和滚动等。

➢ 绘制网页元素的边框效果。

➢ 设置网页元素的垂直和水平边距，以及水平和垂直填充方式。

➢ 创建图像周围甚至是其他文本周围的文本绕排。

➢ 准确定位网页元素的位置。

➢ 重新定义 HTML 表、表单和列表的显示方式。

➢ 可以按照指定的顺序将网页中的元素进行分层放置。

（3）动态操作

网页设计的动态效果是交互性的，为了适合运用而改变。通过 CSS 能创建响应用户的交互式设计，主要包括以下几个方面：

➢ 鼠标经过超链接时的效果。

➢ 在 HTML 标签之前或之后动态插入内容。

➢ 自动对页面元素编号。

➢ 在动态 IITML（DHTML，即 Dynamic HTML）和异步 JavaScript 与 XML（AJAX，Asynchronous JavaScript and XML）中的完全交互式设计。

3.1.4　CSS 样式的局限性

CSS 的功能虽然很强大，但是它也有某些局限性。CSS 样式的不足是，它主要对标签文件中的显示内容起作用。显示顺序在某种程度上可以改变，可以插入少量文本内容，但是在源 HTML（或 XML）中做较大改变，用户需要使用另外的方法，如使用 XSL 转换（XSLT）。

同样，CSS 样式的出现比 HTML 要晚，这就意味着，一些旧的浏览器不能识别用 CSS 所写的样式，并且 CSS 在简单文本浏览器中的用途也有限，如为手机或移动设备编写的简单浏览器等。

CSS 样式是可以实现向后兼容的。例如，旧的浏览器虽然不能显示出样式，但是却能够正常地显示网页。相反，应该使用默认的 HTML 表达，并且如果设计者合理地设计了 CSS 和 HTML，即使样式不能显示，页面的内容也还是可用的。

3.2　CSS 语法

CSS 文件是纯文本格式文件，在编辑 CSS 时，需要遵循一些简单的语法格式，以样式规定应用到不同的元素或文档中来定义它们所显示的内容。

3.2.1　CSS 的基本语法

CSS 语言由选择器和属性构成，样式表的基本语法如下所示：

```
CSS 选择器{
属性 1：属性值 1；
属性 2：属性值 2；
属性 3：属性值 3；
……
}
```

现在介绍的是 HTML 页面内直接引用样式表的方法。这个方法必须把样式表信息包括在<style>和</style>标签中，为了使样式表在整个页面中产生作用，应把该组标签及内容放到<head>和</head>标签中去。

例如，需要设置 HTML 页面中所有 H1 标题字显示为绿色，字体为楷体，大小为 30 像素，其代码如下所示：

```
<html>
<head>
<meta http-equiv="Content-Type" content="text/html; charset=utf-8"/>
<title>CSS 样式的语法</title>
<style type="text/css">
<!--
H1{color:green;
font-family:楷体;
font-size:30px;
}
-->
</style>
</head>
<body>
<h1>正文内容</h1>
</body>
</html>
```

　　　　<style>标签中包括 type="text/css"，这是让浏览器知道使用的是 CSS 样式规则。加入<!-- 和-->这一对注释标记是防止有些老式浏览器不认识 CSS 样式表规则，可以把该段代码忽略不计。

在使用 CSS 样式的过程中，经常会有几个选择器用到同一个属性，例如规定页面中凡是粗体字、斜体字和 1 号标题字都显示为蓝色，按照上面介绍的写法应该将 CSS 样式写为如下形式：

```
B { color: green; }
I { color: green; }
H1 { color: green; }
```

除了使用这种方法外，CSS 引进了分组，这样可以将相同属性的样式表写在一起，用逗号将各个样式选择器分隔，将 3 行代码合并写在一起。其书写格式如下所示：

```
B,I,H1 {color: green;}
```

> CSS 文件是纯文本格式文件，在编辑 CSS 时，可以使用一些简单的纯文本编辑工具，如记事本。同样也可以使用专业的 CSS 编辑工具，如 Dreamweaver。

3.2.2 CSS 规则

所有样式表的基础就是 CSS 规则，每一条规则都是一条单独的语句，它确定应该如何设计样式，以及将这些规则应用到相应的元素中。为了提高网站模板的可读性，样式表由规则列表组成，浏览器用它来确定页面的显示效果，甚至是声音效果。

CSS 由两部分组成，分别是选择器和声明，其中声明由属性和属性值组成，所以简单的 CSS 规则如下所示：

```
#box{
width:80%;
height:800px
}
```

> 选择符：又称选择器，该部分指定对文档中的哪个标签进行定义。选择符最简单的类型是"型选择符"，它可以直接输入元素的名称，以便对其进行定义，如定义 XHTML 中的<p>标签。只要给出<>尖括号内的元素名称，用户就可以编写类型选择符了。
> 声明：大括号中首先给出属性名，接着是冒号，然后是属性值，结尾分号是可选项，推荐使用结尾分号，整条规则以结尾大括号结束。
> 属性：属性由官方 CSS 规则定义。用户可以定义特有的样式效果，与 CSS 兼容的浏览器可能会支持这些效果，尽管有些浏览器识别不是正式语言规范部分的非标准属性，但是大多数浏览器很可能会忽略一些非 CSS 规则部分的属性，最好不要依赖这些专有的扩展属性，不识别它们的浏览器只是简单地忽略它们。
> 属性值：它确切定义应该如何设置属性。每个属性值的范围也在 CSS 规则中定义。

3.3 CSS 选择器

选择器也称为选择符，HTML 中的所有标签都是通过不同的 CSS 选择器进行控制的。选择器不只是 HTML 文档中的元素标签，它还可以是类（class）、ID（元素的唯一标示名称）或是元素的某种状态（如 a:hover）。根据 CSS 选择器的用途，可将选择器分为标签选择器、类选择器、组合选择器、ID 选择器和伪类选择器。

3.3.1　通配选择器

在进行网页设计时，利用通配选择器使网页中所有的 HTML 标签使用同一种样式，它对所有的 HTML 元素起作用。通配选择器的基本语法如下：

```
*  {属性:属性值；}
```

➤ *：表示页面中的所有 HTML 标签。

➤ 属性：示 CSS 样式属性名称。

➤ 属性值：示 CSS 样式属性值。

实例：太空冒险网页制作

<audio>标签是专门用来在网页中播放音频文件的，通过前面的内容，了解了<audio>标签的相关基础知识，接下来通过一个练习详细介绍如何使用 HTML 5 中的<audio>标签在网页中嵌入音频，如图 3-3 所示。

图 3-3

学习时间	20 分钟
视频地址	视频\第 3 章\3-3-1.mp4
源文件地址	源文件\第 3 章\3-3-1.html

01 ▶ 执行"文件>打开"命令，打开页面"源文件\第 3 章\33101.html"，可以看到页面效果，如图 3-4 所示。在浏览器中预览该页面，可以看到预览效果，如图 3-5 所示。

图 3-4

图 3-5

> **提示**　通过在页面的设计视图和在浏览器中预览，可以看出页面内容并没有顶到浏览器的四边边界，这是因为网页中许多元素默认的边界和填充属性值并不为 0，包括<body>标签，所以页面内容并没有沿着浏览器窗口的四边边界显示。

02 ▶ 打开 "CSS 设计器" 面板，可以看到定义的 CSS 样式，如图 3-6 所示。切换到该网页所链接的外部 CSS 样式文件 33101.css 中，创建通配符*的 CSS 样式，如图 3-7 所示。

```
1   @charset "utf-8";
2   /* CSS Document */
3   * {
4       margin: 0px;
5       padding: 0px;
6       border: 0px;
7   }
8   body {
9       background-color: #ECE7E3;
10  }
11  #box {
12      width: 100%;
13      height: 200px;
14      padding-top: 700px;
15      background-image: url(../images/32101.jpg);
16      background-repeat: no-repeat;
17      background-position: center top;
18  }
```

图 3-6　　　　　　　　　　　　　　　图 3-7

03 ▶ 返回设计页面中，可以看到页面效果，如图 3-8 所示。保存页面，并保存外部 CSS 样式文件，在浏览器中预览页面，可以看到页面效果，如图 3-9 所示。

图 3-8　　　　　　　　　　　　　　　图 3-9

3.3.2　标签选择器

　　一个完整的 HTML 页面是由很多不同的标签组成的，CSS 选择器可以用来控制标签的应用样式，例如，p 选择器就是用来控制页面中所有<p>标签的样式风格的。在 style.css 文件中对 p 标签样式的定义如下所示：

```
p{
font-size:12px;
background:#900;
```

```
color:090;
    }
```

3.3.3　类选择器

在网页中通过使用标签选择器,可以控制网页中所有该标签显示的样式,但是根据网页设计过程中的实际需要,标签选择器对设置个别标签的样式还是力不能及的,因此,就需要使用类(class)选择器,来达到特殊效果的设置。

类选择器用来为一系列的标签定义相同的显示样式,其基本语法如下:

```
.类名称{属性:属性值;}
```

类名称表示类选择器的名称,其具体名称由 CSS 定义者自己命名。在定义类选择器时,需要在类名称前面加一个英文句点(.)。

```
.font01 { color: red;}
.font02 { font-size: 20px;}
```

以上定义了两个类选择器,分别是.font01 和.font02。类的名称可以是任意英文字符串,也可以是以英文字母开头与数字组合的名称,通常情况下,这些名称都是其效果与功能的简要缩写。

可以使用 HTML 标签的 class 属性来引用类选择器。

```
<p class="font01">class 属性是被用来引用类选择器的属性</p>
```

以上所定义的类选择器被应用于指定的 HTML 标签中(如<p>标签),同时它还可以应用于不同的 HTML 标签中,使其显示出相同的样式。

实例:万圣节网页制作

类 CSS 样式在网页中的应用广泛,可以多次应用于页面中的任意元素。类 CSS 样式必须应用于网页中的元素才能起作用,标签 CSS 样式和 ID CSS 样式针对网页中的特定元素,不需要应用,如图 3-10 所示。

图 3-10

学习时间	20 分钟
视频地址	视频\第 3 章\3-3-3.mp4
源文件地址	源文件\第 3 章\3-3-3.html

01 ▶ 执行"文件>打开"命令，打开页面"源文件\第 3 章\33301.html"，可以看到页面效果，如图 3-11 所示。在浏览器中预览该页面，可以看到预览效果，如图 3-12 所示。

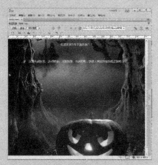
图 3-11

图 3-12

02 ▶ 打开"CSS 设计器"面板，可以看到定义的 CSS 样式，如图 3-13 所示。转换到该网页所链接的外部 CSS 样式文件 32301.css 中，创建名称为.font01 的类 CSS 样式，如图 3-14 所示。

图 3-13

```
34      }
35    .font01 {
36        font-size: 28px;
37        font-weight: bold;
38        color: #FF6;
39        line-height: 50px;
40        letter-spacing: 5px;
41    }
42
43
```
图 3-14

03 ▶ 返回设计页面中，选中相应的文字，在"属性"面板的"类"下拉列表中选择刚定义的.font01 类 CSS 样式应用，如图 3-15 所示。保存页面，并保存外部 CSS 样式文件，在浏览器中预览页面，可以看到页面效果，如图 3-16 所示。

图 3-15

图 3-16

在新建类 CSS 样式时，在类 CSS 样式名称前有一个默认的 "."。这个 "." 说明了此 CSS 样式是一个类 CSS 样式（class），根据 CSS 规则，类 CSS 样式（class）必须为网页中的元素应用才会生效。类 CSS 样式可以在一个 HTML 元素中被多次调用。

3.3.4　ID 选择器

　　ID 选择器可以为标有特定 ID 的 HTML 元素指定特定的样式。根据元素 ID 来选择元素，具有唯一性，也就是说在同一文档页面中一个元素只能使用某一个 ID 的属性值，在正常情况下，只有具备 ID 属性的标签才可以使用 ID 选择器定义样式。

```
<div id="top"></div>
```

　　在网页中的一个 Div 标签被指定了 ID 名为 top，在 CSS 样式中，ID 选择器使用#进行标识，如果需要对 ID 为 content 的标签设置样式，应当使用如下格式：

```
#top {
font-size: 33px;
line-height: 100%;
}
```

　　ID 的基本作用是对每一个页面中的唯一出现的元素进行定义，如可以将导航条命名为 nav，将网页头部和底部命名为 header 和 footer。对于类似于此的元素在页面中均出现一次，使用 ID 进行命名具有唯一性的指派含义，有助于代码阅读及使用。

　　ID CSS 样式是网页中唯一针对 ID 名称的元素，尽量不在一个网页中设置多处 ID 相同的元素，ID CSS 样式的命名以井号（#）开头，可以包含任何字母和数字组合。

　　在正常情况下，ID 的属性值在文档中具有唯一性，只有具备 ID 属性的标签，才可以使用 ID 选择器定义样式。了解了 ID 选择器的基本语法格式，接下来详细介绍 ID 选择器在网页制作中的使用方法。

　　执行 "文件>打开" 命令，打开页面 "源文件\第 3 章\33401.html"，可以看到页面效果，如图 3-17 所示。切换到代码视图中，可以看到页面的 HTML 代码，如图 3-18 所示。

图 3-17

图 3-18

在该网页中，因为没有定义 ID 名称为 menu 的 Div 的 CSS 样式，所以其内容在网页中显示的效果为默认的效果，并不符合页面整体风格的需要。

切换到该网页所链接的外部 CSS 样式文件 33401.css 中，创建名称为#menu 的 ID CSS 样式，如图 3-19 所示。返回设计页面中，可以看到页面中 ID 名称为 menu 的 Div 的效果，如图 3-20 所示。

```
20  #menu {
21      width: 120px;
22      height: 100%;
23      text-align: right;
24      padding-right: 20px;
25      font-size: 14px;
26      font-weight: bold;
27      line-height: 50px;
28      color: #FFF;
29      background-color: #F60;
30      position: absolute;
31      top: 0px;
32      right: 0px;
33  }
```

图 3-19

图 3-20

 ID 选择器与类选择器有一定的区别，ID 选择器并不像类选择器那样，可以给任意数量的标签定义样式，它在页面的标签中只能使用一次。同时，ID 选择器比类选择器还具有更高的优先级，当 ID 选择器与类选择器发生冲突时，将会优先使用 ID 选择器。

3.3.5　群选择器

对于单个 HTML 对象进行样式指定，同样可以对一组选择器进行相同的 CSS 样式设置。

```
h1,h2,h3,p,span {
font-size: 20px;
font-family: 楷体;
}
```

使用逗号对选择器进行分隔，使得页面中所有的<h1>、<h2>、<h3>、<p>和<span>标签都将具有相同的样式定义，这样做的好处是对于页面中需要使用相同样式的地方只需要书写一次 CSS 样式即可，从而减少代码量，改善 CSS 代码的结构。

执行"文件>打开"命令，打开页面"源文件\第 3 章\33501.html"，可以看到页面效果，如图 3-21 所示。切换到代码视图中，可以看到该网页的 HTML 代码，如图 3-22 所示。

转换到该文件所链接的外部 CSS 样式文件 33501.css 中，创建名称为#pic1, #pic2, #pic3, #pic4 的群选择器 CSS 样式，如图 3-23 所示。保存页面，在浏览器中预览页面，可以看到页面的效果，如图 3-24 所示。

图 3-21

图 3-22

```
#pic1,#pic2,#pic3,#pic4 {
    width: 225px;
    height: 216px;
    padding: 2px;
    border: dashed 2px #F5AFA1;
    margin-left: 6px;
    margin-right: 6px;
    float: left;
}
```

图 3-23

图 3-24

3.3.6　派生选择器

当仅仅想对某一个对象中的"子"对象进行样式设置时，派生选择器就派上了用场。派生选择器是指选择器组合中前一个对象包含后一个对象，对象之间使用空格作为分隔符。例如下面的 CSS 样式代码：

```
h1 span {
    font-weight: bold;
}
```

对<h1>标签下的<span>标签进行 CSS 样式设置，最后应用到 HTML 是如下格式：

```
<h1>这是一段文本<span>这是 span 内的文本</span></h1>
<h1>单独的 h1</h1>
<span>单独的 span</span>
<h2>被 h2 标签套用的文本<span>这是 h2 下的 span</span></h2>
```

<h1>标签之下的<span>标签将被应用 font-weight: bold 的样式设置，注意仅仅对有此结构的标签有效，对于单独存在的<h1>或是单独存在的<span>，以及其他非<h1>标签下属的<span>均不会应用此 CSS 样式。

派生选择器是指选择器组合中的前一个对象包含后一个对象，对象之间使用空格作为分隔符。这样做能够避免定义过多的 ID 和类 CSS 样式。

实例：运动鞋网页制作

使用派生 CSS 样式可以同时定义多个标签、类或者 ID 的复合 CSS 规则，接下来详细介绍如何在网页中定义派生 CSS 样式，如图 3-25 所示。

图 3-25

学习时间	20 分钟
视频地址	视频\第 3 章\3-3-6.mp4
源文件地址	源文件\第 3 章\3-3-6.html

01 ▶ 执行 "文件>打开" 命令，打开页面 "源文件\第 3 章\33601.html"，可以看到页面效果，如图 3-26 所示。将光标移至页面中名称为 text 的 Div 中，并将多余的文字删除，输入相应的段落文字，如图 3-27 所示。

图 3-26

图 3-27

02 ▶ 选中刚输入的段落文字，单击 "属性" 面板上的 "项目列表" 按钮，创建项目列表，如图 3-28 所示。切换到代码视图中，可以看到项目列表标签，如图 3-29 所示。

图 3-28

图 3-29

03 ▶ 切换到该文件所链接的外部 CSS 样式文件 33601.css 中，创建名称为#text li 的派生选择器 CSS 样式，如图 3-30 所示。保存页面，并保存外部 CSS 样式文件，在浏览器中预览页面，可以看到页面的效果，如图 3-31 所示。

```
41  #text li {
42      list-style-type: none;
43      width: 175px;
44      height: 31px;
45      background-color: #E90202;
46      color: #000;
47      line-height: 31px;
48      float: left;
49      text-align: center;
50      margin-left: 5px;
51      margin-right: 5px;
52  }
53
54
55
56
```

图 3-30

图 3-31

此处通过派生 CSS 样式定义了网页中 ID 名称为 text 的元素中的<li>标签，也就是定义了 ID 名称为 text 元素中的列表项。此处的定义仅仅针对 ID 名称为 text 元素中的列表项起作用，不会对网页中其他位置的列表项起作用。

3.3.7 伪类选择器

伪类及伪对象是一种特殊的类和对象，它由 CSS 自动支持，是 CSS 的一种扩展型类和对象，名称不能被用户自定义，使用时只能够按标准格式进行应用。伪类不但可以应用在链接标签中，也可以应用在一些表单元素中，但 IE 不支持表单元素的应用，所以一般伪类都只会被应用在超链接的样式上。使用形式如下：

```
a:hover {
background-color:#000000;
}
```

表示超链接的不同状态的方式及用途如表 3-1 所示。

表 3-1 超链接的不同状态的方式及用途

伪　类	用　途
:link	超链接标签未被访问时的样式
:hover	在鼠标移至对象上时的样式
:active	对象被用户单击及被单击释放之间的样式
:visited	超链接对象被访问后的样式
:focus	对象成为输入焦点时的样式
:first-child	对象的第一个子对象的样式
:first	对于页面的第一页使用的样式

执行"文件>打开"命令，打开页面"源文件\第 3 章\33701.html"，可以看到页面效果，

如图 3-32 所示。在浏览器中预览该页面，可以看到网页中默认的超链接文字的效果，如图 3-33 所示。

图 3-32 　　　　　　　　　　　　　图 3-33

切换到该文件所链接的外部 CSS 样式文件 33701.css 中，创建超链接标签<a>的 4 种伪类 CSS 样式，如图 3-34 所示。保存页面，并保存外部 CSS 样式文件，在浏览器中预览页面，可以看到页面中超链接文字的效果，如图 3-35 所示。

图 3-34 　　　　　　　　　　　　　图 3-35

> **提示**　伪类 CSS 样式在网页中最广泛的应用是在网页中的超链接中，但是也可以为其他的网页元素应用伪类 CSS 样式，特别是:hover 伪类，该伪类是当鼠标移至元素上时的状态，通过该伪类 CSS 样式的应用，可以在网页中实现许多交互效果。

3.4　CSS 3 中新增的选择器

在 CSS 3 中新增加了 3 种选择器类型，分别是结构伪类选择器、UI 元素状态伪类选择器和属性选择器。下面对 CSS 3 中新增的选择器进行简单的介绍。

3.4.1　结构伪类选择器

CSS 3 中新增的结构伪类选择器，可以通过文档结构的相互关系来匹配特定的元素。可以减少有规律的文档结构中的 class 属性和 id 属性的定义，使得文档结构更加简洁。常用的结构伪类选择器如下所示：

➢ X:root ：选择匹配 X 所在文档的根元素。

➢ X:not(s)：选择匹配所有不匹配简单选择器 s 的 X 元素。

➢ X:empty：匹配没有任意子元素的元素 X。

➢ X:target：匹配当前链接地址指向的 X 元素。

➢ X:first-child：匹配父元素的第一个子元素 X。

➢ X:last-child：匹配父元素的最后一个子元素 X。

➢ X:nth-child(n)：匹配父元素的第 n 个子元素 X。

➢ X:nth-last-child(n) ：匹配父元素的倒数第 n 个子元素 X。

➢ X:only-child ：匹配父元素仅有的一个子元素 X。

➢ X:first-of-type ：匹配同类型中的第一个同级兄弟元素 X。

➢ X:last-of-type ：匹配同类型中的最后一个同级兄弟元素 X。

➢ X:only-of-type：匹配同类型中的唯一一个同级兄弟元素 X。

➢ X:nth-of-type(n) ：匹配同类型中的第 n 个同级兄弟元素 X。

➢ X:nth-last-of-type(n) ：匹配同类型中的倒数第 n 个同级兄弟元素 X。

3.4.2　UI 元素状态伪类选择器

在 CSS 3 中还新增了一种称为 UI 元素状态伪类选择器，可以设置元素处在某种状态下的样式，在人机交互过程中，只要元素的状态发生了变化，选择器就有可能会匹配成功。常用的 UI 元素状态伪类选择器如下所示：

➢ X:checked：选择匹配 X 的所有处于选中状态的 UI 元素。在网页中，UI 元素一般是指包含在 from 元素内的表单元素。

➢ X:enabled：选择匹配 X 的所有处于可用 UI 状态的元素。

➢ X:disabled：选择匹配 X 的所有处于不可用状态的元素。

3.4.3　属性选择器

属性选择器是指直接使用属性控制 HTML 标签样式，它可以根据某个属性是否存在或者通过属性值来查找元素，具有很强大的功能。常用的属性选择器如下：

➢ X[attr]：选择匹配 X 的元素，且该元素定义了 attr 属性。注意，X 选择器可以省略，表示选择定义了 attr 属性的任意类型元素。

➢ X[attr="val"]：选择匹配 X 的元素，且该元素将 attr 属性值定义为 val。注意，X 选择器可以省略，用法与上一个选择器类似。

➢ X[attr ~ ="val"]：选择匹配 X 的元素，且该元素定义了 attr 属性，attr 属性值是一个以空格符分割的列表，其中一个列表的值为 val。注意，X 选择器可以省略，表示可以匹配任意类型的元素。

➢ X[attr|="val"]：选择匹配 X 的元素，且该元素定义了 attr 属性，val 属性值是一个用连字符（-）分割的列表，值开头的字符为 val。注意，X 选择器可以省略，表示可以匹配任意类型的元素。

> X[attr^="val"]：选择匹配 X 的元素，且该元素定义了 attr 属性，attr 属性值包含了前缀为 val 的字符串。注意，X 选择器可以省略，表示可以匹配任意类型的元素。

> X[attr$="val"]：选择匹配 X 的元素，且该元素定义了 attr 属性，attr 属性值包含后缀为 var 的字符串。注意，X 选择器可以省略，表示可以匹配任意类型的元素。

> X[attr*="val"]：选择匹配 X 的元素，且该元素定义了 attr 属性，attr 属性值包含 val 的字符串。注意，X 选择器可以省略，表示可以匹配任意类型的元素。

3.5 在网页中应用 CSS 样式

CSS 样式主要是为了与 HTML 一起使用而设计的，可以为网页设计带来全新的构思空间，提供平面 HTML 所不具备的功能和灵活性。使用 CSS 样式，可以轻松实现网页中所有常见的显示效果。

3.5.1　在 HTML 中插入样式表的方法

CSS 样式能够很好地控制页面的显示，从而达到分类网页内容和样式代码的目的，但是想要在浏览器中显示出预期的效果，就要让浏览器识别并正确调用 CSS。当浏览器读取样式表时，要依照文本格式来读，下面介绍 4 种在页面中插入 CSS 样式的方法，分别为：内联样式、嵌入样式、链接外部样式和导入样式。

> 内联样式：直接写在 HTML 标签中。

> 嵌入样式表：用<style>…</style>嵌入到 HTML 文件的头部。

> 链接外部样式：以.css 为扩展名，在<head>内使用<link>将外部 CSS 样式文件链接到 HTML 文件内。

> 导入样式：与链接外部样式基本相同，创建一个简单的 CSS 样式文件，导入到 HTML 文件中。

3.5.2　内联样式

内联样式是直接写在现有的 HTML 标签里使用的，用这种方法，可以方便地对某个元素单独定义样式。使用内联样式的方法是直接在 HTML 标签中使用 style 属性，该属性的内容就是 CSS 的属性和值，其应用格式如下：

```
<p style="font-family:宋体; font-size:10px; color:#FFFFFF;">内联样式<./p>
```

内联样式由 XHTML 文件中元素的 style 属性所支持，只需要将 CSS 代码用分号隔开输入在 style=""中，便可以完成对当前标签的样式定义。这是 CSS 样式定义的一种基本形式。

　　　　内联 CSS 样式并不符合表现与内容分离的设计模式，使用内联 CSS 样式与表格布局从代码结构上来说完全相同，仅仅利用了 CSS 对于元素的精确控制优势，并没有很好地实现表现与内容的分离，所以这种书写方式应当尽量少用。

3.5.3　嵌入样式表

嵌入样式表又称为内部样式表，就是将 CSS 样式代码添加到<head>与</head>标签之间，并且用<style>与</style>标签进行声明。这种写法虽然没有完全实现页头内容与 CSS 样式表现完全分离，但可以将内容与 HTML 代码分离在两个部分进行管理，<style>标签的用法如下所示：

```
<html>
<head>
<title>嵌入样式表</title>
<style type="text/css">
<!--
hr {color: red}
p {margin-left: 40px}
body {background-image: url("images/news.jpg")}
-->
</style>
</head>
<body>
嵌入样式表
</body>
</html>
```

实例：为网页添加内部 CSS 样式

嵌入样式表是在网页中应用 CSS 样式的一种重要方式，嵌入样式表必须位于页面头部<head>与</head>标签之间，并且用<style>与</style>标签进行声明，接下来详细介绍如何使用内部 CSS 样式。实例效果如图 3-36 所示。

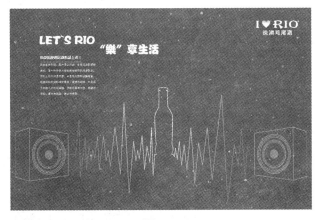

图 3-36

学习时间	20 分钟
视频地址	视频\第 3 章\3-5-3.mp4
源文件地址	源文件\第 3 章\3-5-3.html

01 ▶ 执行"文件>打开"命令，打开页面"源文件\第 3 章\35301.html"，可以看到页面效果，如图 3-37 所示。切换到代码视图，在页面头部的<head>与</head>标签之间可以看到该页面的嵌入样式，如图 3-38 所示。

图 3-37

图 3-38

02 ▶ 在网页头部的内部 CSS 样式代码中定义一个名为.font01 的类 CSS 样式，如图 3-39 所示。选择页面中相应的文字，在"属性"面板上的"类"下拉列表中选择刚定义的类 CSS 样式.font01 进行应用，如图 3-40 所示。

```
.font01 {
    font-family: 微软雅黑;
    font-weight: bold;
    font-size: 20px;
    line-height: 45px;
    display: inline-block;
    border-bottom: 1px dashed #690;
    }
```

图 3-39

图 3-40

03 ▶ 切换到代码视图中，可以看到在<span>标签中添加的相应代码，这是应用类 CSS 样式的方式，如图 3-41 所示。执行"文件>保存"命令，保存页面，在浏览器中预览该页面，可以看到页面的效果，如图 3-42 所示。

图 3-41

图 3-42

在内部 CSS 样式中，所有的 CSS 代码都编写在<style>与</style>标签之间，方便了后期对页面的维护，页面相对于内联 CSS 样式的方式大大瘦身了。但是如果一个网站拥有很多页面，对于不同页面中的<p>标签都希望采用同样的 CSS 样式设置时，内部 CSS 样式的方法就显得有点麻烦了。

3.5.4　链接外部样式

　　链接外部样式表是指在外部定义 CSS 样式并形成以.css 为扩展名的文件，然后在页面中用<link>标签链接到这个样式表文件，这个<link>标签必须放在页面的<head>与</head>标签之间，链接外部 CSS 样式文件的格式如下：

```
<html>
<head>
<title>外部样式</title>
<link href="mystyle.css" rel="stylesheet" type="text/css" media="all">
</head>
<body>
链接外部样式
</body>
</html>
```

　　其中〈link〉标签表示的 3 种属性的含义如下所示：

➢ href：该属性用于指定所链接的外部 CSS 样式文件的路径，可以使用相对路径和绝对路径。

➢ rel：该属性用于指定链接到 CSS 样式，其值为 stylesheet。

➢ type：该属性用于指定链接的文件类型为 CSS 样式。

➢ media：该属性是为不同的媒介类型规定不同的样式。

　　推荐使用链接外部 CSS 样式文件的方式在网页中应用 CSS 样式，其优势主要有：①独立于 HTML 文件，便于修改。②多个文件可以引用同一个 CSS 样式文件。③CSS 样式文件只需要下载一次，就可以在其他链接了该文件的页面内使用。④浏览器会先显示 HTML 内容，然后再根据 CSS 样式文件进行渲染，从而使访问者可以更快地看到内容。

实例：链接外部 CSS 样式文件

　　将 CSS 样式代码单独编写在一个独立的文件中，由网页进行调用，多个网页可以调用同一个外部 CSS 样式文件，因此能够实现代码的最大化使用及网站文件的最优化配置，如图 3-43 所示。

图 3-43

学习时间	30 分钟
视频地址	视频\第 3 章\3-5-4.mp4
源文件地址	源文件\第 3 章\3-5-4.html

01 ▶ 执行"文件>打开"命令，打开页面"源文件\第 3 章\35401.html"，可以看到页面效果，如图 3-44 所示。切换到代码视图，在页面头部的<head>与</head>标签之间可以看到该页面的内部样式，如图 3-45 所示。

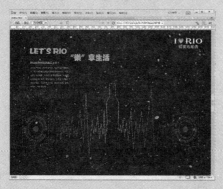

图 3-44

图 3-45

02 ▶ 执行"文件>新建"命令，弹出"新建文档"对话框，在"文档类型"列表框中选择"CSS"选项，如图 3-46 所示。单击"确定"按钮，创建一个外部 CSS 样式文件，将该文件保存为"源文件\第 3 章\style\3-5-4.css"，如图 3-47 所示。

图 3-46

图 3-47

03 ▶ 返回 35401.html 页面中，将<head>与</head>标签之间的 CSS 样式代码复制到刚创建的外部 CSS 样式文件中，如图 3-48 所示。返回 35401.html 页面中，将<style>与</style>标签删除，如图 3-49 所示。

图 3-48　　　　　　　　　　　　　　　　　　　図 3-49

 在这里需要注意，如果外部的 CSS 样式文件与 HTML 页面在同一目录下，则不需要修改 CSS 样式代码中所引用的背景图像的位置。如果 CSS 样式文件与 HTML 文件不在同一目录下，则需要修改 CSS 样式代码中所引用的背景图像的位置。

04 ▶ 返回 35401.html 页面的设计视图中，打开"CSS 设计器"面板，单击"添加新的 CSS 源"按钮，如图 3-50 所示。弹出"使用现有的 CSS 文件"对话框，单击"浏览"按钮，选择需要链接的外部 CSS 样式文件，如图 3-51 所示。

　　　　　　　　　　　　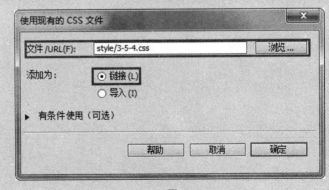

图 3-50　　　　　　　　　　　　　　　　　　　図 3-51

05 ▶ 单击"确定"按钮，即可链接指定的外部 CSS 样式文件，在"CSS 设计器"面板中显示所链接的外部 CSS 样式文件中的 CSS 样式，如图 3-52 所示。切换到代码视图中，在<head>与</head>标签之间可以看到链接外部 CSS 样式文件的代码，如图 3-53 所示。

图 3-52

```
<!DOCTYPE html PUBLIC "-//W3C//DTD XHTML 1.0 Transitional//EN"
"http://www.w3.org/TR/xhtml1/DTD/xhtml1-transitional.dtd">
<html xmlns="http://www.w3.org/1999/xhtml">
<head>
<meta http-equiv="Content-Type" content="text/html; charset=utf-8" />
<title>链接外部css样式文件</title>
<link href="style/3-5-4.css" rel="stylesheet" type="text/css" />
</head>
<body>
<div id="text"><span class="font01">RIO锐澳鸡尾酒新品上市！</span><br />
是由各种烈酒、果汁混合而成，含有适当的酒精成分，是一种能使人愉悦爽洁的浪漫饮品。而它之所以倍受喜爱，只是因
为那种似醉微重，欲拒还迎的美妙感觉像极了爱情的滋味。它是属于年轻人的时尚至醋，代表不羁与个性、叛逆与张扬、率性
与纯真、独立与自我。</div>
</body>
</html>
```

图 3-53

3.5.5　导入样式

导入外部 CSS 样式文件与链接外部 CSS 样式文件基本相同，都是创建一个单独的 CSS 样式文件，然后再引入到 HTML 文件中，只不过语法和运作方式上有所区别。采用导入的 CSS 样式，在 HTML 文件初始化时，会被导入到 HTML 文件内，作为文件的一部分，类似于内部 CSS 样式。而链接外部 CSS 样式文件是在 HTML 标签需要 CSS 样式风格时才以链接方式引入。

导入外部样式表是指在内部样式表的<style>与</style>标签里导入一个外部样式表，导入时用@import，其使用格式如下所示：

```
<html>
<head>
<title>导入样式</title>
<style type="text/css">
<!--
@import "mystyle.css"
-->
</style>
</head>
<body>
导入样式
</body>
</html>
```

 导入外部 CSS 样式与链接外部 CSS 样式相比较，最大的优点就是可以一次导入多个外部 CSS 样式文件。导入外部 CSS 样式文件相当于将 CSS 样式文件导入到内部 CSS 样式中，其方式更有优势。导入外部 CSS 样式文件必须在内部 CSS 样式的开始部分，即其他内部 CSS 样式代码之前。

3.6　CSS 文档结构

CSS 通过与 HTML 的文档结构相对应的选择器来达到控制页面表现的目的，在 CSS 样

式的应用过程中，还需要注意 CSS 样式的一些特性，包括继承性、特殊性、层叠性和重要性，本节将对 CSS 样式的特性进行介绍。

3.6.1　结构

如下所示为一个简单的 HTML 文件的结构组织：

```
<html>
<head>
<meta charset="utf-8">
<title>CSS 的继承</title>
</head>
<body>
<h1>中华人民共和国的首都<em>北京</em></h1>
<p>欢迎来到世界上拥有文化遗产项目数最多的城市<em>
北京</em><strong>历史文化名城</strong></p>
<ul>
<li>在这里你可以感受到：</li>
<ul>
<li>北京的昌盛繁华</li>
<li>千年古城的魅力</li>
<li>众多历史名胜和人文景观</li>
</ul>
</ul>
</body>
</html>
```

所有的 CSS 语句都是基于各个标签之间的"父子关系"的。这里重点考虑各个标签之间层层嵌套的关系，处于最外端的<html>标签成为"根"，是所有标签的源头，并往下层层包含。

 在该网页中，因为没有定义 ID 名称为 menu 的 Div 的 CSS 样式，所以其内容在网页中显示为默认的效果，并不符合页面整体风格的需要。

3.6.2　继承性

在 CSS 语言中，继承并不那么复杂，简单地说就是将各个 HTML 标签看成一个个大容器，其中被包含的小容器会继承所包含它的大容器的风格样式。子标签还可以在父标签样式风格的基础上再加以修改，产生新的样式，而子标签的样式风格完全不会影响父标签。

给<h1>标签加上下画线和颜色，CSS 代码如下：

```
<style type="text/css">
h1{
color: blue;                    /*颜色*/
text-decoration: underline;        /*下画线*/
}
```

</style>可以看到子标签显示出了下画线及颜色，显示效果如图 3-54 所示。

还可以给<em>标签加入 CSS 选择器，并进行风格样式的调整，如利用 CSS 代码改变了<em>标签的字体和颜色，代码如下：

```
<style type="text/css">
h1{
color: blue;                              /*颜色*/
text-decoration: underline;                 /*下画线*/
}
h1 em{                              /*嵌套选择器*/
color: #007700;                     /*颜色*/
font-size:45px;                       /*字体大小*/
}
</style>
```

页面显示效果如图 3-55 所示。

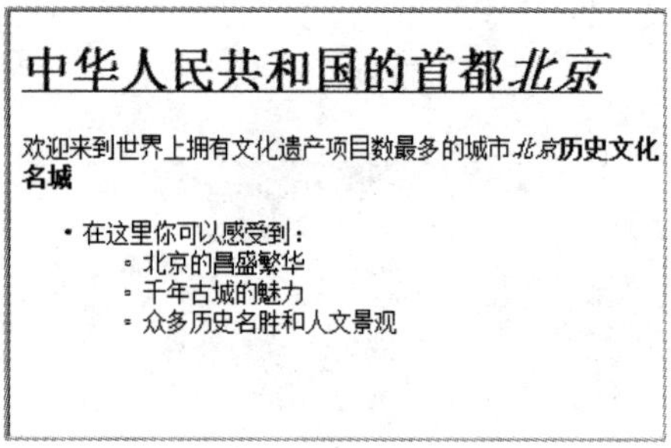

图 3-54

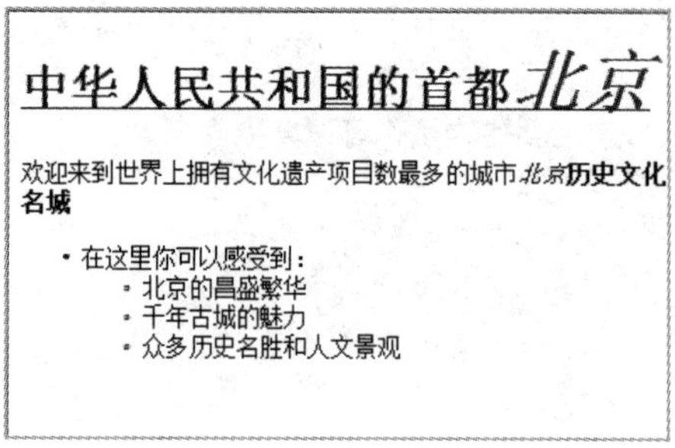

图 3-55

<em>的父标签<h1>没有受到影响，<em>标签继承了<h1>标签中设置的下画线，而颜色和字体大小则采用了自己设置的样式风格。通过利用 CSS 的继承可以大大缩减代码编写量。

3.6.3 特殊性

特殊性规定了不同的 CSS 规则的权重，当多个规则都应用在同一元素时，权重越高的 CSS 样式越会被优先采用，例如下面的 CSS 样式设置：

```
.font01 {
color: blue;
}
p {
color: black;
}
<p class="font01">内容</p>
```

那么<p>标签中的文字颜色究竟应该是什么颜色？根据规范，标签选择器（例如<p>）具有特殊性 1，而类选择器具有特殊性 10，ID 选择器具有特殊性 100。因此，此例中 p 中的颜色应该为红色。而继承的属性，具有特殊性 0，因此后面的任何定义都会覆盖掉元素继承来的样式。

特殊性还可以叠加，例如下面的 CSS 样式设置：

```
h1 {
```

```
    color: red; /*特殊性=1*/
}
p i {
    color: black; /*特殊性=2*/
}
.font01 {
    color: yellow; /*特殊性=5*/
}
#main {
    color: blue; /*特殊性=10*/
}
```

当多个 CSS 样式都可应用在同一元素时，权重越高的样式越会被优先采用。

3.6.4　层叠性

层叠就是指在同一个 Web 文档中可以有多个样式存在，当将拥有相同特殊性的 CSS 样式应用在同一个元素上时，根据前后顺序，后定义的 CSS 样式会被应用。它是 W3C 组织批准的一个辅助 HTML 设计的新特性，能够保持整个 HTML 的统一外观，可以由设计者在设置文本之前就指定整个文本的属性，如颜色、字体大小等。CSS 样式为设计制作网页带来了很大的灵活性。

> 由此可以推断在一般情况下，内联 CSS 样式（写在标签内的）>内部 CSS 样式（写在文档头部的）>外部 CSS 样式（写在外部样式表文件中的）。

3.6.5　重要性

不同的 CSS 样式具有不同的权重，对于同一元素，后定义的 CSS 样式会替代先定义的 CSS 样式，但有时候制作者需要某个 CSS 样式拥有最高的权重，此时就需要标出此 CSS 样式为"重要规则"，例如下面的 CSS 样式设置：

```
.font01 {
color: blue;
}
p {
color: red; !important
}
<p class="font01">内容</p>
```

此时，<p>标签 CSS 样式中的 color: red 将具有最高权重，<p>标签中的文字颜色就为红色。

当不指定 CSS 样式的时候，浏览器也可以按照一定的样式显示出 HTML 文档，这时浏览器使用自身内定的样式来显示文档。同时，访问者还有可能设定自己的样式表，例如视力不好的访问者会希望页面内的文字显示得大一些，因此设定一个属于自己的样式表保存在本机内。此时，浏览器的样式表权重最低，制作者的样式表会取代浏览器的样式表来渲染页面，而访问者的样式表则会优先于制作者的样式定义。

而用"!important"声明的规则将高于访问者本地样式的定义，因此需要谨慎使用。

3.7 单位和值

在网页制作中，想要使页面布局合理，就需要对页面中各个元素的值进行设置，例如，字体大小、格式、字体颜色等，而在 CSS 样式中有多种颜色值设置方法。设置样式的属性在网页布局中都是至关重要的，合理地应用各种单位才能够精确地布局网页中的各个元素。

3.7.1 颜色值

每一个 CSS 属性都有一个对应的值。在 CSS 中设置颜色的方法很多，可以使用颜色名称、RGB 颜色、十六进制颜色、网络安全色，下面分别介绍各种颜色设置的方法。

（1）颜色名称

在 CSS 中可以直接使用英文单词命名与之相应的颜色，这种方法的优点是简单、直接、容易掌握，例如下面的代码：

```
p { color: blue;}
```

CSS 规范推荐了 16 种颜色，主流的浏览器都能够识别，如表 3-2 所示列出了这 16 种颜色的英文名称。

表 3-2　颜色名称及相应的英文

颜　　色	英 文 名 称	颜　　色	英 文 名 称
白色	white	黑色	black
灰色	gray	红色	red
黄色	yellow	褐色	maroon
绿色	green	水绿色	aqua
浅绿色	lime	橄榄绿	olive
深青色	teal	蓝色	blue
深蓝色	navy	紫色	purple
紫红色	fuchsia	银色	silver

这些颜色最初来源于基本的 Windows VGA 颜色，在 CSS 中定义字体颜色时，便可以直接使用这些颜色的名称。

（2）RGB 颜色

如果要使用十进制表示颜色，则需要使用 RGB 颜色。十进制表示颜色，最大值为 255，最小值为 0。要使用 RGB 颜色，其中 R、G、B 分别表示红、绿、蓝的十进制值，通过这 3 个值的变化结合便可以形成不同的颜色。

RGB 设置方法一般分为两种：百分比设置和直接用数值设置。例如，用 P 标记设置颜色，有以下两种方法：

```
p { color: rgb ( 123,0,25 )}
p { color: rgb ( 45%,0%,25% )}
```

这两种方法都是用 3 个值表示红、绿、蓝 3 种颜色。这 3 种基本色的取值范围都是 0~255。通过指定基本色分量，可以定义出各种各样的颜色。

（3）十六进制颜色

十六进制颜色是最常用的定义方式，在十六进制的系统中，十六进制值是由 3 组两个字符的数字组成。例如，#FF0033 表示由红色（FF，相当于十进制数字中的 255）、绿色（00）和蓝色（33）组成的 RGB 值。

在以上表示方式中，"#"是十六进制数字的表示方式，这个符号必须存在，如果漏掉，那么 Web 浏览器将无法显示正确的颜色。如表 3-3 所示为各种颜色对应的十六进制值及 RGB 值。

表 3-3　各种颜色对应的十六进制值及 RGB 值

颜色名称	十六进制值	RGB 值
红色	#FF0000	RGB(255、0、0)
橙色	#FF6600	RGB(255、102、0)
黄色	#FFFF00	RGB(255、255、0)
绿色	#00FF00	RGB(0、255、0)
蓝色	#0000FF	RGB(0、0、255)
紫色	#800080	RGB(128、0、128)
紫红色	# FF00FF	RGB(255、0、255)
水绿色	#00FFFF	RGB(0、255、255)
灰色	#808080	RGB(128、128、128)
褐色	#800000	RGB(128、0、0)
橄榄色	#808000	RGB(128、128、0)
深蓝色	#000080	RGB(0、0、128)
银色	#C0C0C0	RGB(192、192、192)
深青色	#008080	RGB(0、128、128)
白色	#FFFFFF	RGB(255、255、255)
黑色	#000000	RGB(0、0、0)

提示　如果这 3 组两位数的值都有两个重复的字符，那么可以只使用每组数字的第一个字符，将这个十六进制值缩短。如#361 与#336611 指的是同一种颜色。

3.7.2　绝对单位

为保证页面元素能够在浏览器中完全显示且布局合理，就需要设定元素间的距离和元素本身的边距值，这都离不开长度单位的使用。

在 CSS 样式中，绝对单位用于设置绝对值，主要有 5 种绝对单位。

➤ in（英寸）：国外常用的量度单位，对于国内设计而言，使用较少。1in（英寸）等于 2.54cm（厘米），而 1cm（厘米）等于 0.394in（英寸）。

➤ cm（厘米）：常用的长度单位，它可以用来设定距离比较大的页面元素框。

➤ mm（毫米）：可以精确地设置页面元素距离或大小。10mm（毫米）等于 1cm（厘米）。

➤ pt（磅）：标准的印刷度量，一般用来设定文字的大小。它广泛应用于打印机、文字程序等。72pt（磅）等于 1in（英寸），也就是等于 2.54cm（厘米）。另外，in（英寸）、cm（厘米）和 mm（毫米）也可以用来设定文字的大小。

➤ pc（派卡）：另一种印刷度量，1pc（派卡）等于 12pt（磅），该单位并不经常使用。

3.7.3　相对单位

相对单位是指在度量时需要参照其他页面元素的单位值。使用相对单位所度量的实际距离可能会随着这些单位值的变化而变化。CSS 提供了 3 种相对单位。

- ➤ em：用于指定字体的 font-size 值，它随着字体大小的变化而变化，如一个元素的字体大小为 12pt，那么 1em 就是 12pt；若该元素字体大小改为 15pt，则 1em 就是 15pt。
- ➤ ex：以给定字体的小写字母 "x" 高度作为基准，对于不同的字体来说，小写字母 "x" 高度是不同的，因而 ex 的基准也不同。
- ➤ px：也叫像素，是目前广泛使用的一种度量单位，1px 就是屏幕上的一个小方格，这个通常是看不出来的，由于显示器的大小不同，它的每个小方格是有差异的，因此以像素为单位的基准也不同。

3.8　专家支招

本章讲述了 CSS 样式基础，相信读者对 CSS 样式有了一定了解，下面解答两个 CSS 中的常见问题。

3.8.1　CSS 和 HTML 的区别

HTML 由标记文档内特定元素的一系列标签组成，这些元素都具有默认样式表。但与 CSS 相比，它们的功能有限。样式表可以与 HTML 一起使用，或者可以完全替代表达标签和属性。

3.8.2　导入 CSS 样式与链接 CSS 样式的区别

这两者的最终目的都是将一个独立的外部 CSS 样式文件引入到一个网页中，两者最大的区别就是链接 CSS 样式使用 HTML 标签引入外部 CSS 样式文件，而导入 CSS 样式是使用 CSS 样式规则引入外部 CSS 样式。

3.9　总结扩展

CSS 样式是网页设计制作的必备技能，也是 Div+CSS 布局网页的核心内容。本章所讲解的内容都非常重要，是学习 Div+CSS 布局的基础。

3.9.1　本章小结

本章主要介绍了 CSS 样式的基本知识，包括 CSS 样式的基本语法和特点，以及应用 CSS 样式表规则的方法及分类，通过简单地对 CSS 颜色及单位的介绍，了解如何给 CSS 样式赋值，通过学习本章的知识，读者能够基本掌握 CSS 样式的相关知识，为之后学习 Div+CSS 布局网页打下良好的基础。

3.9.2　举一反三——在网页中实现绘图效果

导入外部 CSS 样式在实际网站制作过程中的使用并不多，介绍了有关导入外部 CSS 样式表文件的相关基础知识，接下来介绍如何在 HTML 网页中导入外部 CSS 样式表文件。

源文件地址：	源文件\第 3 章\3-9-2.html
视频地址：	视频\第 3 章\3-9-2.MP4

① 执行"文件>打开"命令，打开相应页面。

② 导入外部的 CSS 样式文件。

③ 单击"确定"按钮，可以看到页面的效果。

④ 切换到代码视图，可以观察导入 CSS 样式的代码。

第4章 Div+CSS布局入门

在设计网页时，控制好各个模块在网页中的位置是非常重要的。上一章中对 CSS 的使用方法进行了基本介绍，本章在此基础上讲解使用 CSS 样式实现多种网页布局的方法。

4.1 定义 Div

Div 与其他 HTML 标签一样，是一个 HTML 所支持的标签。例如当使用一个表格时，同应用<table>…</table>这样的结构一样，Div 在使用时也同样以<div>…</div>的形式出现。

4.1.1 什么是 Div

Div 是层叠样式表中的定位技术，全称 Division，即划分，有时可以称其为图层。Div 是一个容器。在 HTML 页面中的每个标签对象几乎都可以称得上是一个容器，例如使用〈p〉段落标签对象，其表示方式如下所示：

```
<p>文档内容</p>
```

〈p〉作为一个容器，其中放入了内容。Div 也是一个容器，能够放置内容，形式如下所示

```
<div>文档内容</div>
```

Div 是 HTML 中指定的，专门用于布局设计的容器对象。在传统的表格布局当中，之所以能进行页面的排版布局设计，完全依赖于表格对象 table——在页面当中绘制一个由多个单元格组成的表格，在相应的表格中放置内容，通过表格单元格的位置控制，达到实现布局的目的，这是表格式布局的核心对象。

而在今天，所要接触的是一种全新的布局方式——CSS 布局，Div 是这种布局方式的核心对象，使用 CSS 布局的页面排版不需要依赖表格，仅从 Div 的使用上说，做一个简单的布局只需要依赖 Div 与 CSS，因此也可以称为 Div+CSS 布局。

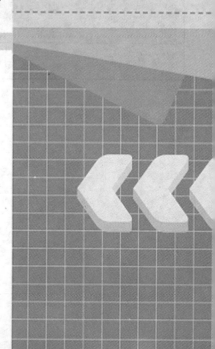

4.1.2　插入 Div

与其他 HTML 对象一样，只需在代码中应用<div>…</div>这样的标签形式，将内容放置其中，便可以应用〈div〉标签。<div>标签常用于组合块级元素，以便通过样式表来对这些元素进行控制。

> Div 标签只是一个标识，作用是为内容标识一个区域，并不负责其他事情，Div 只是 CSS 布局工作的第一步，需要通过 Div 将页面中的内容元素标识出来，而为内容添加样式则由 CSS 来完成。

Div 对象除了可以直接放入文本和其他标签外，还可以将多个 Div 标签进行嵌套使用，最终目的是合理地标识出页面的区域。同其他 HTML 对象一样，可以添加其他属性，例如 id、class、align 和 style 等，而在 CSS 布局方面，为了实现内容与表现分离，不应当将 align 对齐属性，与 style 行间样式表属性编写在 HTML 页面的 Div 标签中，因此，Div 代码只可能拥有以下两种形式：

```
<div id="id名称">内容</div>
<div class="class名称">内容</div>
```

使用 id 属性，可以为当前这个 Div 指定一个 id 名称，在 CSS 中使用 id 选择器进行样式编写。同样，可以使用 class 属性，在 CSS 中使用 class 选择器进行样式编写。

> 同一名称的 id 值在当前 HTML 页面中只允许使用一次，class 名称不管是应用到 Div 还是其他对象的 id 中，都可以重复使用。

单独使用 Div 而不加任何 CSS 样式，那么它在网页中的效果和不使用是一样的，没有任何实际效果。那么该怎样理解 Div 在布局上所带来的不同呢？

首先，用表格与 Div 进行比较。用表格布局时，使用表格设计的左右分栏或上下分栏，都能够在浏览器预览中直接看到分栏效果，如图 4-1 所示。

图 4-1

表格自身的代码形式，决定了在浏览器中显示的时候，两块内容分别显示在左单元格与右单元格之中，因此不管是否应用了表格线，都可以明确地知道内容存在于两个单元格之中，也达到了分栏的效果。

使用和表格一样的布局方式，用 Div 布局，编写两个 Div 代码，如下所示：

```
<div>左</div>
<div>右</div>
```

而此时浏览只能看到两行文字，并没有看出 Div 的任何特征，显示效果如图 4-2 所示。

图 4-2

从表格与 Div 的比较中可以看出，Div 对象本身就是占据整行的一种对象，不允许其他对象与它在一行中并列显示。Div 在页面中并非用于类似于文本一样的行间排版，而是用于大面积、大区域的块状排版。

 HTML 中的所有对象几乎都默认为两种类型，一种是 block 块状对象，指的是当前对象显示为一个方块，在默认的显示状态下，将占据整行，其他对象在下一行显示，换行是<div>固有的唯一格式表现。另一种是 in-line 行间对象，正好和 block 相反，它允许下一个对象与它本身在一行中显示。

从页面的效果中可以发现，网页中除了文字以外没有任何其他效果，两个 Div 之间的关系只是前后关系，并没有出现类似于表格的组织形式，因此可以说，Div 本身与样式没有任何关系，样式需要通过编写 CSS 来实现，因此 Div 对象应该说从本质上实现了与样式分离。

因此在 CSS 布局之中所需要的工作可以简单地归结为两个步骤，首先是使用 Div 将内容标记出来，然后为这个 Div 编写所需要的 CSS 样式。

 恰当地使用继承可以减少代码中选择器的数量和复杂性。如果大量元素继承各种样式，那么判断样式的来源就变得困难。

4.1.3　Div 的嵌套和固定格式

Div 可以多层进行嵌套使用，嵌套的目的是为了实现更为复杂的页面排版，例如当设计一个网页时，首先需要有整体布局，需要产生头部、中部和底部，这也许会产生一个复杂的 Div 结构。

```
<div id="top">顶部</div>
<div id ="main">
<div id="left">左</div>
<div id="right">右</div>
</div>
<div id="bottom">底部</div>
```

在代码中每个 Div 定义了 id 名称以供识别。可以看到 id 为 top、main 和 bottom 的 3 个对象，它们之间属于并列关系，代表的是如图 4-3 所示的一种布局关系。而在 main 中，拥有两个 id 为 left 与 right 的 Div。这两个 Div 本身是并列关系，而它们都处于 main 中，因此它们与 main 形成了一种嵌套关系，用 CSS 实现 left 与 right 左右显示，最终显示效果如图 4-4 所示。

图 4-3

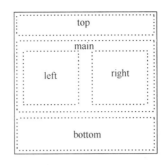

图 4-4

　　由于浏览器在显示网页时需要解析层的嵌套关系，这会对资源和时间进行消耗，所以在设计布局时要用尽可能少的嵌套关系实现设计效果，以加快网页的显示速度。

4.2　可视化盒模型

盒子模型是 CSS 控制页面时一个重要的概念，只有很好地掌握了盒子模型，以及其中每个元素的用法，才能真正地控制页面中各个元素的位置。

4.2.1　盒模型

网页中的元素都可以看成是一个盒子，因此它占据着一定的页面空间，一般来说这些被占据的空间往往都要比单纯的内容要大。换句话说，就是可以通过调整盒子的边框和距离等参数，来调节盒子的位置。

盒模型是由 content（内容）、border（边框）、padding（填充）和 margin（间隔）这 4 个部分组成的，如图 4-5 所示。

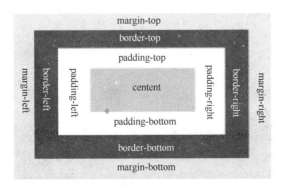

图 4-5

➢ content：表示内容，是盒模型中必有的部分，可以放置文字和图像等内容。

➢ padding：表示填充，也可称为内边距，用来设置内容与边框之间的距离。

➢ border：表示边框，也称为内容边框线，可以设置边框的粗细、颜色和样式等。

➢ margin：表示边界，也称为外边距，用来设置内容与内容之间的距离。

填充、边框和边界都分为上、右、下、左 4 个方向，既可以分别定义，也可以统一定义，进行分别定义的 CSS 样式如下所示：

```
#div {
margin-top:1px;
margin-right:2px;
margin-bottom:3px;
margin-left:4px;
padding-top:1px;
padding-right:2px;
padding-bottom:3px;
padding-left:4px;
border-top:1px solid #000000;
border-right:1px solid #000000;
border-bottom:1px solid #000000;
border-left:1px solid #000000;
}
```

进行统一定义的 CSS 样式如下所示：

```
#div {
margin:1px 2px 3px 4px;  /*按照顺时针方向缩写*/
padding:1px 2px 3px 4px;  /*按照顺时针方向缩写*/
border:1px solid #000000;
}
```

CSS 内定义的宽和高指的是填充的内容，因此，一个元素的实际宽度=左边界+左边框+内容宽度+右填充+右边框+右边界。

```
div {
weight:200px;
margin:10px;
padding:10px;
border:15px solid #FFFFFF
}
```

关于盒模型还需要注意以下几点：

➢ 边框默认的样式（border-style）可设置为不显示（none）。

➢ 填充值不可为负。

➢ 浮动元素链接不压缩，且若浮动元素不声明宽度，则其宽度趋向于 0。

➢ 内联元素，例如 a，定义上下边界不会影响到行高。

➢ 如果盒中没有内容，则即使定义宽度和高度都为 100%，实际上只占 0%，因此不会被显示，此处在采取 Div+CSS 布局的时候需要特别注意。

4.2.2　content（内容）

从盒模型中可以看出中间部分 content（内容），它主要用来显示内容，这部分也是整个盒模型的主要部分，其他如 margin、border、padding 所做的操作都是对 content 部分所做的修饰。对于内容部分的操作，也就是对文字、图像等页面元素的操作。

4.2.3　padding（填充）

在 CSS 中，可以通过设置 padding 属性定义内容与边框之间的距离，即内边距。

padding 属性的语法格式如下：

```
padding: length;
```

padding 属性值可以是一个具体的长度，也可以是一个相对于上级元素的百分比，但不可以使用负值。

padding 属性可以为盒子定义上、右、下、左各边填充的值。

➤ padding-top：设置元素上填充。

➤ padding-right：设置元素右填充。

➤ padding-bottom：设置元素下填充。

➤ padding-left：设置元素左填充。

> 　　为 padding 设置值时，若提供 4 个参数，则会分别应用于 4 条边。若提供一个参数，则作用于 4 条边；若提供两个值，则第 1 个参数应用于上和下两边，第 2 个参数应用于左和右两边；若提供 3 个值，第 1 个作用于上边，第 2 个作用于左和右两边，第 3 个作用于下边。

实例：设置元素到元素的边界距离

padding 属性设置的是元素边界到元素内容的距离，也称为填充。了解了 padding 属性的相关基础知识，接下来介绍如何在网页中使用 padding 属性控制元素与边界的距离，如图 4-6 所示。

图 4-6

学习时间	20 分钟
视频地址	视频\第 4 章\4-2-3.mp4
源文件地址	源文件\第 4 章\4-2-3.html

01 ▶ 执行"文件>打开"命令，打开页面"源文件\第 4 章\42301.html"，可以看到页面效果，如图 4-7 所示。将光标移至页面中名为 box 的 Div 中，并将多余的文字删除，插入图像"源文件\第 4 章\images\42302.jpg"，如图 4-8 所示。

图 4-7

图 4-8

02 ▶ 切换到 42301.css 文件中，找到名为#box 的 CSS 样式，如图 4-9 所示。在该 CSS 样式代码中添加 padding 属性设置代码，如图 4-10 所示。

```css
#box {
    width: 610px;
    height: 285px;
    background-image: url(../images/42301.jpg);
    background-repeat: no-repeat;
    margin: 30px auto 0px auto;
}
```

图 4-9

```css
}
#box {
    width: 595px;
    height: 270px;
    background-image: url(../images/42301.jpg);
    background-repeat: no-repeat;
    margin: 30px auto 0px auto;
    padding-top:15px;
    padding-left:15px;
}
```

图 4-10

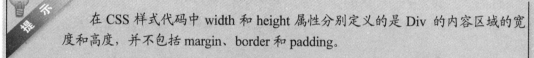

提示
在 CSS 样式代码中 width 和 height 属性分别定义的是 Div 的内容区域的宽度和高度，并不包括 margin、border 和 padding。

03 ▶ 返回设计视图，可以看到填充区域的效果，如图 4-11 所示。保存页面和外部 CSS 样式文件，在浏览器中预览页面，可以看到页面的效果，如图 4-12 所示。

图 4-11

图 4-12

4.2.4　border（边框）

border 属性是内边距和外边距的分界线，可以分离不同的 HTML 元素，border 的外边是元素的最外围。在网页设计中，如果计算元素的宽和高，则需要把 border 属性值计算在内。

Border 属性的语法格式如下：

```
border : border-style | border-color | border-width;
```

border 属性有 3 个子属性，分别是 border-style（边框样式）、border-width（边框宽度）和 border-color（边框颜色）。

实例：为图片添加边框

border 属性用于设置元素的边框，通过对网页元素添加边框的效果，可以对网页元素和网页整体起到美化的作用。接下来为用户详细介绍 border 属性在网页中的应用，如图 4-13 所示。

图 4-13

学习时间	20 分钟
视频地址	视频\第 4 章\4-2-4.mp4
源文件地址	源文件\第 4 章\4-2-4.html

01 ▶ 执行"文件>打开"命令，打开页面"源文件\第 4 章\42401.html"，可以看到页面效果，如图 4-14 所示。切换到该网页链接的外部 CSS 样式表 42401.css 文件中，定义名为#box img 的 CSS 样式，如图 4-15 所示。

```
}
#box  img {
margin-left:5px;
margin-right:5px;
}
```

图 4-14　　　　　　　　　　　　　　　图 4-15

02 ▶ 返回网页设计视图,可以看到图像与图像之间的间距效果,如图 4-16 所示。转换到 42401.css 文件中,分别定义 3 个类 CSS 样式,如图 4-17 所示。

```
}
.pic01{
    border:solid 5px #2BF902
    }
.pic02{
    border-top:dashed 5px #FFC;
    border-right:dotted 5px #CCF;
    border-top:solid 5px #99FF33;
    border-top:double 5px #FFCC00;
    }
.pic03{
    border-style:groove;
    border-width:5px;
    border-color:#2200FF
    }
```

图 4-16   图 4-17

03 ▶ 返回网页设计视图,为 3 张图像分别应用相应的类 CSS 样式,如图 4-18 所示。保存页面和外部 CSS 样式文件,在浏览器中预览页面,可以看到图像边框效果,如图 4-19 所示。

图 4-18   图 4-19

border 属性不仅可以设置图像的边框,还可以为其他元素设置边框,如文字、Div 等。

4.2.5 margin (边界)

margin 属性用于设置页面中元素和元素之间的距离,即定义元素周围的空间范围,是页面排版中一个比较重要的概念。margin 属性的语法格式如下:

```
margin: auto | length;
```

其中,auto 表示根据内容自动调整,length 表示由浮点数字和单位标识符组成的长度值或百分数,百分数是基于父对象的高度。对于内联元素来说,左右外延边距可以是负数值。

margin 属性包含 4 个子属性,分别用于控制元素四周的边距。

➤ margin-top:设置元素上边距。

➢ margin-right：设置元素右边距。

➢ margin-bottom：设置元素下边距。

➢ margin-left：设置元素左边距。

实例：调整网页 LOGO 位置

　　margin 属性设置的是元素与相邻元素之间的距离，也称为边界，了解了有关 margin 属性的基础知识，接下来详细介绍 margin 属性在网页中的实际应用，如图 4-20 所示。

图 4-20

学习时间	20 分钟
视频地址	视频\第 4 章\4-2-5.mp4
源文件地址	源文件\第 4 章\4-2-5.html

01 ▶ 执行"文件>打开"命令，打开页面"源文件\第 4 章\42501.html"，可以看到页面效果，如图 4-21 所示。将光标移至页面中名为 box 的 Div 中，将多余的文字删除，插入图像"源文件\第 4 章\images\42501.png"，如图 4-22 所示。

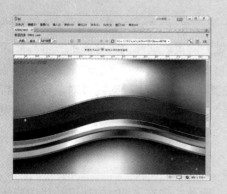

图 4-21

图 4-22

02 ▶ 保存页面，在浏览器中预览页面，可以看到页面效果，如图 4-23 所示。切换到链接的外部 CSS 样式 42501.css 文件中，定义名为#box 的 CSS 样式，如图 4-24 所示。

```
#box{
    width:527px;
    height:340px;
    margin-top:120px;
    margin-left:100px;
}
```

图 4-23   图 4-24

03 ▶ 返回网页设计视图，选中 id 名为 box 的 Div，可以看到效果如图 4-25 所示。保存页面，并保存外部 CSS 样式文件，在浏览器中预览页面，可以看到页面的效果，如图 4-26 所示。

图 4-25   图 4-26

4.3 常见的布局方式

　　CSS 是控制网页布局样式的基础，并能够真正做到网页表现和内容分离的一种样式设计语言。相对于传统的 IITML 的简单样式控制来说，CSS 能够对网页中的对象的位置排版进行像素级的精确控制，支持几乎所有的字体、字号的样式，还拥有着对网页对象盒模型样式的控制能力，并且能够进行初步页面交互设计，是当前基于文件展示的最优秀的表达设计语言。

4.3.1 居中布局设计

　　居中的设计目前在网页布局的应用中非常广泛，因此如何在 CSS 中让设计居中显示是大多数开发人员首先要学习的重点之一。设计居中主要有两个基本方法。
　　（1）使用自动空白边居中
　　假设一个布局，希望其中的容器 Div 在屏幕上水平居中，其代码如下所示：

```
<body>
<div id="box"></div>
```

```
        </body>
```
只需定义 Div 的宽度，然后将水平空白边设置为 auto，其代码如下所示。

```
#box {
width:800px;
height:500px;
margin:0 auto;
background-color:#09F;
}
```

ID 名为 box 的 Div 在页面中是居中显示的，如图 4-27 所示。

图 4-27

这种 CSS 样式定义方法在现在所有的浏览器中都是有效的。但是在 IE 5.X 或低版本的浏览器中不支持自动空白边。因为 IE 将 text-align:center 理解为让所有对象居中，而不只是文本，可以利用这一点，让主体标签中的所有对象居中，包括容器 Div，然后将容量的内容重新对准左边，CSS 样式代码如下所示：

```
body {
text-align: center; /*设置文本居中显示*/
}
#box {
width: 800px;
height:500px;
background-color:#09F;
margin: 0 auto;
text-align: left; /*设置文本居左显示*/
}
```

以这种方式使用 text-align 属性，不会对代码产生任何严重的影响。

（2）使用定位和负值空白边居中

首先定义容器的宽度，然后将容器的 position 属性设置为 relative，将 left 属性设置为 50%，就会把容器的左边缘定位在页面的中间。代码如下所示：

```
#box {
width:500px;
position:relative;
left:80%;
```

如果不希望让容器的左边缘居中，而是让容器的中间居中，只要对容器的左边应用一个负值的空白边，宽度等于容器宽度的一半。这样就会把容器向左移动它的宽度的一半，从而让它在屏幕上居中。代码如下所示：

```
#box {
width:500px;
position:relative;
left:80%;
margin-left:-360px;
}
```

4.3.2 浮动布局

在 Div+CSS 布局中，浮动布局是使用最多，也是最常见的一种布局方式，浮动布局设计又可分为多种形式，下面将详细介绍。

（1）两列固定宽度布局

两列宽度布局非常简单，HTML 代码如下所示：

```
<div id="left">左列</div>
<div id="right">右列</div>
```

为 id 名为 left 与 right 的 Div 制定 CSS 样式，让两个 Div 在水平行中并排显示，从而形成两列式布局，CSS 代码如下所示：

```
#left {
width:400px;
height:400px;
background-color:#F907A8;
border:2px solid #06F;
float:left;
}
#right {
width:400px;
height:400px;
background-color:#FFCCEE;
border:2px solid #06F;
float:left;
}
```

为了实现两列式布局，使用了 float 属性，这样两列固定宽度的布局就能够完整地显示出来了，预览效果如图 4-28 所示。

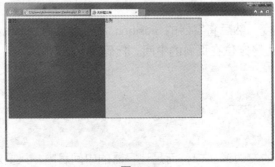

图 4-28

（2）两列固定宽度居中布局

两列固定宽度居中布局可以使用 Div 的嵌套方式来完成，用一个居中的 Div 作为容器，将两列分栏的两个 Div 放置在容器中，从而实现两列的居中显示。HTML 代码结构如下所示：

```
<div id="box">
<div id="left">左列</div>
<div id="right">右列</div>
</div>
```

为分栏的 Div 加上一个 id 名为 box 的 Div 容器，CSS 代码如下所示：

```
#box {
width:808px;
margin:0px auto;
}
#left {
width:400px;
height:400px;
background-color:#F907A8;
border:2px solid #06F;
float:left;
}
#right {
width:400px;
height:400px;
background-color:#FFCCEE;
border:2px solid #06F;
float:left;
}
```

 　一个对象的宽度，不仅仅由 width 值来决定，它的真实宽度是由本身的宽、左右外边距，以及左右边框和内边距这些属性相加而成的，而#left 宽度为 400px，左右都有 2px 的边距，因此，实际宽度为 404，#right 同#left 相同，所以#box 的宽度设定为 808px。

#box 有了居中属性，自然里面的内容也能做到居中，这样就实现了两列的居中显示，预览效果如图 4-29 所示。

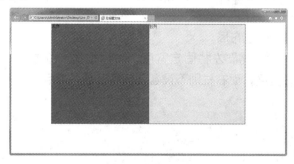

图 4-29

（3）两列固定宽度自适应布局

自适应布局主要通过宽度的百分比值进行设置，因此，在两列宽度自适应布局中也同样是对百分比宽度值进行设置，CSS 代码如下所示：

```
#left {
width:20%;
height:400px;
background-color:#F907A8;
border:2px solid #06F;
float:left;
}
#right {
width:70%;
height:400px;
background-color:#FFCCEE;
border:2px solid #06F;
float:left;
}
```

将左栏宽度设置为 20%，将右栏宽度设置为 70%，预览效果如图 4-30 所示。

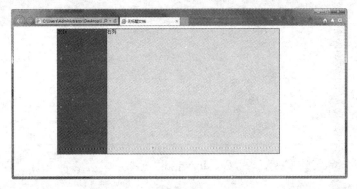

图 4-30

没有把整体宽度设置 100%，是因为前面已经提示过，左侧对象不仅仅是浏览器窗口 20%的宽度，还应当加上左右深色的边框，这样左右栏都超过了自身的百分比宽度，最终的宽度也超过了浏览器窗口的宽度，因此右栏将被挤到第二行显示，从而失去了左右分栏的效果。

（4）两列右列宽度自适应布局

在实际应用中，有时候需要左栏固定宽度，右栏根据浏览器窗口的大小自动适应。在 CSS 中只需要设置左栏宽度，而右栏则不设置任何宽度值，并且右栏不浮动。CSS 代码如下所示：

```
#left {
width:100px;
height:400px;
background-color:#F907A8;
```

```
border:2px solid #06F;
float:left;
}
#right {
height:400px;
background-color:#FFCCEE;
border:2px solid #06F;
}
```

　　左栏将呈现 200px 的宽度，而右栏将根据浏览器窗口大小自动适应，预览效果如图 4-31
所示。两列右列宽度自适应经常在网站中用到。不仅可以设置右列自适应，也可以设置左列
自适应，方法是一样的。

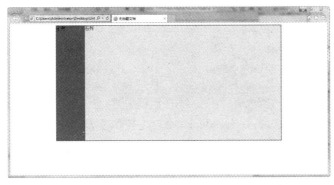

图 4-31

（5）三列浮动中间列宽度自适应布局
　　三列浮动中间列宽度自适应布局，是左栏固定宽度且居左显示，右栏固定宽度且居右显
示，而中间栏则需要在左栏和右栏的中间显示，根据左右栏的间距变化自动适应。单纯使用
float 属性与百分比属性不能实现，此时需要绝对定位来实现。绝对定位后的对象，不需要考
虑它在页面中的浮动关系，只需要设置对象的 top、right、bottom 及 left 这 4 个方向即可。
HTML 代码结构如下所示：

```
<div id="left">左列</div>
<div id="main">中列</div>
<div id="right">右列</div>
```

首先使用绝对定位将左列与右列进行位置控制，CSS 代码如下所示：

```
body {
margin: 0px;
}
#left {
width:200px;
height:200px;
background-color:#F907A8;
border:2px solid #06F;
position:absolute;
top:0px;
left:0px;
```

```
    }
#right {
width:200px;
height:200px;
background-color:#FFCCEE;
border:2px solid #06F;
position:absolute;
top:0px;
right:0px;
    }
```

而中列则用普通的 CSS 样式，CSS 代码如下所示：

```
#main {
height:200px;
background-color:#EF0F13;
border:2px solid #06F;
margin:0px 204px 0px 204px;
    }
```

对于#main，无须再设定浮动方式，只需要让它的左边和右边的边距永远保持#left 和 #right 的宽度，便实现了两边各让出 204px 的自适应宽度，刚好让#main 位于空间中间，从而实现了布局的要求，预览效果如图 4-32 所示。

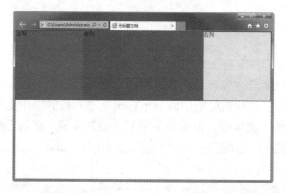

图 4-32

4.3.3 自适应高度

高度值同样可以使用百分比进行设置，不同的是直接使用 height:100%；是不会显示效果的，这与浏览器的解析方式有一定的关系，实现高度自适应的 CSS 代码如下所示：

```
html,body {
margin: 0px;
height:100%;
    }
#left {
width: 400px;
height: 100%;
background-color: #09F;
```

```
    border: 2px solid #06F;
    position: absolute;
    float:left;
    }
```

对名为 box 的 Div 设置 height:100% 的同时，也设置了 HTML 与 body 的 height:100%，一个对象高度是否可以使用百分比显示，取决于对象的父级对象，名为 box 的 Div 在页面中直接放置在 body 中，因此它的父级就是 body，而浏览器在默认状态下，没有给 body 高度属性，因此直接设置名为 box 的 Div 的 height:100% 时，不会产生任何效果，而当给 body 设置了 100%之后，它的子级对象名为 box 的 Div 的 height:100%便起了作用，这便是浏览器解析规则引发的高度自适应问题。而给 HTML 对象设置 height:100%，能使 IE 浏览器实现高度自适应，在浏览器中预览可以看到高度自适应的效果，如图 4-33 所示。

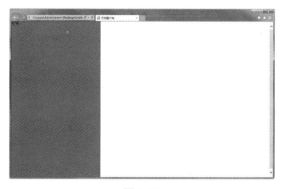

图 4-33

4.4　CSS 布局定位

CSS 的布局是一种比较新的布局理念，完全有别于传统的布局方式。它将页面首先在整体上进行<div>标记的分块，然后对各个块进行 CSS 定位，最后再在各个块中添加相应的内容。通过 CSS 布局的页面，更新十分容易，甚至是页面的拓扑结构，都可以通过修改 CSS 属性来重新定位。

4.4.1　position 属性

position 的属性是指定义块的位置，规定元素的定位类型，即块相对于其父块的位置和相对于它自身应该在的位置。元素脱离文档流的布局，在页面的任意位置显示，position 属性的语法格式如下：

```
position: static | absolute | fixed | relative;
```

➤ static：设置 position 属性值为 static，表示无特殊定位，元素定位的默认值，对象遵循 HTML 元素定位规则，不能通过 z-index 属性进行层次分级。

➤ absolute：设置 position 属性值为 absolute，表示绝对定位，相对于其父级元素进行定位，元素的位置可以通过 top、right、bottom 和 left 等属性进行设置。

➤ fixe：设置 position 属性为 fixed，表示悬浮，使元素固定在屏幕的某个位置，其包含块是可视区域本身，因此它不随滚动条的滚动而滚动。

> relative：设置 position 属性为 relative，表示相对定位，对象不可以重叠，可以通过 top、right、bottom 和 left 等属性在页面中偏移位置，可以通过 z-index 属性进行层次分级。

在 CSS 样式中设置了 position 属性后，还可以对其他的定位属性进行设置，包括 width、height、z-index、top、right、bottom、left、overflow 和 clip，其中 top、right、bottom 和 left 只有在 position 属性中使用才会起到作用。

> top：用于设置元素垂直距顶部的距离。

> right：用于设置元素水平距右部的距离。

> bottom：用于设置元素垂直距底部的距离。

> left：用于设置元素水平距左部的距离。

> z-index：用于设置元素的层叠顺序。

> width：用于设置元素的宽度。

> height：用于设置元素的高度。

> overflow：用于设置元素内容溢出的处理方法。

> clip：设置元素剪切方式。

4.4.2　相对定位

设置 position 属性为 relative，即可将元素的定位方式设置为相对定位。对一个元素进行相对定位，首先它将显示在所在的位置上，然后通过设置垂直或水平位置，让这个元素相对于它的原始起点进行移动。

　　相对定位时，无论是否进行移动，元素仍然占据原来的空间。因此，移动元素会覆盖其他元素。

实例：图像叠加

相对定位是相对于元素的原始位置进行移动的定位效果，相对定位在网页中的应用比较多，常见的就是图像相互叠加的效果。接下来介绍如何使用相对定位，如图 4-34 所示。

图 4-34

学习时间	20 分钟
视频地址	视频\第 4 章\4-4-2.mp4
源文件地址	源文件\第 4 章\4-4-2.html

01 ▶ 执行"文件>打开"命令，打开页面"源文件\第 4 章\44201.html"，可以看到页面效果，如图 4-35 所示。在页面中名为 pic01 的 Div 之后插入名为 pic02 的 Div，如图 4-36 所示。

图 4-35

图 4-36

02 ▶ 名为 pic02 的 Div 代码如图 4-37 所示。切换到该网页所链接的外部 CSS 样式 44201.css 文件中，创建名为#pic02 的 CSS 样式，如图 4-38 所示。

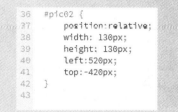
图 4-37

```
36  #pic02 {
37      position:relative;
38      width: 130px;
39      height: 130px;
40      left:520px;
41      top:-420px;
42  }
43
```
图 4-38

03 ▶ 返回网页设计视图，可以看到使用相对定位对网页元素进行定位的效果，如图 4-39 所示。保存页面和外部 CSS 样式文件，在浏览器中预览页面，可以看到页面效果，如图 4-40 所示。

图 4-39

图 4-40

4.4.3　绝对定位

绝对定位是脱离文档流的布局，遗留下来的空间由后面的元素填充。绝对定位能够使元素的位置与文档流无关，所以不占据空间，那么普通文档流中其他元素的布局就像绝对定位的元素不存在一样。简单地说，使用了绝对定位之后，对象就浮在网页的上面了。

在元素 position 属性为默认值时，top、right、left 和 bottom 的坐标原点以 body 的坐标原点为起始位置。

设置绝对定位的 CSS 样式如下所示：

```
#div-a {
position:absolute; /*设置绝对定位*/
left:40px;
top:40px;
background-color:#0FF;
float:left;
height:150px;
width:150px;
}
```

> **提示**　对于定位的主要问题是要记住每种定位的意义。相对定位是相对于元素在文档流中的初始位置，而绝对定位是相对于最近的已定位的父元素，如果不存在已定位的父元素，那就相对于最初的包含块。由于绝对定位的框与文档流无关，所以它们可以覆盖页面上的其他元素。可以通过设置 z-index 属性来控制这些框的堆放次序。z-index 属性的值越大，框在堆中的位置就越高。

4.4.4　固定定位

固定定位类似于绝对定位，它是绝对定位的一种特殊形式，固定定位的容器不会随着滚动条的拖动而变换位置。在视线中，固定定位的容器位置是不会改变的，固定定位可以把一些特殊效果固定在浏览器的特定位置。

实例：制作固定不动的导航条

固定定位可以使网页中某个元素固定在相应的位置。接下来详细介绍如何使用固定定位实现网页中固定不动的导航菜单，如图 4-41 所示。

图 4-41

学习时间	25 分钟
视频地址	视频\第 4 章\4-4-4.mp4
源文件地址	源文件\第 4 章\4-4-4.html

01 ▶ 执行 "文件>打开" 命令，打开页面 "源文件\第 4 章\44401.html"，可以看到页面效果，如图 4-42 所示。在浏览器中预览页面，发现顶部的导航菜单会跟着滚动条一起滚动，如图 4-43 所示。

图 4-42 　　　　　　　　　　　　　　　　图 4-43

02 ▶ 切换到该网页链接的外部 CSS 样式 44401.css 文件中，找到名为#top 的 CSS 样式，如图 4-44 所示。在该 CSS 样式代码中添加相应的固定定位代码，如图 4-45 所示。

```
#top {
    width: 100%;
    height: 50px;
    line-height: 50px;
    text-align: center;
    background-color: #FFF;
    border-top: solid 4px #D31245;
    border-bottom: solid 1px #CCC;
}
```

图 4-44

```
#top {
    position:fixed;
    width: 100%;
    height: 50px;
    line-height: 50px;
    text-align: center;
    background-color: #FFF;
    border-top: solid 4px #D31245;
    border-bottom: solid 1px #CCC;
}
```

图 4-45

03 ▶ 保存页面和外部 CSS 样式文件，在浏览器中预览页面，可以看到页面效果，如图 4-46 所示。拖动浏览器滚动条，发现顶部导航菜单始终固定在浏览器顶部不动，如图 4-47 所示。

图 4-46 　　　　　　　　　　　　　　　　图 4-47

固定定位的参照位置不是上级元素而是浏览器窗口。可以使用固定定位来设定类似传统框架样式布局，以及广告框架或导航框架等。使用固定定位的元素可以脱离页面，无论页面如何滚动，始终处在页面的同一位置。

4.4.5   浮动定位

还有一种定位模型为浮动定位。浮动的框可以左右移动，直到它外边缘碰到包含框或另一个浮动框的边缘。float 属性语法格式如下：

```
float: none | left | right
```

➤ none：设置 float 属性为 none，表示元素不浮动。

➤ left：设置 float 属性为 left，表示元素向左浮动。

➤ right：设置 float 属性为 right，表示元素向右浮动。

如果包含框太窄，无法容纳水平排列的多个浮动元素，那么其他浮动元素将向下移动，直到有足够空间的地方。如果浮动元素的高度不同，那么当它们向下移动时，可能会被其他浮动元素卡住。

    因为在网页中分为行内元素和块元素，行内元素是可以显示在同一行上的元素，例如<span>；块元素是占据整行空间的元素，例如<div>。如果需要将两个<div>显示在同一行上，就需要使用 float 属性。

4.4.6   空白边叠加

空白边叠加是一个比较简单的概念，当两个垂直空白边相遇时，它们将形成一个空白边。这个空白边的高度是两个发生叠加的空白边中的高度较大者。

当一个元素出现在另一个元素上面时，第一个元素的底空白边与第二个元素的顶空白边发生叠加。

    空白边的高度是两个发生叠加的空白边中的高度较大者。当一个元素包含另一个元素时（假设没有填充或边框将空白边隔开），它们的顶和底空白边也会发生叠加。

4.5   流体网格布局

在 Dreamweaver CS6 中新增了流体网格布局的功能，该功能主要针对目前流行的智能手机、平板电脑和计算机 3 种设备。通过创建流体网格布局页面，可以使页面适应 3 种不同的设备，并且可以随时在 3 种不同的设备中查看页面的效果。

    在流体网格布局页面中插入流体网格布局 Div 标签后，会自动在其链接外部 CSS 样式表文件中创建相应的 ID CSS 样式，因为流体网格布局是针对手机、平板电脑和台式计算机 3 种设备的，因此在外部的 CSS 样式表文件中会针对相应的设备在不同的位置创建出 3 个 ID CSS 样式。

4.6　专家支招

本章主要介绍了 Div+CSS 布局网页的相关知识，包括什么是 Div、id 与 class 的区别和 CSS 盒模型等内容，下面解答两个与本章内容相关的常见问题。

4.6.1　CSS 3 中有关盒模型的新增属性

随着 CSS 的发展，弹性盒模型是 CSS 3 最新引进的盒模型处理机制，该模型拥有告别浮动和完美实现垂直水平居中的新特性。通过弹性盒模型的应用，可以轻松设计出自适应浏览器的浏览布局或者自动适应大小的弹性布局。

Flexbox 布局的主体思想是相似的元素可以改变大小以适应可用空间，当可用空间变大时，Flex 元素将伸展大小以填充可用空间，当 Flex 元素超出可用空间时将自动缩小，其可伸缩属性如表 4-1 所示。

表 4-1　Flex 的可伸缩属性

属　　性	描　　述
box-align	用来定义子元素在盒子内垂直方向上的空间分配方式
box-direction	用来定义盒子的显示顺序
box-flex	用来定义子元素在盒子内的自适应尺寸
box-flex-group	用来定义自适应子元素群组
box-lines	用来定义子元素分布显示
box-ordinal-group	用来定义子元素在盒子内的显示位置
box-orient	用来定义盒子分布的坐标轴
box-pack	用来定义子元素在盒子内水平方向上的空间分配方式

4.6.2　什么是 id

id 是 HTML 元素的一个属性，用于标示元素名称。class 对于网页来说主要功能就是用于对象的 CSS 样式设置，而 id 除了能够定义 CSS 样式外，还可以是服务于网站交互行为的一个特殊标志。无论是 class 还是 id，都是 HTML 所有对象支持的一种公共属性，也是其核心属性。

id 名称是对网页中某一个对象的唯一标记，用于对这个对象进行交互行为的编写及 CSS 样式定义。如果在一个页面中出现了两个重复的 id 名称，并且页面中有对该 id 进行操作的 JavaScript 代码，那么 JavaScript 就无法正确判断所要操作的对象位置而导致页面出现错误。每个定义的 id 名称在使用上要求每个页面中只能出现一次，例如，当在一个 Div 中使用了 id="top"这样的标示后，在该页面中的其他任何地方，无论是 Div 还是别的对象，都不能再次使用 id="top"进行定义。

4.7　总结扩展

一个网页布局的好坏，直接影响到网页加载的速度。完成本章内容的学习，希望读者能够掌握 Div+CSS 布局的方法和相关知识，并能够使用 Div+CSS 布局制作网页。

4.7.1 　本章小结

　　CSS 布局的最终目的是要搭建完善的整站页面架构，通过新的符合 Web 标准的构建形式来提高网站的设计制作效率，以及其他实质性的优势，而全站的 CSS 样式应用也是页面布局的一个重要环境。

　　本章主要讲解了 Div+CSS 的相关知识，其中包括 Div 的基本概念、CSS 的布局定位、常用的布局方式和可视化盒模型等内容，只有熟练掌握本章的内容，才能够在网页制作的过程中更加熟练地应用。

4.7.2 　举一反三——空白边叠加在网页中的应用

　　空白边叠加是 Div+CSS 布局中一种比较特殊的情况，当垂直方向上的两个空白边相遇时，就会出现空白边叠加的情况，接下来通过实例练习介绍空白边叠加在网页中的应用。

源文件地址：	源文件\第 4 章\4-7-2.html
视频地址：	视频\第 4 章\4-7-2.MP4

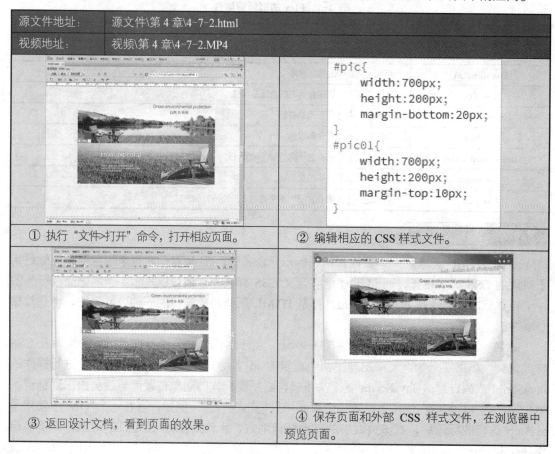

```
#pic{
    width:700px;
    height:200px;
    margin-bottom:20px;
}
#pic01{
    width:700px;
    height:200px;
    margin-top:10px;
}
```

① 执行"文件>打开"命令，打开相应页面。　　② 编辑相应的 CSS 样式文件。

③ 返回设计文档，看到页面的效果。　　④ 保存页面和外部 CSS 样式文件，在浏览器中预览页面。

第 5 章　使用 CSS 控制背景和图片

背景和图片是网页中非常重要的组成部分，在网页设计中，使用 CSS 样式控制背景和图片样式是较为常用的一项技术，它有效地避免了 HTML 对页面元素控制所带来的不必要的麻烦。通过对 CSS 样式的灵活运用，可以使整个页面更加丰富多彩。

5.1　背景控制概述

在网页设计中，背景控制的应用十分广泛。在网站中，如果有很好的背景颜色搭配，可以为页面整体带来丰富的视觉效果，会深深吸引浏览者的目光，给浏览者非常好的第一印象。除了用纯色制作背景以外，还可以使用图像作为整个页面或者页面上的任何元素的背景。

5.1.1　背景控制原则

背景是网页设计中经常使用的技术，无论是单一的纯色背景，还是漂亮的背景图像，都可以给整个页面带来丰富的视觉效果，如图 5-1 所示。HTML 中的各个元素基本上都支持设置背景属性，包括 table 表格、tr 单元行及 td 单元格等。

图 5-1

对于背景图像的设置，在 HTML 页面中仅仅支持 x 轴及 y 轴都平铺的视觉效果。而 CSS 对于元素背景图像的设置则提供了更多的显示效果。

5.1.2　背景控制属性

CSS 提供了 6 种标准背景属性及多个可选参数，使用这些属性对于背景的控制，已经非常全面了。

- ➤ background：该属性用于控制用来设置背景的所有控制选项。
- ➤ background-color：该属性用于设置背景颜色。用户可以在其中应用 color-RGB（RGB 颜色格式）、color- HEX（HEX 颜色格式）、color-name（颜色的英文名称）和 color-transparent（颜色的不透明度）。
- ➤ background-image：该属性用于设置背景图像。用户可以在其中应用 URL（背景图像的地址）、none（无图像）、inherit（继承父级）。
- ➤ background-repeat：该属性用于设置背景图像的平铺方式。用户可以在其中应用 repeat（平铺背景图像）、no-repeat（不重复平铺）、repeat-x（水平平铺背景图像）、repeat-y（垂直平铺背景图像）、round（两端对齐平铺，多出的空间通过拉伸图像进行填充）、space（两端对齐平铺，多出的空间使用空白进行填充）和 inherit（继承父级）。
- ➤ background-position：该属性用于设置背景图像的滚动方式，可以是固定，也可以是随内容滚动。用户可以在其中应用 scroll（背景图像滚动）、fixed（背景图像固定）和 inherit（继承父级）。

5.2　背景颜色控制

一个优秀的网站，必须有不同于其他网站的背景与色彩，才能吸引访问者的目光，由于浏览者在浏览网页时，首先观察的是页面的背景与色彩，如果网站的背景和色彩与其他网站太过相似，会给浏览者带来审美疲劳，从而对浏览的网页失去兴趣。因此设计师在设计网页页面时，应慎重选择背景颜色。

5.2.1　设置背景颜色

很多网站页面中都会设置页面的背景颜色，使用 CSS 样式控制网页背景颜色是一种十分方便和简洁的方法。在 CSS 样式中，background-color 属性用于设置页面的背景颜色，其基本语法格式如下：

```
background-color: color/transparent;
```

- ➤ color：该属性值设置背景的颜色，颜色值可以采用英文单词、十六进制、RGB、HSL、HSLA 和 RGBA 格式。
- ➤ Transparent：该属性值为默认值，表示透明。

> 　　background-color 属性类似于 HTML 中的 bgcolor 属性。CSS 样式中的 background-color 属性更加实用，不仅仅是因为它可以用于页面中的任何元素，bgcolor 属性只能对\<body\>、\<table\>、\<tr\>、\<th\>和\<td\>标签进行设置。通过 CSS 样式中的 background-color 属性可以设置页面中任意特定部分的背景颜色。

执行"文件>打开"命令，打开页面"源文件\第 5 章\52101.html"，可以看到页面效果，如图 5-2 所示。切换到代码视图中，可以看到该页面的 HTML 代码，如图 5-3 所示。

图 5-2

```
<!DOCTYPE html PUBLIC "-//W3C//DTD XHTML 1.0 Transitional//EN"
"http://www.w3.org/TR/xhtml1/DTD/xhtml1-transitional.dtd">
<html xmlns="http://www.w3.org/1999/xhtml">
<head>
<meta http-equiv="Content-Type" content="text/html; charset=utf-8" />
<title>设置背景颜色background-color</title>
<link href="style/52101.css" rel="stylesheet" type="text/css" />
</head>

<body>
<div id="top">首页  关于我们</div>
<div id="center"><img src="images/52102.png"/></div>
<div id="bottom"></div>
</body>
</html>
```

图 5-3

切换到外部 CSS 样式 52101.css 文件中，在名为 body 的标签 CSS 样式中添加 background-color 属性设置代码，如图 5-4 所示。保存外部 CSS 样式文件，在浏览器中预览页面，可以看到设置整体背景颜色的效果，如图 5-5 所示。

```
body{
    font-size:28px;
    font-family:"楷体";
    color:#FFF;
    line-height:30px;
    text-align:center;
    font-weight:bold;
    background-color:#C3F;
}
```

图 5-4

图 5-5

5.2.2　设置块背景颜色

通过 background-color（背景颜色）属性不仅可以为页面设置背景颜色，而且可以设定 HTML 中几乎所有元素的背景颜色，因此很多页面中都通过为元素设定各种背景颜色来为页面分块。下面介绍在页面中使用背景颜色为页面分块的方法。

background-color 属性还可以使用 transparent 和 inherit 值。transparent 值实际上是所有元素的默认值，其意味着显示已经存在的背景；如果确实需要继承 background-color 属性，则可以使用 inherit 值。

01 ▶ 执行"文件>打开"命令，打开页面"源文件\第 5 章\52201.html"，可以看到页面效果，如图 5-6 所示。切换到外部 CSS 样式 52201.css 文件中，找到名为#top 和名为#center 的 CSS 样式代码，如图 5-7 所示。

图 5-6

```
#top{
    width:100%;
    height:38px;
}
#center{
    width:100%;
    height:360px;
}
```

图 5-7

02 ▶ 在这两个 CSS 样式中分别添加 background-color 属性设置代码，如图 5-8 所示。保存外部 CSS 样式文件，在浏览器中预览该页面，可以看到为网页元素设置不同背景颜色的效果，如图 5-9 所示。

```
#top{
    width:100%;
    height:38px;
    background-color:#000000;
}
#center{
    width:100%;
    height:360px;
    background-color:#ff7700;
}
```

图 5-8

图 5-9

5.3 背景图像控制

在网页中除了可以为网页设置纯色的背景颜色，还可以使用图片设置网页背景。通过 CSS 样式可以对页面中的背景图片进行精确控制，包括对其位置、重复方式和对齐方式等的设置。

5.3.1 设置背景图像

在 CSS 样式中，可以通过 background-image 属性设置背景图像。background-image 属性的基本语法如下：

```
background-image:none/url;
```

➤ none：该属性值是默认属性，表示无背景图片。

➤ url：该属性值定义了所需使用的背景图片地址，图片地址可以是相对路径地址，也可以是绝对路径地址。

实例：为网页设置背景图像

将背景图像设置在<body>标签中，可以将背景图像应用在整个页面中。了解了设置背景图像的基本语法后，下面介绍如何通过 background-image 为网页设置背景图像，如图 5-10 所示。

图 5-10

学习时间	15 分钟
视频地址	视频\第 5 章\5-3-1.mp4
源文件地址	源文件\第 5 章\5-3-1.html

01 ▶ 执行 "文件>打开" 命令，打开页面 "源文件\第 5 章\53101.html"，如图 5-11 所示。在浏览器中预览该页面，可以看到页面的效果，如图 5-12 所示。

图 5-11

图 5-12

02 ▶ 切换到外部 CSS 样式 53101.css 文件中，找到名为 body 的 CSS 样式，在该 CSS 样式代码中添加 background-image 属性设置，如图 5-13 所示。保存外部 CSS 样式文件，在浏览器中预览页面，可以看到设置网页背景图像的效果，如图 5-14 所示。

```
body{
    font-size: 12px;
    color: #333;
    line-height: 25px;
    background-image:url(../images/53102.jpg);
}
```

图 5-13

图 5-14

> 使用 background-image 属性设置背景图像，背景图像默认在网页中是以左上角为原点显示的，并且背景图像在网页中会重复平铺显示。

5.3.2 背景图像的重复方式

为网页设置的背景图像默认情况下会以平铺的方式显示，在 CSS 样式中，可以通过 background-repeat 属性为背景图像设置重复或不重复的样式，以及背景图像重复的方式。background-repeat 属性的基本语法如下：

```
background-repeat:重复方式;
```

background-repeat 属性有 4 个属性值。

- ➤ no-repeat：设置 background-repeat 属性为该属性值，则表示背景图像不重复平铺，只显示一次。
- ➤ repeat-x：设置 background-repeat 属性为该属性值，则表示背景图像在水平方向重复平铺。
- ➤ repeat-y：设置 background-repeat 属性为该属性值，则表示背景图像在垂直方向重复平铺。
- ➤ repeat：设置 background-repeat 属性为该属性值，则表示背景图像在水平和垂直方向都重复平铺，该属性值为默认值。

> 为图片设置重复方式，图片就会沿 X 或 Y 轴进行平铺。在网页设计中，这是一种很常见的方式，该方法一般在设置渐变类背景图像时使用，通过这种方法，可以使渐变图像沿设定的方向进行平铺，形成渐变背景和渐变网格等效果。从而达到减少背景图片的大小、加快网页的下载速度等目的。

实例：设置背景图像的重复方式

通过 CSS 样式中的 background-repeat 属性可以为网页设置相应的背景图像重复方式，从而对背景图像的控制更加灵活。接下来介绍如何为页面设置背景图像重复方式，如图 5-15 所示。

图 5-15

学习时间	20 分钟
视频地址	视频\第 5 章\5-3-2.mp4
源文件地址	源文件\第 5 章\5-3-2.html

01 ▶ 执行 "文件>打开" 命令，打开页面 "源文件\第 5 章\53201.html"，可以看到页面效果，如图 5-16 所示。切换到代码视图中，可以看到该页面的 HTML 代码，如图 5-17 所示。

```
<!DOCTYPE html PUBLIC "-//W3C//DTD XHTML 1.0 Transitional//EN"
"http://www.w3.org/TR/xhtml1/DTD/xhtml1-transitional.dtd">
<html xmlns="http://www.w3.org/1999/xhtml">
<head>
<meta http-equiv="Content-Type" content="text/html; charset=utf-8" />
<title>设置背景图像重复方式background-repeat</title>
<link href="style/53201.css" rel="stylesheet" type="text/css" />
</head>

<body>
<div id="box">
  <div id="text"><span class="font">I HAVE A DREAM</span>
  当我静开眼，全世界都在跳舞。</div>
</div>
</body>
</html>
```

图 5-16　　　　　　　　　　　　　　　　　图 5-17

02 ▶ 切换到外部 CSS 样式 53201.css 文件中，找到名为 body 的 CSS 样式代码，添加 background-repeat 属性设置，如图 5-18 所示。此处设置的是背景图像不重复，保存外部 CSS 样式文件，在浏览器中预览页面，可以看到背景图像的显示效果，如图 5-19 所示。

```
body{
    font-size: 12px;
    color: #333;
    line-height: 32px;
    background-image:url(../images/53202.jpg);
    background-repeat:no-repeat;
}
```

图 5-18　　　　　　　　　　　　　　　　　图 5-19

03 ▶ 返回外部 CSS 样式 53201.css 文件中，修改名为 body 的 CSS 样式代码，如图 5-20 所示。保存外部 CSS 样式文件，在浏览器中预览页面，可以看到背景图像重复的效果，如图 5-21 所示。

```
body{
    font-size: 12px;
    color: #333;
    line-height: 32px;
    background-image:url(../images/53202.jpg);
    background-repeat:repeat;
}
```

图 5-20　　　　　　　　　　　　　　　　　图 5-21

5.3.3 背景图像的定位

除了平铺的设置方式以外，目前的 CSS 还提供了另一种方式。通过 CSS 控制背景，就可以做到背景图像的精确定位。可以通过 background-position 属性，设置初始背景图像的位置。background-position 值由两个大小值或者百分比组成，第一个值表示水平位置，第二个值表示垂直位置。如果只给定一个值，那这个值就是水平位置。

background-position 属性的基本语法如下：

```
background-position:length/percentage/top/center/bottom/left/right;
```

➢ length：该属性值用于设置背景图像与边距水平和垂直方向的距离长度，长度单位为 cm（厘米）、mm（毫米）和 px（像素）等。

➢ percentage：用于根据页面元素的宽度或高度的百分比放置背景图像。

➢ top：用于设置背景图像顶部显示。

➢ center：用于设置背景图像居中显示。

➢ bottom：用于设置背景图像底部显示。

➢ left：用于设置背景图像居左显示。

➢ right：用于设置背景图像居右显示。

5.3.4 背景图像的固定

在浏览器中预览网页时，当拖动滚动条后，页面背景会自动根据滚动条的下拉操作与页面其余部分一起滚动，在 CSS 样式表中，针对背景元素的控制，提供了 background-attachment 属性，该属性能够使背景不受滚动条的影响，始终保持在固定位置。

background-attachment 语法格式和属性下所示：

```
background-attachment:scroll|fixed
```

➢ scroll：默认值，当页面滚动时，背景图像可随页面一起滚动。

➢ fixed：背景图像固定在页面的可见区域。

➢ inherit：规定应该从父元素继承 background-attachment 属性的设置。

01 ▶ 执行"文件>打开"命令，打开"源文件>第 5 章>5204.html"文件，页面效果如图 5-22 所示。切换到外部 CSS 样式 53401.css 文件中，可以看到名为 body 的 CSS 样式代码，如图 5-23 所示。

```
body {
    font-family: 宋体;
    font-size: 12px;
    color: #FFF;
    line-height: 24px;
    background-color: #000;
    background-image: url(../images/53405.jpg);
    background-repeat: repeat-x;
    background-position: center top;
}
```

图 5-22   图 5-23

02 ▶ 在名为 body 的标签中添加背景图像的 CSS 样式设置代码，如图 5-24 所示。执行"文件>保存"命令，在浏览器中预览页面，可以看到无论如何拖动滚动条，背景图像的位置始终是固定的，页面效果如图 5-25 所示。

```
body {
    font-family: 宋体;
    font-size: 12px;
    color: #FFF;
    line-height: 24px;
    background-color: #000;
    background-image: url(../images/53405.jpg);
    background-repeat: repeat-x;
    background-position: center top;
    background-attachment:fixed;
}
```

图 5-24　　　　　　　　　　　图 5-25

> **提示**　所有浏览器都支持 background-attachment 属性。在此需要注意的是，任何版本的 Internet Explorer（包括 IE11）都不支持属性值"inherit"。

5.4　图片样式概述

图片的样式虽然能够通过 HTML 页面进行控制，但制作起来比较烦琐，而且在后期对图片属性进行修改时也比较麻烦，如果用 CSS 样式设置图片样式就可在制作完成后方便地进行修改，并可以实现 HTML 页面中无法实现的特殊效果。使用 CSS 可以通过控制具体的数值来控制图片样式，两种控制图片的基本方法，包括控制图片边框与控制图片缩放。

5.4.1　图像边框

通过 HTML 定义的图片边框，风格较为单一，只能改变边框的粗细，边框显示的都是黑色，无法设置边框的其他样式。在 CSS 样式中，通过对 border 属性进行定义，可以使图片边框有更加丰富的样式，从而使图片效果更加美观。border 属性的基本语法格式如下：

```
border:border-style|border-color|border-width;
```

- ➤ border-style：该属性用于设置图片边框的样式，属性值包括：none，定义无边框；hidden，与 none 相同；dotted，定义点状边框；dashed，定义虚线边框；solid，定义实线边框；double，定义双线边框，双线宽度等于 border-width 的值；groove，定义 3D 凹槽边框，其效果取决于 border-color 的值；ridge，定义脊线式边框；inset，定义内嵌效果的边框；outset，定义凸起效果的边框。
- ➤ border-color：该属性用于设置边框的颜色。
- ➤ border-width：该属性用于设置边框的粗细。

图片的边框属性可以不完全定义，仅单独定义宽度与样式，不定义边框的颜色，图片边框也会有效果，边框默认颜色为黑色。但是如果单独定义颜色，边框不会有任何效果。

实例：为网页中的图片设置边框

　　CSS 样式中的 border 属性可以为图片设置不同的边框样式、粗细和颜色，还可以单独定义某一条或几条单独的边框样式。接下来介绍如何通过 CSS 样式设置图片边框，如图 5-26 所示。

图 5-26

学习时间	15 分钟
视频地址	视频\第 5 章\5-4-1.mp4
源文件地址	源文件\第 5 章\5-4-1.html

01 ▶ 执行"文件>打开"命令，打开页面"源文件\第 5 章\54101.html"，可以看到页面效果，如图 5-27 所示。在浏览器中预览页面，可以看到页面中图像的效果，如图 5-28 所示。

图 5-27

图 5-28

02 ▶ 切换到外部 CSS 样式 54101.css 文件中，找到名为#picimg 的 CSS 样式，在该 CSS 样式代码中添加图像边框的属性设置，如图 5-29 所示。保存外部 CSS 样式文件，在浏览器中预览页面，可以看到网页中图像边框的效果，如图 5-30 所示。

```
#pic img{
    margin-right:50px;
    margin-left:5px;
    border-style:solid;
    border-color:#0093FF;
    border-width:8px;
}
```

图 5-29

图 5-30

5.4.2　图片缩放

在一般情况下，网页上的图片都是以图片原始大小显示的，在 CSS 中控制图片缩放的方法是通过 width 与 height 两个属性来实现的，可以通过为这两个属性设置为相对数值或绝对数值达到图片缩放的效果。

 使用绝对值对图片进行缩放后，图片的大小是固定的，不会随浏览器界面的变化而变化；使用相对值对图片进行缩放就可以实现图片随浏览器变化而变化的效果。

01 ▶ 执行"文件>打开"命令，打开页面"源文件\第 5 章\54201.html"，如图 5-31 所示。切换到外部 CSS 样式 54201.css 文件中，创建名为.img1 的类 CSS 样式，如图 5-32 所示。

图 5-31

```
.img1{
    width:1100px;
    height:438px;
}
```

图 5-32

02 ▶ 返回 54201.html 页面中，选中页面中插入的图像，应用名为.img1 的类 CSS 样式。保存页面，在浏览器中预览该页面，如图 5-33 所示。当缩放浏览器窗口时，可以看到使用绝对值设置的图像并不会跟随浏览器窗口进行缩放，始终保持所设置的大小，如图 5-34 所示。

图 5-33   图 5-34

03 ▶ 返回外部样式 54201.css 文件中，创建名为.img2 的类 CSS 样式，如图 5-35 所示。返回 54201.html 页面中，选中页面中插入的图像，在"类"下拉列表中选择刚定义的名为.img2 的类 CSS 样式应用，如图 5-36 所示。

```
.img2{
    width:100%;
}
```

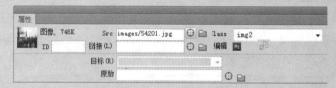

图 5-35   图 5-36

04 ▶ 保存页面，并保存外部 CSS 样式文件，在浏览器中预览页面，可以看到网页中图像的效果，如图 5-37 所示。当缩放浏览器窗口时，可以看到使用相对值设置的图像会跟随浏览器窗口进行缩放，如图 5-38 所示。

图 5-37   图 5-38

在使用相对数值对图片进行缩放时可以看到，图片的宽度、高度都发生了变化，但有些时候不需要图片在高度上发生变化，只需要对宽度缩放，那么可以将图片的高度设置为绝对数值，将宽度设置为相对数值。

05 ▶ 返回外部样式 54201.css 文件中，创建名为.img3 的类 CSS 样式，如图 5-39 所示。返回 54201.html 页面中，选中页面中插入的图像，在"类"下拉列表中选择刚定义的名为.img3 的类 CSS 样式应用，如图 5-40 所示。

```
.img3{
    width:100%;
    height:438px;
    }
```

图 5-39　　　　　　　　　　　　　　　图 5-40

06 ▶ 保存页面，并保存外部 CSS 样式文件，在浏览器中预览页面，可以看到网页中图像的效果，如图 5-41 所示。当缩放浏览器窗口时，可以看到图像的宽度会跟随浏览器窗口进行缩放，而图像的高度始终保持固定，如图 5-42 所示。

图 5-41　　　　　　　　　　　　　　　图 5-42

百分比指的是基于包含该图片的块级对象的百分比，如果将图片的元素置于 Div 元素中，图片的块级对象就是包含该图片的 Div 元素。在使用相对数值控制图片缩放效果时需要注意，图片的宽度可以随相对数值的变化而发生变化，但高度不会随相对数值的变化而发生改变，所以在使用相对数值对图片设置缩放效果时，只需要设置图片宽度的相对数值即可。

5.4.3　图片水平对齐

在设计网页时，排版格式整洁是一个优秀网页必不可少的元素之一，可通过 CSS 样式合理地将图片对齐到理想的位置，并使页面整体达到协调和统一的效果。

定义图片水平对齐有 3 种方式，分别是左、中和右。如果要定义图片的对齐方式，不能直接在 CSS 样式中定义图片样式，需要在图片的上一个标签级别，也就是在父标签中定义，让图片继承父标签的对齐方式，由于<img>标签本身没有水平对齐属性，所以需要使用 CSS 继承父标签的 text-align 属性来定义图片的水平对齐方式。

01 ▶ 执行 "文件>打开" 命令，打开页面 "源文件\第 5 章\54301.html"，可以看到页面效果，如图 5-43 所示。切换到外部 CSS 样式 54301.css 文件中，可以看到 CSS 样式设置，如图 5-44 所示。

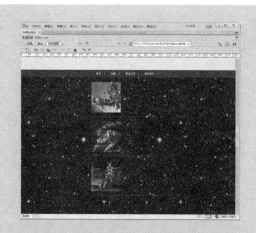

```
#pic01{
    width:500px;
    margin:30px auto 0px auto;
    padding-bottom:25px;
    border-bottom:dashed 3px #FFCC00;
}
#pic02{
    width:500px;
    margin:30px auto 0px auto;
    padding-bottom:25px;
    border-bottom:dashed 3px #FFCC00;
}
#pic03{
    width:500px;
    margin:30px auto 0px auto;
    padding-bottom:25px;
    border-bottom:dashed 3px #FFCC00;
}
```

图 5-43   图 5-44

02 ▶ 分别在各 Div 的 CSS 样式中添加水平对齐的设置代码，如图 5-45 所示。保存页面，保存外部 CSS 样式文件，在浏览器中预览页面，可以看到网页中图像不同的水平对齐方式的效果，如图 5-46 所示。

```
#pic01{
    width:500px;
    margin:30px auto 0px auto;
    padding-bottom:25px;
    border-bottom:dashed 3px #FFCC00;
    text-align:left;
}
#pic02{
    width:500px;
    margin:30px auto 0px auto;
    padding-bottom:25px;
    border-bottom:dashed 3px #FFCC00;
    text-align:center;
}
#pic03{
    width:500px;
    margin:30px auto 0px auto;
    padding-bottom:25px;
    border-bottom:dashed 3px #FFCC00;
    text-align:right;
}
```

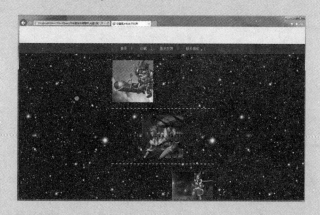

图 5-45   图 5-46

5.4.4   图片垂直对齐

通过 CSS 样式中的 vertical-align 属性可以设置图片的垂直对齐方式，vertical-align 属性可用于设置元素的垂直对齐方式。该属性定义行内元素的基线相对于该元素所在行的基线的垂直对齐。允许指定负长度值和百分比值。vertical-align 属性的基本语法格式如下：

```
vertical-align:baseline/sub/super/top/text-top/middle/bottom/text-
bottom/length;
```

➢ baseline：该属性值用于设置图片基线对齐。
➢ sub：该属性值用于设置垂直对齐文本的下标。
➢ super：该属性值用于设置垂直对齐文本的上标。
➢ top：该属性值用于设置图片顶部对齐。

> text-top：该属性值用于设置对齐文本顶部。
> middle：该属性值用于设置图片居中对齐。
> bottom：该属性值用于设置图片底部对齐。
> text-bottom：该属性值用于设置图片对齐文本底部。
> length：该属性值用于设置具体的长度值或百分数，可以使用正值或负值，定义由基线算起的偏移量。基线对于数值来说为 0，对于百分数来说为 0%。

5.5　网页中的图文混排

在网页中通过使用 CSS 进行设置可以实现图文混排的效果，通过图文混排，能够更加清楚地表达主题，并且图片能够以鲜活的形象展现出来，两者通过合理的结合形成特殊的页面效果，图文混排效果与设置段落样式的方法相同，都需要对不同属性进行设置，从而实现特殊的排版效果。

5.5.1　使用 CSS 样式实现文本环绕效果

通过 CSS 样式能够实现文本绕图效果，即将文字设置成环绕图片的形式。CSS 样式中的 float 属性不仅能够定义网页元素浮动，应用于图像还可以实现文本绕图的效果。实现文本绕图的基本语法格式如下：

```
float:none|left|right
```

> none：默认属性值，设置对象不浮动。
> left：设置 float 属性值为 left，可以实现文本环绕在图像的左边。
> right：设置 float 属性值为 ripht，可以实现文本环绕在图像的右边。

01 ▶ 执行"文件>打开"命令，打开页面"源文件\第 5 章\55101.html"，可以看到页面效果，如图 5-47 所示。切换到代码视图中，可以看到页面的 HTML 代码，如图 5-48 所示。

图 5-47

图 5-48

02 ▶ 切换到外部 CSS 样式 55101.css 文件中，创建名为#text img 的 CSS 样式，如图 5-49 所示。保存外部 CSS 样式文件，预览页面，可以看到文本绕图的效果，如图 5-50 所示。

```
#text img{
    float:left;
}
```
图 5-49

图 5-50

03 ▶ 切换到外部 CSS 样式 55101.css 文件中，修改名为#text img 的 CSS 样式，如图 5-51 所示。保存外部 CSS 样式文件，在浏览器中预览页面，可以看到文本绕图的效果，如图 5-52 所示。

```
#text img{
    float:right;
}
```
图 5-51

图 5-52

 图文混排的效果是随着 float 属性的改变而改变的，因此当将 float 的属性值设置为 right 时，图片则会移至文本内容的右边，从而使文字形成左边环绕的效果；反之，当将 float 的属性值设置为 left 时，图片则会移至文本内容的左边，从而使文字形成右边环绕的效果。

5.5.2 设置文本绕图间距

上例中设置了文本混排的效果，通过观察可以发现，设置文本混排的文字与图片之间几乎没有间距。如果希望在图片与文字间添加一定间距，可以在 img 标签下为图片添加 margin 属性。margin 的语法格式及相关属性如下所示：

```
margin:margin-top|margin-right|margin-bottom|margin-left
```
➤ margin-top：设置文本距离图片顶部的距离。
➤ margin-right：设置文本距离图片右部的距离。
➤ margin-bottom：设置文本距离图片底部的距离。
➤ margin-left：设置文本距离图片左部的距离。

01 ▶ 执行"文件>打开"命令，打开页面"源文件\第 5 章\55201.html"，可以看到页面效果，如图 5-53 所示。切换到外部 CSS 样式 55201.css 文件中，找到名为#text img 的 CSS 样式设置，如图 5-54 所示。

图 5-53

```
#text img{
    float:left;
}
```

图 5-54

02 ▶ 在名为#text img 的 CSS 样式中添加边距的设置，使图像和文字内容有一定的间距，如图 5-55 所示。保存外部 CSS 样式文件，在浏览器中预览页面，可以看到页面的效果，如图 5-56 所示。

```
#text img{
    float:left;
    margin:0px 15px
}
```

图 5-55

图 5-56

由于设置的图文混排中的文本内容需要在行内元素中才能正确显示，如 <p>...</p>，因此，当该文本内容没有在行内元素中进行时，需要注意错行的情况。

5.6　专家支招

本章主要讲解了使用 CSS 样式控制背景和图片的相关知识，属于 CSS 样式部分的基础知识，理解起来不难，读者需要注重的是该部分知识在实际网页设计中的运用，下面解答两个与本章内容相关的常见问题。

5.6.1　网页中插入的图像可以不设置宽度和高度吗

在网页中插入图像时，可以只设置图像的路径，在浏览器中预览该网页时，浏览器会按照该图像的原始尺寸在网页中显示图像。如果需要控制插入图像的大小，则必须在<img>标签中设置宽度和高度属性。

5.6.2　background-color 属性可以使用哪些值

该属性可以使用固定值、百分比值和预设值。固定值和百分比值表示在背景图像与左边界和上边界的距离。如果是预设值，则表示背景图像水平居右和垂直居中。

5.7 总结扩展

通过学习本章的内容，希望读者能够灵活掌握使用 CSS 控制背景和图片样式的具体方法，并根据页面设计的需要，合理地对背景和图片进行设置，以设计出优秀的网页。

5.7.1 本章小结

本章通过讲解使用 CSS 样式控制背景和图片的相关知识，详细介绍了如何对网页背景及图片进行控制。学习完本章的知识后，读者应能够根据页面的需要，清楚地设置背景及图片的每种属性，为以后的网页设计奠定良好的基础。

5.7.2 举一反三——网页图片垂直对齐

CSS 样式中的 vertical-align 属性可以设置图片垂直对齐，并可以与文字进行搭配使用。接下来通过实例练习介绍如何设置图片的垂直对齐方式。

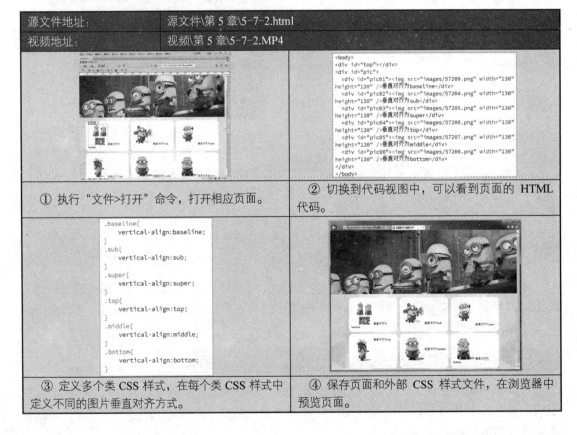

源文件地址：	源文件\第 5 章\5-7-2.html
视频地址：	视频第 5 章\5-7-2.MP4

① 执行"文件>打开"命令，打开相应页面。	② 切换到代码视图中，可以看到页面的 HTML 代码。
③ 定义多个类 CSS 样式，在每个类 CSS 样式中定义不同的图片垂直对齐方式。	④ 保存页面和外部 CSS 样式文件，在浏览器中预览页面。

第 6 章　CSS 控制页面中的文本

在网页设计中，文字永远是不可缺少的重要组成部分，也是传递信息的重要方式，使用 CSS 控制文字样式是一种很好的方法，便于设计者进行设置或修改，本章将详细地讲述使用 CSS 控制页面中文字及段落样式的方法。

6.1　文本排版概述

文本是网页中不可缺少的内容，一个成功的文本排版，不但可以使页面整齐美观，更能方便用户管理和更新。反之，文本的不合理排版会给页面带来很多麻烦。想要制作出优秀的页面，就需要设计者在文本排版方面多下功夫。

6.1.1　文本排版原则

在网页中，文本占据很大一部分，它是网站内部的主要内容。做好文本排版要注意的原则有：标题凸显于背景之上，居于版面中间位置，并且以长方形的方式显示；段落字间距和行间距设定合理，每行文字字数对称，文本颜色尽量控制在 3 种以下。如图 6-1 所示为两款合理的网页文本排版。

图 6-1

6.1.2　文本控制属性

在制作网页页面时，可以通过 CSS 样式定义文本的字体和大小，让文本达到赏心悦目的效果。

> ➤ font-family：设置字体。
> ➤ font-size：设置文本字体的大小。
> ➤ font-weight：设置字体的粗细样式。
> ➤ font-variant：设置"小体大写字母"效果。
> ➤ font-style：设置文本的斜体效果。
> ➤ color：设置文本字体颜色。
> ➤ text-decoration：设置文本下画线。
> ➤ line-height：设置对象至文本的行高。
> ➤ font：用于设置 font-family、font-size、font-weight、font-variant 和 font-style。

以上所示的参数都是在网页中对文本属性进行控制最直观和最基本的样式，这些属性给页面带来的好处的确是不可忽视的。

6.2　CSS 文本样式

在浏览网页时，吸引人们的往往是那些形式多样且色彩丰富的页面。因此在制作网站页面时，可以通过 CSS 控制文字样式，对文字的字体、大小、颜色、粗细、斜体、下画线、顶画线和删除线等属性进行设置。通过对 CSS 样式的充分利用，可以对 HTML 页面中的文字进行全方位的设置，从而设计出华丽且个性的文本样式。

6.2.1　字体

在 HTML 中提供了字体样式设置的功能，在 HTML 语言中文字样式是通过<font face="字体名称">来设置的，而在 CSS 样式中则是通过 font-family 属性来进行设置的。font-family 属性的语法格式如下：

```
p {
  font-family:黑体, 幼圆, 宋体, Arial;
}
```

通过 font-family 属性的语法格式可以看出，为 font-family 属性定义多个字体，按优先顺序，用逗号隔开，当系统中没有第一种字体时，会自动应用第二种字体，以此类推。需要注意的是，如果字体名称中包含空格，则字体名称需要用双引号括起来。

一些字体的名称中间会出现空格，这时需要将其用双引号括起来，例如 "Arial Rounded MT Blod"。

font-family 属性可以提示任意字体样式，并且没有任何限制，字体之间用逗号分隔即可，如下所示：

```
h3 {
font-family:黑体;
}
p.zuozhe {
```

```
font-family:宋体;
}
p {
font-family:幼圆;
}
```

HTML 代码如下所示：

```
<body>
<h3>春望</h3>
<p class="zuozhe">作者:杜甫</p>
<p>国破山河在，城春草木深。</p>
<p>感时花溅泪，恨别鸟惊心。</p>
<p>烽火连三月，家书抵万金。</p>
<p>白头搔更短，浑欲不胜簪。</p>
</body>
```

其显示效果如图 6-2 所示，标题<h3>显示为黑体，作者显示为宋体，正文显示为幼圆。

图 6-2

　　　许多设计者在设计网页时，为了使页面丰富多彩，会在页面中使用各种特殊字体，但大多数访问者并不会在计算机中安装太多的特殊字体，所以如果在设计页面时需要设置特殊字体，最好在设置特殊字体后，再设置多个备选字体，避免浏览器将特殊字体替换成默认的字体。为了防止这种状况的发生，可以将页面中使用特殊字体的部分制作成图片再加载到页面中，这样就可以避免特殊字体缺失的问题。

6.2.2　大小

在网页设计中，通常会通过控制网页中文字大小的方法达到突出主题的目的，在 CSS 中可以通过控制 font-size 属性来控制文字的大小，文字可以是相对大小，也可以是绝对大小。下面为用户介绍一些绝对大小的单位及含义。

➢ in：inch，英寸。

➢ cm：centimeter，厘米。

➢ mm：millimeter，毫米。

➢ pt：point，印刷的点数，在一般的显示器中，1pt 相当于 1/72inch。

> pc：pica，1pc=12pt。

　　除了上方 5 种设置文字绝对大小的方法外，CSS 还提供了使用关键字设置文字绝对大小的方法，一共有 9 种，设置文字从小到大分别为：xx-small、x-small、smaller、small、medium、large、larger、x-large 和 xx-large。通过这种方法设置文字大小的好处在于比较容易记忆，但在不同的浏览器中，相同大小的文字显示效果却不一样。

　　相比使用绝对大小设置文字的方法，相对大小设置文字的方法具有更大的灵活性，所以一直受到许多网页设计者的青睐，文字相对大小的单位如下所示：

> px：pixel，像素。

> %：百分比。

> em：相对长度单位，默认 1em=16px。

　　像素（px）表示具体的大小，使用像素设置的文字大小与显示器的大小及分辨率有关。而使用%或 em 都是相对于父标签而言的比例，显示器的默认显示比例是 1em=16px，当更改父标签时，那么通过%或 em 单位设置的文字将会产生影响。

　　下面介绍相对大小的设置方法，代码如下所示：

```
.font01{
font-size:20px;<--!设置相对文字大小-->
}
.font02{
font-size:300%;<--!设置相对文字大小-->
}
.font03{
font-size:2em; <--!设置相对文字大小-->
}
```

分别为页面中的不同文字应用相应的 CSS 样式，效果如图 6-3 所示。

图 6-3

6.2.3　颜色

在 HTML 页面中，通常在页面的标题部分或者需要浏览者注意的部分使用不同颜色，使其与其他文字有所区别，从而能够吸引浏览者的注意。在 CSS 样式中，文字的颜色是通过 color 属性进行设置的。color 属性的基本语法如下：

```
color:颜色值;
```

 在 HTML 页面中，每种颜色都是由 R、G、B 这 3 种颜色的不同比例组合而成的。网页中默认的颜色表现方法是十六进制的表示方法。

实例：为网页中的文字设置样式

通过 CSS 样式，可以有效地对文字字体进行控制，为相应的文字选择合适的字体、字号和颜色。接下来介绍如何定义文字的相应属性，如图 6-4 所示。

图 6-4

学习时间	35 分钟
视频地址	视频\第 6 章\6-2-3.mp4
源文件地址	源文件\第 6 章\6-2-3.html

01 ▶ 执行"文件>打开"命令，打开页面"源文件\第 6 章\62301.html"，可以看到页面效果，如图 6-5 所示。切换到该网页链接的外部样式表 62301.css 文件中，定义名为.font01 的类 CSS 样式，如图 6-6 所示。

图 6-5

```
.font01{
    font-family:幼圆;
}
```

图 6-6

> 默认情况下，中文操作系统中默认的中文字体有宋体、黑体、幼圆和微软雅黑，其他的字体都不是系统默认支持的字体。

02 ▶ 返回 62301.html 页面中，选择页面中相应的文字，在"属性"面板的"类"下拉列表中选择刚定义的类 CSS 样式.font01 进行应用，如图 6-7 所示。完成类 CSS 样式的应用后，可以看到页面中的字体效果，如图 6-8 所示。

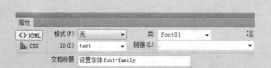

图 6-7　　　　　　　　　　　　　　图 6-8

03 ▶ 转换到 62301.css 文件中，定义名为.font02 的类 CSS 样式，如图 6-9 所示。返回 62301.html 中，选中页面中相应的文字，在"类"下拉列表中选择刚定义的 CSS 样式.font02 进行应用，如图 6-10 所示。

```
.font02{
    font-family:"Arial Black";
}
```

图 6-9　　　　　　　　　　　　　　图 6-10

04 ▶ 切换到该网页链接的外部样式表 62301.css 文件中，修改名为.font01 的类 CSS 样式，如图 6-11 所示。返回 62301.html 中，选中页面中相应的文字，在"类"下拉列表中选择刚定义的 CSS 样式.font01 进行应用，如图 6-12 所示。

```
.font01{
    font-family:幼圆;
    font-size:20px;
}
```

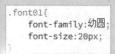

图 6-11　　　　　　　　　　　　　　图 6-12

05 ▶ 切换到该网页链接的外部样式表 62301.css 文件中，修改名为.font02 的类 CSS 样式，如图 6-13 所示。返回 62301.html 中，选中页面中相应的文字，在"类"下拉列表中选择刚定义的 CSS 样式.font02 进行应用，如图 6-14 所示。

```
.font02{
    font-family:"Arial Black";
    font-size:2em;
}
```

图 6-13

图 6-14

 　　设置绝对大小需要使用绝对单位，使用绝对大小的方法设置的文字无论在何种分辨率下显示出来的字体大小都是不变的。

06 ▶ 切换到 62301.css 文件中，修改名为.font01 的类 CSS 样式，如图 6-15 所示。返回 62301.html 中，选中页面中相应的文字，在"类"下拉列表中选择刚定义的 CSS 样式.font01 进行应用，如图 6-16 所示。

```
.font01{
    font-family:幼圆;
    font-size:20px;
    color:#7D69FF
}
```

图 6-15

图 6-16

　　在网页中，默认的颜色表现方式是十六进制的表现方式，如#000000 以#号开头，前面两位代表红色的分量，中间两位代表绿色的分量，最后两位代表蓝色的分量。

07 ▶ 切换到 62301.css 文件中，修改名为.font02 的类 CSS 样式，如图 6-17 所示。返回 62301.html 中，选中页面中相应的文字，在"类"下拉列表中选择刚定义的 CSS 样式.font02 进行应用，如图 6-18 所示。

```
.font02{
    font-family:"Arial Black";
    font-size:2em;
    color:#FF0004;
}
```

图 6-17

图 6-18

08 ▶ 返回设计文档中，观察页面效果，如图 6-19 所示。保存页面，并保存外部 CSS
样式文件，在浏览器中预览页面，可以看到图像的效果如图 6-20 所示。

图 6-19

图 6-20

6.2.4　粗细

在 HTML 页面中也可通过定义字体的粗细来吸引访问者的注意力，在 CSS 中可以通过
font-weight 属性将文字的粗细进行细致划分，不仅能将文字加粗，而且还可以将文字细化，
定义字体粗细 font-weight 属性的基本语法如下：

```
font-weight:字体粗细;
```

下面介绍 font-weight 属性的属性值。

➤ normal：该属性值设置的字体为正常的字体，相当于参数为 400。
➤ bold：该属性值设置的字体为粗体，相当于参数为 700。
➤ bolder：该属性值设置的字体为特粗体。
➤ lighter：该属性值设置的字体为细体。
➤ inherit：该属性设置字体的粗细为继承上级元素的 font-weight 属性设置。
➤ 100～900：font-weight 属性值还可以通过 100~900 的数值来设置字体粗细。

　　使用 font-weight 属性设置网页中文字的粗细时，将 font-weight 属性设置为
bold 和 bolder，对于中文字体，在视觉效果上几乎是一样的，而部分英文字体
会有区别。

　　在设置页面字体粗细时，文字的加粗或者细化都有一定的限制，字体粗细
的设置范围是 100～900，不会出现无限加粗或无限细化的现象。如果出现高于
最大值或者低于最小值的情况，字体的粗细则会以最大值 900 或者最小值 100
为界限。

6.2.5　样式

字体样式也就是指字体的风格，在 Dreamweaver 中为网页制作提供了 3 种不同的文本样式，分别是正常、斜体和偏斜体，系统默认的是正常。斜体和偏斜体可以通过在 CSS 样式表中设置 font-style 属性来实现，定义字体样式 font-style 属性的基本语法如下：

```
font-style:字体样式;
```

font-style 属性有 3 个属性值，下面分别介绍。

➤ normal：该属性值是默认值，显示的是标准字体样式。

➤ italic：设置 font-weight 属性为该属性值，则显示的是斜体的字体样式。

➤ oblique：设置 font-weight 属性为该属性值，则显示的是倾斜的字体样式。

 　斜体是指斜体字，也可以理解为使用文字的斜体；偏斜体则可以理解为强制文字进行斜体，并不是所有的文字都具有斜体属性，一般只有英文才具有这个属性，如果想对一些不具备斜体属性的文字进行斜体设置，则需要通过设置偏斜体强行对其进行斜体设置。

6.2.6　英文字母大小写

当页面中有某段英文时，为了保持整齐美观需要设置为大写或者小写，text-transform 属性可以实现英文全部大写或者小写，这样就减少了以后管理或者更新时不必要的麻烦。text-transform 属性的基本语法如下：

```
text-transform:属性值;
```

text-transform 属性值有 3 个，下面分别介绍。

➤ capitalize：设置 text-transform 属性值为 capitalize，则表示单词首字母大写。

➤ uppercase：设置 text-transform 属性值为 uppercase，则表示单词所有字母全部大写。

➤ lowercase：设置 text-transform 属性值为 lowercase，则表示单词所有字母全部小写。

 　如果单词之间有逗号和句号等标点符号隔开，那么标点符号后的英文单词便不能实现首字母大写的效果，解决的办法是，在该单词前面加上一个空格，便能实现首字母大写的样式。

6.2.7　修饰

CSS 提供了一种既可美化字体又可以突出重点的简单方法，通过文字的 text-decoration 属性给文字加下画线、顶画线和删除线。text-decoration 属性的基本语法如下：

```
text-decoration:属性值;
```

text-decoration 属性常用的属性值有 underline、overline 和 lin-through，下面分别介绍。

➤ underline：设置 text-decoration 属性值为 underline，可以为文字添加下画线效果。

➤ overline：设置 text-decoration 属性值为 overline，可以为文字添加顶画线效果。

➤ ine-through：设置 text-decoration 属性值为 line-through，可以为文字添加删除线效果。

在对网页界面进行设计时，如果希望文字既有下画线，同时也有顶画线或者删除线，在 CSS 样式中，可以将下画线和顶画线或者删除线的值同时赋予到 text-decoration 属性上。

实例：设置英文大小写并修饰文字

在网站页面中，不同情况下英文字体需要运用不同的大小写，有时需要为文字添加顶画线、下画线和删除线，从而起到美化和装饰的作用，如图 6-21 所示。

图 6-21

学习时间	35 分钟
视频地址	视频\第 6 章\6-2-7.mp4
源文件地址	源文件\第 6 章\6-2-7.html

01 ▶ 执行"文件>打开"命令，打开页面"源文件\第 6 章\62701.html"，可以看到页面效果，如图 6-22 所示。切换到该网页链接的外部样式表 62701.css 文件中，定义名为.font01 的类 CSS 样式，如图 6-23 所示。

```
.font01{
text-transform:capitalize;
}
```

图 6-22   图 6-23

02 ▶ 返回 62701.html 页面中，选择页面中相应的文字，在"类"下拉列表中选择刚定义的类 CSS 样式.font01 进行应用，如图 6-24 所示。完成类 CSS 样式的应用后，可以看到页面中英文字体的效果，如图 6-25 所示。

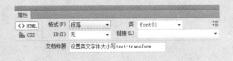

图 6-24　　　　　　　　　　　　　　　　　　图 6-25

03 ▶ 切换到该网页链接的外部样式表 62701.css 文件中，定义名为.font02 的类 CSS 样式，如图 6-26 所示。返回 62701.html 页面中，选择页面中相应的文字，在"类"下拉列表中选择刚定义的类 CSS 样式.font02 进行应用，如图 6-27 所示。

```
.font02{
text-transform:uppercase;
}
```

图 6-26　　　　　　　　　　　　　　　　　　图 6-27

04 ▶ 切换到该网页链接的外部样式表 62701.css 文件中，定义名为.font03 的类 CSS 样式，如图 6-28 所示。返回 62701.html 页面中，选择页面中相应的文字，在"类"下拉列表中选择刚定义的类 CSS 样式.font03 进行应用，如图 6-29 所示。

```
.font03{
text-transform:lowercase;
}
```

图 6-28　　　　　　　　　　　　　　　　　　图 6-29

05 ▶ 切换到该网页链接的外部样式表 62701.css 文件中，修改名为.font01 的类 CSS 样式，如图 6-30 所示。返回 62701.html 页面中，选择页面中相应的文字，在 "类" 下拉列表中选择刚定义的类 CSS 样式.font01 进行应用，如图 6-31 所示。

```
.font01{
text-transform:capitalize;
text-decoration:underline;
}
```

图 6-30   图 6-31

06 ▶ 切换到该网页链接的外部样式表 62701.css 文件中，修改名为.font02 的类 CSS 样式，如图 6-32 所示。返回 62701.html 页面中，选择页面中相应的文字，在 "类" 下拉列表中选择刚定义的类 CSS 样式.font02 进行应用，如图 6-33 所示。

```
.font02{
text-transform:uppercase;
text-decoration:overline;
}
```

图 6-32   图 6-33

07 ▶ 切换到该网页链接的外部样式表 62701.css 文件中，修改名为.font03 的类 CSS 样式，如图 6-34 所示。返回 62701.html 页面中，选择页面中相应的文字，在 "类" 下拉列表中选择刚定义的类 CSS 样式.font03 进行应用，如图 6-35 所示。

```
.font03{
text-transform:lowercase;
text-decoration:line-through;
}
```

图 6-34   图 6-35

08 ▶ 返回设计文档中，观察页面效果，如图 6-36 所示。保存页面，并保存外部 CSS 样式文件，在浏览器中预览页面，可以看到图像的效果，如图 6-37 所示。

图 6-36　　　　　　　　　　　　　　　　图 6-37

6.3　CSS 段落样式

在设计网页时，CSS 样式不仅能够实现文字的样式，而且也能够控制段落样式，由于段落是由一个个文字组合而成的，所以设置文字样式的方法同样适用于段落，对于文字段落来说，需要通过专门的段落样式进行控制。

6.3.1　字间距

在 CSS 样式中，字间距的控制是通过 letter-spacing 属性来进行调整的，该属性既可以设置相对数值，也可以设置绝对数值，但在大多数情况下使用相对数值进行设置。letter-spacing 属性的语法格式如下：

```
letter-spacing:字间距;
```

在对网页中的文本设置字间距时，需要根据页面整体的布局和构图进行适当的设置，同时还要考虑到文本内容的性质。如果是一些新闻类的文本，不宜设置得太过夸张和花哨，应以严谨、整齐为主；如果是艺术类网站，则可以尽情展示文字的多样化风格，从而更加吸引浏览者的注意力。

6.3.2　行间距

在 CSS 中，可以通过 line-height 属性对段落的行间距进行设置。line-height 的值表示的是两行文字基线之间的距离，既可以设置相对数值，也可以设置绝对数值。line-height 属性的基本语法格式如下：

```
line-height:行间距;
```

通常在静态页面中，字体的大小使用的是绝对数值，从而达到页面整体的统一，但在一些论坛或者博客等用户可以自由定义字体大小的网页中，使用的则是相对数值，从而便于用户通过设置字体大小来改变相应的行距。

> 由于是通过相对行距的方式对该段文字进行设置的，因此行间距会随着字体大小的变化而变化，从而不会因为字体变大而出现行间距过宽或者过窄的情况。

6.3.3 首字下沉

首页下沉也称首字放大，许多报刊、杂志和网上的文章开篇第一个字都会使用首字下沉效果，这样可以吸引浏览者的目光。在 CSS 中首字下沉的效果是通过对段落中第一个文字单独设置样式来实现的，其基本语法如下：

```
font-size:文字大小;
float: 浮动方式;
```

> 首字下沉与其他设置段落方式的区别在于，它是通过定义段落中第一个文字的大小并将其设置为左浮动而达到的页面效果。首字的大小是其他文字大小的一倍，并且首字大小不是固定不变的，主要是看页面整体布局和结构的需要。

6.3.4 首行缩进

段落首行缩进在一些文章开头通常都会用到。段落首行缩进是对一个段落的第一行文字缩进两个字符进行显示。在 CSS 样式中，是通过 text-indent 属性进行设置的。text-indent 属性的基本语法如下：

```
text-indent:首行缩进量;
```

实例：为网页中段落文字设置不同样式

通过 CSS 样式能够控制段落文字的字间距、行间距、首字下沉及首行缩进等，接下来详细介绍如何在 CSS 样式中美化网页中的段落文字，如图 6-38 所示。

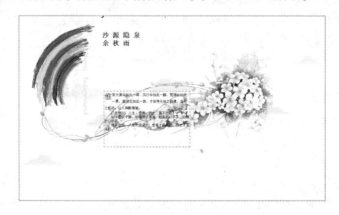

图 6-38

学习时间	35 分钟
视频地址	视频\第 6 章\6-3-4.mp4
源文件地址	源文件\第 6 章\6-3-4.html

01 ▶ 执行"文件>打开"命令，打开页面"源文件\第 6 章\63401.html"，可以看到页面效果，如图 6-39 所示。切换到该网页链接的外部样式表 63401.css 文件中，定义名为.font 的类 CSS 样式，如图 6-40 所示。

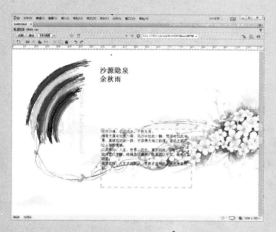

```
.font{
        letter-spacing:0.5em;
}
```

图 6-39　　　　　　　　　　　　　　　　　　　　　图 6-40

在对网页中的文本设置字间距时，需要根据页面整体的布局和构图进行适当的设置，同时还要考虑到文本内容的性质。如果是一些新闻类的文本，应以严谨、整齐为主；如果是艺术类网站，则可以尽情展示文字的多样化风格。

02 ▶ 返回 63401.html 页面中，选择页面中相应的文字，在"类"下拉列表中选择刚定义的类 CSS 样式.font 进行应用，如图 6-41 所示。完成类 CSS 样式的应用，可以看到页面中文字间距的效果，如图 6-42 所示。

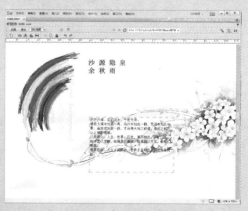

图 6-41　　　　　　　　　　　　　　　　　　　　　图 6-42

03 ▶ 切换到该网页链接的外部样式表 63401.css 文件中，定义名为.font1 的类 CSS 样式，如图 6-43 所示。返回 63401.html 页面中，选择页面中相应的文字，在"类"下拉列表中选择刚定义的类 CSS 样式.font1 进行应用，如图 6-44 所示。

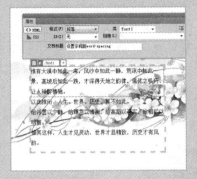

```
.font1{
    line-height:30px;
}
```

图 6-43

图 6-44

04 ▶ 切换到该网页链接的外部样式表 63401.css 文件中，定义名为.font2 的类 CSS 样式，如图 6-45 所示。返回 63401.html 页面中，选中段落中的第一个文字，在"类"下拉列表中选择刚定义的类 CSS 样式.font2 进行应用，如图 6-46 所示。

```
.font2{
    font-size:36px;
    float:left;
    line-height:50px;
}
```

图 6-45

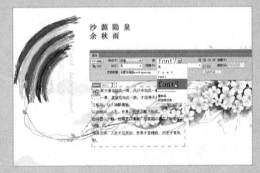

图 6-46

05 ▶ 切换到该网页链接的外部样式表 63401.css 文件中，定义名为.font3 的类 CSS 样式，如图 6-47 所示。返回 63401.html 页面中，将光标放置在相应的段落，在"类"下拉列表中选择刚定义的类 CSS 样式.font3 进行应用，如图 6-48 所示。

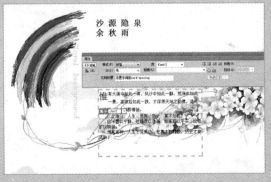

```
.font3{
    text-indent:2em;
}
```

图 6-47

图 6-48

06 ▶ 返回设计文档中，观察页面效果，如图 6-49 所示。保存页面，并保存外部 CSS 样式文件，在浏览器中预览页面，可以看到图像的效果，如图 6-50 所示。

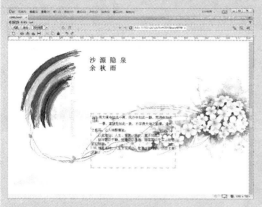

图 6-49

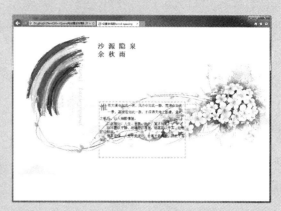

图 6-50

一般文章段落首行缩进两个字的位置，因此，在 Dreamweaver 中使用 CSS 样式对段落设置首行缩进时，首先需要明白该段落字体的大小，然后再根据字体的大小设置首行缩进的数值。

6.3.5　段落水平对齐

在 CSS 中可以通过 text-align 属性来控制段落的水平对齐方式，设置段落对齐的方法包括左对齐、水平居中对齐、右对齐和两端对齐。text-align 属性的基本语法如下：

```
text-align:对齐方式;
```

text-align 属性有 4 个属性值，下面分别进行介绍。

➤ left：表示段落的水平对齐方式为左对齐。

➤ center：表示段落的水平对齐方式为居中对齐。

➤ right：表示段落的水平对齐方式为右对齐。

➤ justify：表示段落的水平对齐方式为两端对齐。

在设置文字的水平对齐时，如果需要设置对齐的段落不只一段，根据不同的文字，页面的变化也会有所不同。如果是英文，那么段落中每一个单词的位置都会相对于整体而发生一些变化；如果是中文，那么段落中除了最后一行文字的位置会发生变化外，其他段落中文字的位置相对于整体则不会发生变化。

6.3.6　段落垂直对齐

在 CSS 中是通过 vertical-align 属性对段落的垂直对齐来进行设置的，设置段落的垂直对

齐方法有 3 种，分别为顶端对齐、垂直居中对齐和底端对齐。vertical-align 属性的语法格式
如下：

```
vertical-align:对齐方式;
```

> **提示** 在使用 CSS 样式为文字设置垂直对齐时，首先必须要选择一个参照物，也就是行内元素。但在设置时，由于文字不属于行内元素，因此，在 Div 中不能直接对文字进行垂直对齐的设置，只能对元素中的图片进行垂直对齐设置，从而达到对齐效果。

6.4 CSS 样式的功能及冲突

CSS 样式的功能非常强大，除了能够在网页设计时为网页增添色彩，还能够在 Flash 中对文字进行控制，但如果将两个或者多个 CSS 规则同时应用到同一文本中，这些规则就会发生冲突并产生意外的结果。

6.4.1 使用 CSS 对 Flash 中的文字进行控制

在 Flash 中有多种对文字进行控制的方法，同样 Flash 中的文字也可以通过 CSS 样式进行控制，CSS 样式提供了更加丰富的操作，可以在 Flash 动画中实现文本的多样显示，首先可以在 Dreamweaver 中创建一个 CSS 样式表文件，然后在 Flash 中的"动作"面板中，通过使用 flash.net.URLLoaderL 类载入.css 文档。使用 CSS 样式表对 Flash 动画中的文字进行控制涉及较多的 Flash 相关知识，在此只是简单介绍，希望用户能够理解 CSS 样式表的强大用途。

6.4.2 CSS 样式冲突

如果在一个 CSS 样式表中，定义了多种样式规则，如下所示：

```
.font01{
font-family:"黑体";
font-size:12px;
font-weight:bold;
color:#F00;
}
.font02{
font-family:"宋体";
font-size:12px;
color:#00F;
}
```

当类.font01 样式表中的 font-weight 属性与类.font02 样式表没有发生冲突时，在.font01 样式表定义字体为加粗，而在.font02 样式表中并没有定义字体的加粗属性，那么当它们应用在同一文本中，浏览器将显示这两种规则的所有属性，如果.font01 样式表中的 color 属性与.font0 样式表中的 color 属性重复且发生冲突，那么当它们应用在同一文本上时，将显示最

里面的 color 属性。

　　另一种情况是，如果当.font02 样式表定义了一种文本颜色，而<font>标签中又定义了另一种文本颜色，那么 CSS 样式表定义的属性就会跟 HTML 标签中的样式属性发生冲突，而浏览器将会显示 CSS 规则所定义的属性。

6.5　专家支招

　　本章主要讲解了使用 CSS 样式对网页中的文字和段落效果进行设置的方法和技巧，每个知识点都详细解析了语法及实例练习，操作性强，下面解答两个与本章内容相关的常见问题。

6.5.1　CSS 样式中的两端对齐有什么作用范围

　　两端对齐是美化段落文本的一种方法，可以使段落的两端与边界对齐。但两端对齐的方式只对整段的英文起作用，对于中文来说没有什么作用。这是因为英文段落在换行时为保留单词的完整性，整个单词会一起换行，所以会出现段落两端不对齐的情况。两端对齐只能对这种两端不对齐的段落起作用，而中文段落由于每一个文字与符号的宽度相同，在换行时段落是对齐的，因此自然不需要使用两端对齐。

6.5.2　为什么有些情况应用的文本段落垂直对齐不起作用

　　段落垂直对齐只对行内元素起作用，行内元素也称为内联元素，在没有任何布局属性作用时，默认排列方式是同行排列，直到宽度超出包含的容器宽时才会自动换行。段落垂直对齐需要在行内元素中进行，如<span></span>、<p></p>及图片等，否则段落垂直对齐不会起作用。

6.6　总结扩展

　　通过学习本章的内容，希望读者能够灵活掌握使用 CSS 控制文字样式的具体方法，并根据页面设计的需要，合理地对文本文字进行设置，以设计出优秀的网页。

6.6.1　本章小结

　　本章主要讲解了在 Dreamweaver 中如何使用 CSS 样式控制文字样式及段落的对齐方式，并详细介绍了各种属性的设置方式及其含义，通过本章的学习，不仅能够熟练掌握各种文字样式的控制方式，还要在以后制作网页的过程中将其运用在实践当中。

6.6.2　举一反三——网页中文字水平居中对齐

　　通过 CSS 样式，可以为段落文本设置不同的水平对齐方式，了解了段落水平对齐的属性，接下来通过实例练习介绍如何为段落设置水平对齐。

源文件地址：	源文件\第 6 章\6-6-2.html
视频地址：	视频\第 6 章\6-6-2.MP4

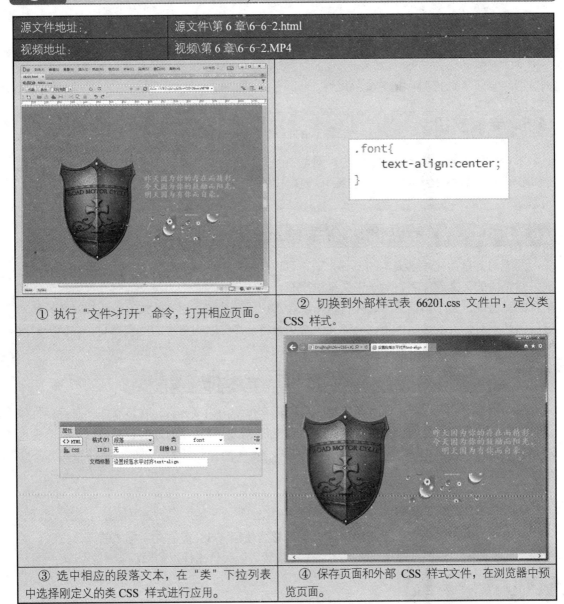

```
.font{
    text-align:center;
}
```

① 执行"文件>打开"命令，打开相应页面。

② 切换到外部样式表 66201.css 文件中，定义类 CSS 样式。

③ 选中相应的段落文本，在"类"下拉列表中选择刚定义的类 CSS 样式进行应用。

④ 保存页面和外部 CSS 样式文件，在浏览器中预览页面。

第 7 章　使用 CSS 样式控制列表

在网页中经常会使用到项目列表。项目列表是对相关的元素进行分组的一种重要手段，并由此给它们制定结构。大多数网站都包含某种形式的列表，比如新闻列表和标题列表等。本章就将介绍在 Dreamweaver 中使用 CSS 属性对列表样式进行控制，从而达到美化网页元素和提高网站使用性的作用。

7.1　列表控制概述

在网页中，列表元素是非常重要的应用形式。通过 CSS 样式控制列表，可以轻松地得到整齐直观的显示效果。

从网页出现到如今，列表元素一直是页面中十分重要的应用形式。列表形式在网站设计中占有很大比例，在早期的表格网页布局中，列表也是表格用处最大的地方，如图 7-1 所示。当列表头部是图像时，则需要在原有基础上多加一列表格，用来插入图像，这样就增加了很多列表元素的代码，不方便设计者读取，如图 7-2 所示。

图像	列表内容
图像	列表内容
图像	列表内容

```
<table width="232" border="1" cellspacing="1" cellpadding="1">
    <tr>
        <td width="38">图像</td>
        <td width="181">列表内容</td>
    </tr>
    <tr>
        <td>图像</td>
        <td>列表内容</td>
    </tr>
    <tr>
        <td>图像</td>
        <td>列表内容</td>
    </tr>
</table>
```

图 7-1　　　　　　　　　　图 7-2

CSS 布局中的列表提倡使用 HTML 中自带的<ul>和<ol>标签。这些标签在早期的 HTML 版本中就已经存在，但由于当时的 CSS 没有非常强大的样式控制，因此被放弃使用，改为使用表格来控制。自从 CSS 2 出现后，<ul>和<ol>标签在 CSS 样式中拥有了较多的样式属性，设计者完全可以抛弃表格来制作列表。使用 CSS 样式来制作列表，还可以减少页面的代码数量，如图 7-3 所示。

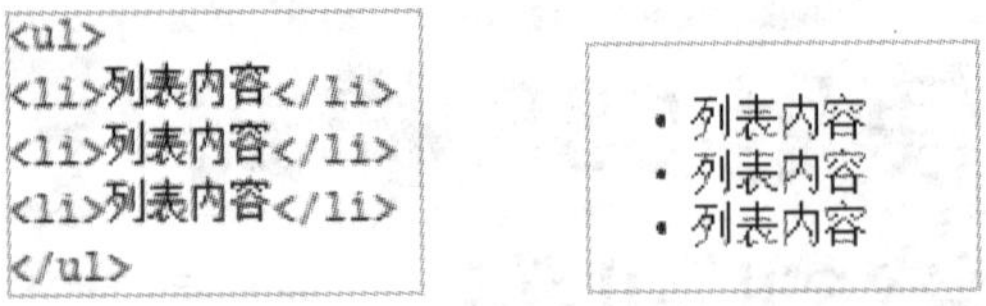

```
<ul>
<li>列表内容</li>
<li>列表内容</li>
<li>列表内容</li>
</ul>
```

- 列表内容
- 列表内容
- 列表内容

图 7-3

7.2 列表样式控制

在 Dreamweaver 中，CSS 属性可以用来控制列表，能够从更多方面控制列表的外观，使列表看起来更加整齐和美观，使网站实用性更强。在 CSS 样式中专门提供了控制列表样式的属性，下面就对不同类型的列表分别进行介绍。

7.2.1 无序列表

无序项目列表是网页中运用得非常多的一种列表形式，用于将一组相关的列表项目排列在一起，列表中的项目没有特别的先后顺序。无序列表由<ul>...</ul>标签包含多组<li>标签，标签<ul>的作用是说明，而每组<li>标签用于包含一个列表项目，并且每个项目前面都带有特殊符号，在 CSS 中，可以通过 list-style-type 属性对无序列表前面的符号进行控制，list-style-type 属性的语法格式如下：

```
list-style-type:参数1，参数2，……
```

list-style-type 属性常用的属性值有 3 个，下面分别介绍。

➢ disc：如果设置属性值为 disc，项目列表前的符号为实心圆。
➢ circle：如果设置属性值为 circle，项目列表前的符号为空心圆。
➢ square：如果设置属性值为 square，项目列表前的符号为实心方块。

　　如果希望单击"属性"面板上的"项目列表"按钮在网页中创建项目列表，则需要在页面中选中的是段落文本。段落文本的输入方法是在段落后按键盘上的 Enter 键，即可在页面中插入一个段落。

7.2.2 有序列表

有序列表与无序列表正好相反，有序列表即具有明确先后顺序的列表，默认情况下，在 Dreamweaver 中创建的有序列表在每条信息前加上序号 1、2、3 等。有序列表也是使用一组<ol>...</ol>标签，标签中包裹很多组<li>标签，其中的每一组均为一条列表，可以通过 CSS 样式中的 list-style-type 属性对有序列表进行控制。list-style-type 属性的基本语法格式如下：

```
list-style-type:参数值;
```

在设置有序列表时，list-style-type 属性常用的属性值有如下几种：

> decimal：表示有序列表前使用十进制数字标记（1，2，3，…）。
> decimal-leading-zero：表示有序列表前使用有前导零的十进制数字标记（01，02，03，…）。
> lower-roman：表示有序列表前使用小写罗马数字标记（i，ii，iii，…）。
> upper-roman：表示有序列表前使用大写罗马数字标记（I，II，III，…）。
> lower-alpha：表示有序列表前使用小写英文字母标记（a，b，c，…）。
> upper-alpha：表示有序列表前使用大写英文字母标记（A，B，C，…）。
> none：表示有序列表前不使用任何形式的符号。
> inherit：表示有序列表继承父级元素的 list-style-type 属性设置。

7.2.3 自定义列表符号

在很多网页中，通常都会使用非常小巧的图片作为列表样式，以达到美化网页界面和提升网页整体视觉效果。例如通过 CSS 中的 list-style-image 属性，将一张小图片替换成默认的列表符号。list-style-image 属性的基本语法如下：

```
list-style-image:图片地址;
```

在 CSS 样式中，list-style-image 属性用于设置图片作为列表样式，只需输入图片的路径作为属性值即可。

实例：制作网站列表

网页中很多文字的排版都用到了列表，通过 CSS 样式的设置可以让列表在外观上能够有多种变化，适宜在很多情况下使用。接下来介绍如何制作网站列表，如图 7-4 所示。

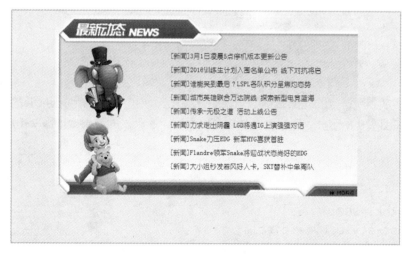

图 7-4

学习时间	25 分钟
视频地址	视频\第 7 章\7-2-3.mp4
源文件地址	源文件\第 7 章\7-2-3.html

01 ▶ 执行“文件>打开”命令，打开页面“源文件\第 7 章\72301.html”，可以看到页面效果如图 7-5 所示。选中页面中所有的段落文字，单击“属性”面板中的“项目列表”按钮，为文字创建项目列表，如图 7-6 所示。

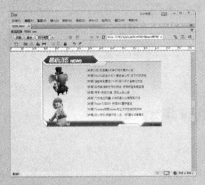

图 7-5

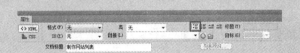

图 7-6

02 ▶ 设置完成后可以看到页面效果如图 7-7 所示，切换到代码视图中，可以看到页面中的代码，如图 7-8 所示

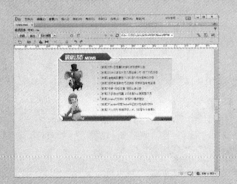

图 7-7

```html
<!DOCTYPE html PUBLIC "-//W3C//DTD XHTML 1.0 Transitional//EN"
"http://www.w3.org/TR/xhtml1/DTD/xhtml1-transitional.dtd">
<html xmlns="http://www.w3.org/1999/xhtml">
<head>
<meta http-equiv="Content-Type" content="text/html; charset=utf-8" />
<title>制作网站列表</title>
<link href="style/72301.css" rel="stylesheet" type="text/css" />
</head>

<body>
<div id="box">
  <div id="left"><img src="images/72302.png" width="128" height="128" alt=""/><img src="images/72303.png"
width="128" height="128" alt=""/></div>
  <div id="right">
    <ul>
      <li>[新闻]3月1日凌晨5点停机版本更新公告</li>
      <li>[新闻]2016训练生计划入围名单公布 线下对抗将启</li>
      <li>[新闻]谁能笑到最后？LSPL各队积分呈焦灼态势</li>
      <li>[新闻]城市英雄联合万达院线 探索新型电竞蓝海</li>
      <li>[新闻]传承-无极之道 活动上线公告</li>
      <li>[新闻]力求走出阴霾 LGD将遇IG上演强强对话</li>
      <li>[新闻]Snake力压EDG 新军HYG喜获首胜</li>
      <li>[新闻]Flandre领军Snake将迎战状态尚好的EDG</li>
      <li>[新闻]大小姐秒发若风好人卡，SKT替补中单离队</li>
    </ul>
    <p> </p>
  </div>
</div>
</body>
</html>
```

图 7-8

03 ▶ 切换到所链接的外部 CSS 样式文件 72301.css 中，定义名为#right li 的 CSS 样式，如图 7-9 所示。返回设计文档中可以看到无序列表的效果，如图 7-10 所示。

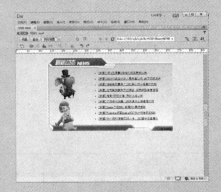

```css
#right li{
    color:#000;
    list-style-type:circle;
    text-decoration:underline;
    margin-left:15px;
    margin-right:10px;
}
```

图 7-9

图 7-10

04 ▶ 切换到该网页链接的外部样式文件 72301.css 中，更改名为#right li 的 CSS 样式，如图 7-11 所示。返回设计文档中可以看到无序列表的效果，如图 7-12 所示。

```
#right li{
    color:#0000FF;
    list-style-type:decimal;
    margin-left:15px;
    margin-right:10px;
}
```

图 7-11　　　　　　　　　　　　　图 7-12

05 ▶ 切换到该网页链接的外部样式文件 72301.css 中，更改名为#right li 的 CSS 样式，如图 7-13 所示。执行"文件>保存"命令，在浏览器中预览页面，可以看到图像作为列表符号的效果，如图 7-14 所示

```
#right li{
    line-height:20px;
    list-style-type:none;
    background-image:url(../images/72304.gif);
    background-repeat:no-repeat;
    background-position:left center;
    padding-left:15px;
}
```

图 7-13　　　　　　　　　　　　　图 7-14

 除了可以使用 CSS 样式中的 list-style-image 属性定义列表符号，还可以使用 background-image 属性来实现。首先在列表项左边添加填充，为图像符号预留出需要占用的空间，然后将图像符号作为背景图像应用于列表项即可。在网页页面中，经常将图片作为列表样式，用来美化网页界面、提升网页整体视觉效果。

7.2.4　定义列表

定义列表是一种比较特殊的列表形式，相对于有序列表和无序列表来说，应用得比较少。定义列表的<dl>标签是成对出现的，并且需要在代码视图中手动添加代码。从<dl>开始到</dl>结束，列表中每个元素的标题使用<dt></dt>标签，后跟随<dd></dd>标签，用于描述列表中元素的内容。

01 ▶ 执行"文件>打开"命令，打开页面"源文件\第 7 章\72401.html"，可以看到页面效果，如图 7-15 所示。切换到代码视图中，可以看到该页面的 HTML 代码，如图 7-16 所示。

```
<body>
<div id="box">
  <dl>
    <dt>·3月5日准点在线 厚奖空前 全新永久黄金武器登场 </dt>
    <dd>03-01</dd>
      <dt>·3月5日全民嗨翻天，史无前例大奖来袭</dt>
    <dd>03-01</dd>
      <dt>·RAZER携手腾讯游戏发布炼狱蝮蛇3500金典版</dt>
    <dd>03-01</dd>
      <dt>·官网《幸运子弹》活动即将下线公告</dt>
    <dd>03-01</dd>
      <dt>·CFPL S8常规赛倒计时 锋芒毕露抢分忙</dt>
    <dd>03-01</dd>
  </dl>
</div>
</body>
```

图 7-15   图 7-16

02 ▶ 切换到该网页所链接的外部 CSS 样式文件 72401.css 中，创建名为#box dt 和 #box dd 的 CSS 样式，如图 7-17 所示。保存外部 CSS 样式文件，在浏览器中预览页面，可以看到页面中定义列表的效果，如图 7-18 所示。

```
#box dt{
    width:290px;
    float:left;
    border-bottom:dashed 1px;
}
#box dd{
    float:left;
    border-bottom:dashed 1px ;
}
```

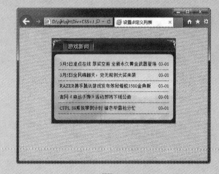

图 7-17   图 7-18

7.2.5　更改列表项目样式

当为有序列表或无序列表设置 list-style-type 属性时，列表中的所有列表项都会应用该设置，如果想要<li>标签具有单独的样式，则可以对<li>标签单独设置 list-style-type 属性，那么该样式只会对该条项目起作用，如图 7-19 所示。

```
.special{
    list-style-type:square;
}
```

图 7-19

7.3 使用列表制作菜单栏

在 Dreamweaver 中，可以方便地控制列表的形式，通过 CSS 属性对项目列表进行控制可以产生效果。由于项目列表的项目符号可以通过 list-style-type 属性将其设置为 none，结合这个特性，可以使用列表制作成各种各样的菜单和导航条。

7.3.1 使用 CSS 样式创建横向导航菜单

横向导航菜单在网页中很常见，通常位于网页的头部，用于实现在不同页面之间的链接。网站导航菜单显示网页的头部信息，在网站中的重要性是不言而喻的，因此为网页设计一个漂亮、实用的导航菜单是网页设计中最为重要的。

> 横向导航菜单一般用做网站的主导航菜单，门户类网站更是如此。由于门户网站的分类导航较多，且每个频道均有不同的样式区分，因此在网站顶部固定一个区域设计统一样式且不占用过多空间的横向导航菜单是最理想的选择。

实例：制作游戏网站导航

默认情况下，每个列表项单独占据一行，通过 CSS 样式中的 float 属性，可以让各列表项在同一行显示。接下来通过实例练习介绍如何使用 CSS 样式创建横向导航菜单，如图 7-20 所示。

图 7-20

学习时间	25 分钟
视频地址	视频\第 7 章\7-3-1.mp4
源文件地址	源文件\第 7 章\7-3-1.html

> 01 ▶ 执行"文件>打开"命令，打开页面"源文件\第 6 章\73101.html"，可以看到页面效果，如图 7-21 所示。将光标移至名为 daoh 的 Div 中，并将多余的文字删除，输入相应的段落文字，如图 7-22 所示。

图 7-21

图 7-22

02 ▶ 拖动鼠标选中刚输入的段落文本，单击"属性"面板上的"项目列表"按钮，创建项目列表，如图 7-23 所示。切换到代码视图中，可以看到该页面的 HTML 代码，如图 7-24 所示。

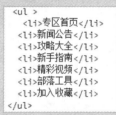

```html
<ul >
  <li>专区首页</li>
  <li>新闻公告</li>
  <li>攻略大全</li>
  <li>新手指南</li>
  <li>精彩视频</li>
  <li>部落工具</li>
  <li>加入收藏</li>
</ul>
```

图 7-23

图 7-24

03 ▶ 切换到所链接的外部 CSS 样式文件 73101.css 中，定义#daoh li 的 CSS 样式，如图 7-25 所示。保存外部 CSS 样式文件，在浏览器中预览页面，可以看到导航菜单的效果，如图 7-26 所示。

```css
#daoh li{
  list-style-type:none;
  float:left;
  margin:35px 30px;
}
```

图 7-25

图 7-26

7.3.2　使用 CSS 样式创建竖向导航菜单

与横向导航菜单相对的是竖向导航菜单，通过 CSS 样式不仅可以创建横向导航菜单，还可以创建竖向导航菜单。竖向导航菜单在网页中起着导航、美化页面的作用，创建的方法与横向菜单类似，先通过 CSS 样式设置列表外观，再为其添加相应的超链接。

　　竖向导航菜单很少用于门户网站中，而更倾向于表达产品分类。例如，很多购物网站和电子商务网站的左侧都提供了对全部的商品进行分类的竖向导航菜单。

实例：制作购物网站导航

在 Dreamweaver 中，可以通过 CSS 属性的控制轻松实现导航菜单的横竖转换，主要就是清除列表项的浮动属性。接下来通过实例练习介绍如何使用 CSS 样式创建竖向导航菜单，如图 7-27 所示。

图 7-27

学习时间	25 分钟
视频地址	视频\第 7 章\7-3-2.mp4
源文件地址	源文件\第 7 章\7-3-2.html

01 ▶ 执行"文件>打开"命令，打开页面"源文件\第 7 章\73201.html"，可以看到页面效果，如图 7-28 所示。将光标移至名为 text 的 Div 中，并将多余的文字删除，输入相应的段落文本，如图 7-29 所示。

图 7-28

图 7-29

02 ▶ 选中刚输入的段落文本，单击"属性"面板上的"项目列表"按钮，创建项目列表，如图 7-30 所示。切换到代码视图中，可以看到该部分的 HTML 代码，如图 7-31 所示。

```
<div id="text">
<ul>
    <li>店长推荐</li>
    <li>本月热卖</li>
    <li>新品上架</li>
    <li>男装专区</li>
    <li>女装专区</li>
    <li>电子专区</li>
</ul>
</div>
```

图 7-30　　　　　　　　　　　　　　图 7-31

03 ▶ 切换到所链接的外部 CSS 样式文件 73201.css 中，定义#text li 的 CSS 样式，如图 7-32 所示。保存外部 CSS 样式文件，在浏览器中预览页面，可以看到竖向导航菜单的效果，如图 7-33 所示。

```
#text li{
    list-style-type:none;
    font-family: 微软雅黑;
    font-weight: bold;
    border-bottom: dashed 2px #CCCCCC;
    margin-right: 40px;
}
```

图 7-32　　　　　　　　　　　　　　图 7-33

7.4　CSS 3 中新增的内容和不透明度属性

在 CSS 3 中新增了控制元素和不透明度的属性，通过新增的属性，能够轻松地给容器中赋予内容或设置元素的不透明度，接下来详细介绍这两个新增的属性。

7.4.1　内容（content）

content 属性用于在网页中插入生成内容。content 属性与:before 及:after 伪元素配合使用，在网页中插入生成内容，可将生成的内容放在下一个元素内容之前或之后。该属性用于定义元素之前或之后放置的生成内容。默认情况下，这一般是行内内容，但是该内容创建的框类型可以用 display 属性来控制。

content 属性的语法格式如下：

```
content:normal|string|attr()|url()|counter();
```

下面介绍 content 属性的各个属性值。

➢ normal：默认值，表示不赋予其内容。

➢ string：赋予文本内容。

➢ attr()：赋予元素的属性值。

➢ url()：赋予一个外部资源（图像、视频、声音和浏览器支持的其他资源）。

➢ counter()：计数器，用于插入赋予标识。

7.4.2　不透明度（opacity）

opacity 属性用来设置一个元素的不透明度，opacity 的取值为 1 的元素是完全不透明的；相反，取值为 0 是完全透明的。1～0 的任何值都表示该元素的不透明度。

opacity 属性定义的语法如下：

```
opacity: <length> | inherit
```

opacity 属性的各个属性值如下：

➢ length：由浮点数和单位标识符组成的成长值，不可为负值，其默认值为 1。

➢ inherit：其为默认继承，继承父级元素的 opacity 属性设置。

实例：内容和不透明度属性的应用

在 Dreamweaver 中，可以通过 CSS 属性的控制轻松实现不透明度的调整，接下来通过实例练习介绍如何使用 CSS 样式更改网页中内容的不透明度，如图 7-34 所示。

图 7-34

学习时间	25 分钟
视频地址	视频\第 7 章\7-4-2.mp4
源文件地址	源文件\第 7 章\7-4-2.html

01 ▶ 执行"文件>打开"命令，选择"源文件\第 7 章\74201.html"文件，页面效果如图 7-35 所示。在页面中可以看到一个 ID 名 title 的 Div，切换到代码视图中，将该 Div 中的提示文字内容删除，如图 7-36 所示。

图 7-35　　　　　　　　　　　　　　　　图 7-36

02 ▶ 切换到 CSS 样式文件 74201.css 中，创建一个名为#title:before 的 CSS 规则，如图 7-37 所示。返回到设计视图中，在页面中可以看出效果，如图 7-38 所示。

```
#title:before{
    content:"舞法舞天";
}
```

图 7-37　　　　　　　　　　　　　　　　图 7-38

03 ▶ 切换到外部所链接的外部 CSS 样式文件 74201.css 中，分别创建名为.img01、.img02 和.img03 的 3 个类 CSS 样式，如图 7-39 所示。返回到设计视图中，分别在 3 张图像上应用刚定义的 3 个类 CSS 样式，如图 7-40 所示。

```
.img01 {
    opacity: 0.20;
}
.img02 {
    opacity: 0.50;
}
.img03 {
    opacity: 0.95;
}
```

图 7-39　　　　　　　　　　　　　　　　图 7-40

04 ▶ 返回设计文档中，观察页面效果，如图 7-41 所示。保存页面，并保存外部

CSS 样式文件，在浏览器中预览页面，页面效果如图 7-42 所示。

图 7-41　　　　　　　　　　　　　　　　　图 7-42

7.5　专家支招

本章主要讲解了如何通过 CSS 控制项目列表的样式和对设置列表样式的每种属性值进行详细的介绍，下面解答两个与本章内容相关的常见问题。

7.5.1　如何不通过 CSS 样式更改项目列表前的符号效果

在设计视图中选中已有列表的其中一项，执行"格式>列表>属性"命令，弹出"列表属性"对话框，在"列表类型"下拉列表中选择"项目列表"选项，此时"列表属性"对话框中除"列表类型"下拉列表框外，只有"样式"下拉列表框和"新建样式"下拉列表框可用，在"样式"下拉列表中共有 3 个选项，分别为"默认""项目符号"和"正方形"，它们用来设置项目列表里每行开头的列表标志。

7.5.2　网页中文本分行与分段有什么区别

在文本末尾，Dreamweaver 会自动进行分行操作，然而在某些情况下，需要进行强迫分行，将某些文本放到下一行去，此时在操作上读者可以有两种选择：按键盘上的 Enter 键，在代码视图中显示为<P>标签。也可以按快捷键 Shift+Enter，在代码视图中显示为
，可以使文本落到下一行去，在这种情况下被分行的文本仍然在同一段落中。

7.6　总结扩展

通过 CSS 样式可以设计出丰富多彩的列表样式，重点在于灵活运用。学习完本章的知识，相信已经能够结合具体的网页制作出得心应手的列表样式。

7.6.1　本章小结

本章主要讲解了如何通过 CSS 控制项目列表的样式和对设置列表样式的每种属性值进行详细介绍。通过本章的学习，读者应该能够通过 CSS 样式改变项目样式、图片符号及实现菜单的横竖转换。只有熟练掌握 CSS 的属性值，才能够在今后的工作中运用自如。

7.6.2 举一反三——更改部分项目列表符号

通过 CSS 样式设置类 CSS 样式，再为单独的列表项应用，则该列表项会有区别于其他列表项的样式。接下来通过实例练习介绍如何更改列表项目样式。

源文件地址：	源文件\第 6 章\7-6-2.html
视频地址：	视频\第 6 章\7-6-2.MP4

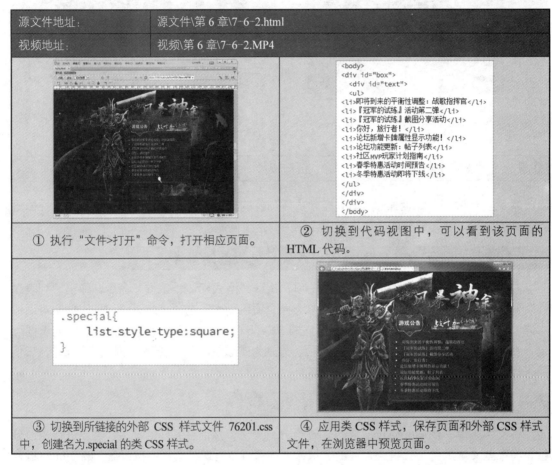

① 执行"文件>打开"命令，打开相应页面。

② 切换到代码视图中，可以看到该页面的 HTML 代码。

```
.special{
    list-style-type:square;
}
```

③ 切换到所链接的外部 CSS 样式文件 76201.css 中，创建名为.special 的类 CSS 样式。

④ 应用类 CSS 样式，保存页面和外部 CSS 样式文件，在浏览器中预览页面。

第 8 章　使用 CSS 控制表格及表单样式

在网页中，表格及表单的应用是随处可见的，表格在 HTML 中主要用于表现表格式数据，而不是用来布局网页的。表单则能够提供交互功能，可以让浏览者输入信息，弥补了网页只能传播信息的不足。本章主要向用户介绍如何使用 CSS 样式对表格以及表单样式进行设置与美化，讲解 CSS 样式设置表格及表单的方法及技巧。

8.1　表格及表单的设计概述

CSS 表格和表单是网页上最常见的元素，表格除了可以显示数据外，还常常被用来排版。CSS 表格作为传统的 HTML 元素，一直受到网页设计者们的青睐。而表单多用于数据采集，例如通过表单收集访问者的名字、性别和 E-mail 地址等。

8.1.1　表格的设计

表格信息通常是很乏味的，但一个好的表格应该以易于理解、简单明了的方式传递大量的信息。真正的重点应该放在信息上，对表格的过度设计会抵消这种作用。从另一个方面来说，巧妙的设计不仅可以使一个表格更具吸引力，而且可以增加可读性。接下来简单地向用户介绍几种不同风格的表格设计。

➢ 简单的表格，一目了然的表格风格一般用于商业网站的使用，这种做法可以让用户没有任何干扰地只关注内容。使用干净细微的网格线（或没有线条），以及简单的字体和颜色，可以很好地和背景形成对比，如图 8-1 所示。

图 8-1

➤ 动态及高亮表格效果。一般用于展示产品价格，这种技术增加了复杂表格或矩阵的可读性。无论用户鼠标悬停到单元的列还是行上，都会高亮突出整个单元。如图 8-2 所示。

图 8-2

➤ 斑马表样式。加入交替行颜色可以帮助用户集中视线，把在边上或者底部设定好的分类信息和表格中心的浮动信息关联在一起，这个简单的技术可以增加大小表格的可读性。如图 8-3 所示。

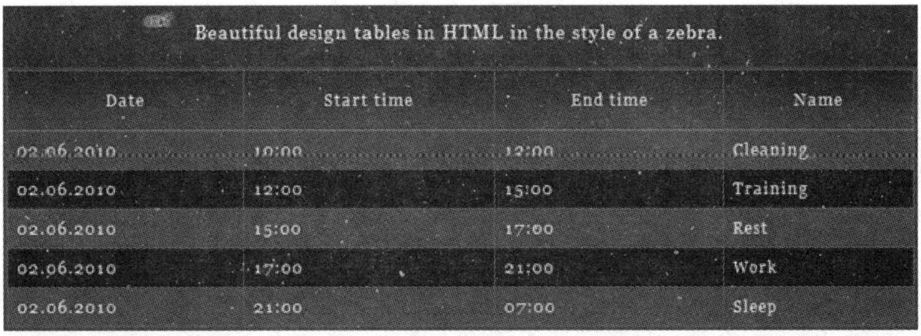

图 8-3

8.1.2　表单的设计及分类

精心设计的表单，能让用户感到心情舒畅，愉快地注册、付款和进行内容的创建和管理，接下来简单介绍表单的设计原则及基本分类。

表单的设计原则

表单元素用来收集用户信息，可以帮助用户进行功能性控制，表单的交互设计是网站设计之中相当重要的环节，单从表单视觉设计上来说，经常需要摆脱 HTML 提供的默认的比较粗糙的视觉样式，在通常情况下要注意以下几点：

➤ 首先应当尽量缩短用户填写表单的时间，并且收集的数据都是用户所熟悉的，例如姓名、电话和地址等，垂直对齐的标签和输入框方式应当说是最理想的。每对标签和输入框垂直对齐能够给人一种简单明了的感觉，并且一致的左对齐还能够减少眼睛移动和处理的时间。做简单的填写说明和清晰的验证，仅防止与填写表单相关的连接，避免用户通过其他连接转移视线到别的地方，从而放弃填写表单，如图 8-4 所示。

图 8-4

➤ 完成表单需要多个步骤时，就要使用图形或文字表明所需的步骤，以及当前正在进行的步骤，如图 8-5 所示。

图 8-5

➤ 文本输入框需要提供一些常用的文本及设置选项，例如加粗、字体大小、超链接和图像等，而且尽量让此内容与完全发布以后的内容格式相同，如图 8-6 所示。

图 8-6

表单的应用分类

根据表单的应用范围可将表单大致分为 4 类，分别为用户登录表单、用户注册表单、搜索表单和跳转式表单。

> 用户登录表单。该表单为网页中最常用的形式，通常此类表单由 input（单行文本框）和 button（按钮）组成，有些网站的登录表单还包括 checkbox（复选框），以帮助用户记住登录信息，如图 8-7 所示。

图 8-7

> 用户注册表单。注册页面中通常会包括表单中的所有元素，如图 8-8 所示。

图 8-8

> 跳转表单。该表单形式可以快速跳转到菜单中指定的页面，一般用于制作网站的友情链接或站内指定位置的跳转，如图 8-9 所示。

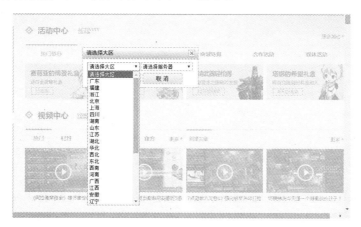

图 8-9

8.2　使用 CSS 控制表格样式

使用 CSS 样式可以对表格的外观进行控制和美化操作，本节将向大家介绍使用 CSS 样式对表格的外观样式进行控制的方法，包括表格的颜色、标题、边框、背景等。在对表格样式进行控制之前，首先对表格的结构及设置进行一定的介绍。

8.2.1　表格标签与结构

表格由行、列和单元格 3 个部分组成，一般通过 3 个标签来创建，分别是表格标签 <table>、行标签 <tr> 和单元格标签 <td>。表格的各种属性都要在表格的开始标签 <table> 和表格的结束标签 </table> 之间才有效。表格的基本构成结构语法如下：

```
<table>
<tr>
<td>单元格中的文字</td>
</tr>
</table>
```

在语法中，<table> 和 </table> 标签分别表示表格的开始和结束，而 <tr> 和 </tr> 标签则分别表示行的开始和结束，在表格中包含一组 <tr>…</tr> 就表示该表格为一行，<td> 和 </td> 标签表示单元格的开始和结束。

> 　　通过使用 <thead>、<tbody> 和 <tfood> 元素，将表格行聚集为组，可以构建更复杂的表格。每个标签定义包含一个或者多个表格行，并且将它们标示为一个组的盒子。<thead> 标签用于指定表格标题行，<tfood> 是表格标题行的补充，它是一组作为脚注的行，用 <tbody> 标签标记的表格正文部分，将相关行集合在一起，表格可以有一个或者多个 <tbody> 部分。

以下是一个包含表格行组的数据表格代码：

163

```
<table>
<caption>课程表</caption>
<thead>
<tr>
   <th></th>
   <th>星期一</th>
   <th>星期二</th>
   <th>星期三</th>
   <th>星期四</th>
   <th>星期五</th>
   </tr>
</thead>
<tbody>
<tr>
   <th>上午</th>
   <td>语文</td>
   <td>数学</td>
   <td>英语</td>
   <td>历史</td>
   <td>地理</td>
   </tr>
   <tr>
   <th>下午</th>
   <td>体育</td>
   <td>化学</td>
   <td>美术</td>
   <td>政治</td>
   <td>数学</td>
   </tr>
</tbody>
</table>
```

在浏览器中查看页面，可以看到网页中表格的效果。如图 8-10 所示。

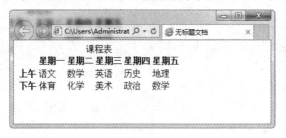

图 8-10

8.2.2　设置表格边框

在显示一个表格数据时，通常都带有表格边框，用来界定不同单元格的数据。如果表格的 border 值大于 0，则显示边框；如果 border 值为 0，则不显示表格边框。边框显示之后，可以使用 CSS 样式中的 border 属性和 border-collapse 属性对表格边框进行修饰。其中 border 属性表示对边框进行样式、颜色和宽度的设置，从而达到美化边框效果的目的。

> **提　示**　border-collapse 属性主要用来设置表格的边框是否被合并为一个单一的边框，还是像在标准的 HTML 中那样分开显示。

border-collapse 属性的语法格式如下：

```
border-collapse: separate | collapse;
```

border-collapse 标记的属性如表 8-1 所示。

表 8-1　border-collapse 标记的属性

属　　性	描　　述
separate	该属性值为默认值，表示边框会被分开，不会忽略 border-spacing 和 empty-cells 属性
collapse	该属性值表示边框会合并为一个单一的边框，会忽略 border-spacing 和 empty-cells 属性

8.2.3　设置表格背景

设置表格背景包括对背景颜色和背景图像进行设置，以达到美化网页的效果。

➢ 背景颜色。CSS 样式除可以设置表格的边框之外，同样还可以对表格或单元格的背景颜色进行设置，同样使用 CSS 样式中的 background-color 属性进行设置即可。

➢ 背景图像。网页中的表格元素与其他元素一样，使用 CSS 样式同样可以为表格设置相应的背景图像，通过 background-image 属性为表格相关元素设置背景图像，合理地应用背景图像可以使表格效果更加美观。

实例：设置表格边框及背景

根据网页的设计需要，有时要为网页中的表格添加边框的效果并对背景图片进行设置，通过使用 CSS 样式中的 border 属性可以轻松地为表格添加边框效果，接下来通过实例练习介绍如何为网页中的表格添加边框及背景，如图 8-11 所示。

图 8-11

学习时间	30 分钟
视频地址	视频\第 8 章\8-2-3.mp4
源文件地址	源文件\第 8 章\8-2-3.html

01 ▶ 执行 "文件>打开" 命令,打开页面 "源文件\第 8 章\8-82301.html",可以看到页面效果,如图 8-12 所示。切换到代码视图中,可以看到表格的代码,如图 8-13 所示。

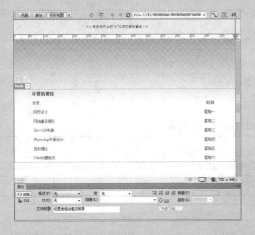

图 8-12 　　　　　　　　　　　　　　　图 8-13

02 ▶ 切换到该网页所链接的外部 CSS 样式文件 82301.css 中,在 table 标签的 CSS 样式代码中添加边框的 CSS 样式设置,如图 8-14 所示。返回设计页面中,在实时视图中可以看到为表格添加边框的效果。如图 8-15 所示。

```css
table {
    width: 660px;
    margin: 160px auto 0px auto;
    border: solid 1px #C30;
    border-collapse: collapse;
}
caption {
    font-size: 14px;
    color: #930;
    font-weight: bold;
    text-align: left;
    padding-left: 15px;
}
```

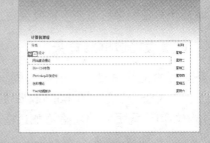

图 8-14 　　　　　　　　　　　　　　　图 8-15

03 ▶ 切换到外部 CSS 样式文件中,在 caption 标签和 thead th 标签的 CSS 样式代码中添加边框的 CSS 样式设置,如图 8-16 所示。返回设计页面中,在实时视图中可以看到为表格添加边框的效果,如图 8-17 所示。

```css
caption {
    font-size: 14px;
    color: #930;
    font-weight: bold;
    text-align: left;
    padding-left: 15px;
    border-top:   solid 1px #C30;
    border-right: solid 1px #C30;
    border-left:  solid 1px #C30;
}
thead th {
    font-weight: bold;
    color: #F60;
    border: solid 1px #C30;
}
```

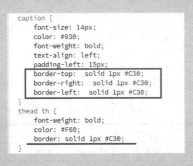

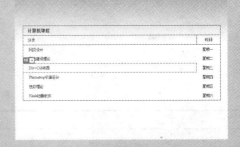

图 8-16 　　　　　　　　　　　　　　　图 8-17

04 ▶ 切换到外部 CSS 样式表文件中，在 td 标签的 CSS 样式代码中添加边框的 CSS
样式设置，如图 8-18 所示。返回设计页面中，在实时视图中可以看到为表格添
加边框的效果，如图 8-19 所示。

```
#time {
    width: 80px;
}
tbody {
    margin-top: 15px;
}
td {
    padding-left: 20px;
    border-bottom: solid 1px #CC9966;
}
```

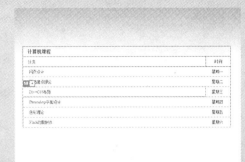

图 8-18　　　　　　　　　　　　　　　　图 8-19

05 ▶ 切换到外部 CSS 样式表文件中，在 caption 标签和 thead th 标签的 CSS 样式代
码中添加背景颜色的 CSS 样式设置，如图 8-20 所示。返回设计页面中，在实
时视图中可以看到设置背景颜色的效果，如图 8-21 所示。

```
caption {
    font-size: 14px;
    color: #FFF;
    font-weight: bold;
    text-align: left;
    padding-left: 15px;
    border-top:  solid 1px #C30;
    border-right:  solid 1px #C30;
    border-left:  solid 1px #C30;
    background-color:#F31519;
}
thead th {
    font-weight: bold;
    color: #F60;
    border: solid 1px #C30;
    background-color: #FC9;
}
```

图 8-20　　　　　　　　　　　　　　　　图 8-21

06 ▶ 切换到外部 CSS 样式表文件中，在 caption 标签的 CSS 样式代码中添加背景图
像的 CSS 样式设置并修改文字颜色值，如图 8-22 所示。返回设计页面中，在
实时视图中可以设置背景图像的效果，如图 8-23 所示。

```
caption {
    font-size: 14px;
    color: #930;
    font-weight: bold;
    text-align: left;
    padding-left: 15px;
    border-top:  solid 1px #C30;
    border-right:  solid 1px #C30;
    border-left:  solid 1px #C30;
    background-image: url(../images/82302.jpg);
}
thead th {
    font-weight: bold;
    color: #F60;
    border: solid 1px #C30;
    background-color: #FC9;
}
```

图 8-22　　　　　　　　　　　　　　　　图 8-23

07 ▶ 切换到外部 CSS 样式文件中，定义名称为.list01 的类 CSS 样式，如图 8-24 所示。返回设计页面中，选中新闻标题，应用刚定义名为.list01 的类 CSS 样式，如图 8-25 所示。

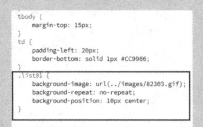

图 8-24   图 8-25

08. ▶ 使用相同的方法，为其他单元格中的文字应用名为.list01 的类 CSS 样式。如图 8-26 所示。保存页面，并保存外部 CSS 样式文件，在浏览器中预览页面，可以看到表格的效果，如图 8-27 所示。

图 8-26   图 8-27

8.2.4   设置斑马式表格

在网页中的表格难免会包含大量的表格式数据，默认情况下浏览者在查找相应的内容时会比较麻烦，并且容易读错，通过 CSS 样式可以实现隔行变色的显示方式，也就是斑马式表格，将表格的奇数行与偶数行的背景设置得不一样，从而使数据信息更加有条理，方便浏览者查看数据。

    如果想实现隔行变色的效果，首先需要在 CSS 样式中创建设置背景颜色的类 CSS 样式。其次，为了产生背景色交替显示的表格效果，将新建的类 CSS 样式应用于数据表格中每一个偶数行或奇数行的<tr>标签中。

实例：设置斑马式表格

本例是通过 CSS 样式实现表格隔行变色的效果，使得奇数行和偶数行的背景色不一样，从而使人看了。接下来通过实例练习介绍如何使用 CSS 样式实现隔行变色的表格，如图 8-28 所示。

图 8-28

学习时间	30 分钟
视频地址	视频\第 8 章\8-2-4.mp4
源文件地址	源文件\第 8 章\8-2-4.html

01 ▶ 执行"文件>打开"命令，打开页面"源文件\第 8 章\82401.html"，可以看到页面效果，如图 8-29 所示。在浏览器中预览该页面，可以看到页面中表格的默认效果，如图 8-30 所示。

图 8-29

图 8-30

02 ▶ 切换到该网页所链接的外部 CSS 样式文件 82401.css 中，可以看到部分应用于表格的 CSS 样式代码，如图 8-31 所示。在外部 CSS 样式表文件中创建名为.bg01 的类 CSS 样式代码，如图 8-32 所示。

```
#bottom span {
    display: block;
    background-color: #EDEDED;
    line-height: 30px;
}

table { width: 590px;}
caption {
    font-size: 20px;
    font-family: 微软雅黑;
    color: #558193;
    line-height: 40px;
}
thead {
    height: 25px;
    line-height: 25px;
    background-image: url(../images/82404.gif);
    background-repeat: no-repeat;
}
#title { width: 400px;}
#num { width: 80px;}
#time { width: 110px;}
td { border-bottom: solid 1px #ccc;}
.list01 {
    background-image: url(../images/82407.gif);
    background-repeat: no-repeat;
```

图 8-31

```
#title { width: 400px;}
#num { width: 80px;}
#time { width: 110px;}
td { border-bottom: solid 1px #ccc;}
.list01 {
    background-image: url(../images/82407.gif);
    background-repeat: no-repeat;
    background-position: 5px center;
    padding-left: 20px;
}

.font01 { text-align: center;}

.bg01 {
    background-color: #F4F4F4;
}
```

图 8-32

03 ▶ 返回网页的 HTML 代码中，在隔行的<tr>标签中应用类 CSS 样式.bg01，如图 8-33 所示。保存页面，在浏览器中预览页面，可以看到网页中隔行变色的表格效果，如图 8-34 所示。

图 8-33　　　　　　　　　　　　　　　　　　图 8-34

8.2.5　设置交互式表格

在一般情况下，如果长时间浏览大量的数据表格，即使使用了隔行变色的表格，阅读时间长了仍然会感到疲劳。如果数据行能动态地根据鼠标悬浮来改变颜色，就会使页面充满动态效果。

> hover 伪类不仅可以应用于文本超链接 CSS 样式中，还可以应用网页中的其他元素中，包括表格元素。例如可以使用:hover 伪类实现表格背景颜色交替的效果等。

01 ▶ 执行"文件>打开"命令，打开页面"源文件\第 8 章\82501.html"，可以看到页面效果，如图 8-35 所示。切换到该网页所链接的外部 CSS 样式文件 82501.css 中，在外部 CSS 样式表文件中创建名为 tbody tr:hover 的 CSS 样式代码，如图 8-36 所示。

```
#title { width: 400px;}
#num { width: 80px;}
#time { width: 110px;}
td { border-bottom: solid 1px #ccc;}
.list01 {
    background-image: url(../images/82407.gif);
    background-repeat: no-repeat;
    background-position: 5px center;
    padding-left: 20px;
}
.font01 { text-align: center;}

tbody tr:hover {
    background-color: #F4F4F4;
    cursor: pointer;
}
```

图 8-35　　　　　　　　　　　　　　　　　　图 8-36

02 ▶ 保存页面，并保存外部 CSS 样式表文件在浏览器中预览页面，效果如图 8-37
所示。将光标移至页面中表格的任意一个单元行上，可以看到该单元行变色的
效果，如图 8-38 所示。

图 8-37

图 8-38

8.3　表单的设计

要想实现表单的交互功能，必须通过表单元素让浏览者输入需要处理或提交的数据，这
些表单元素包括文本框、复选框、单选按钮、下拉菜单和按钮等。在使用 CSS 控制表单和
表单元素之前，首先向用广介绍表单及表单元素的相关属性。

　　表单在网页中的作用是不容小觑的，它是网站交互中最重要的元素，主要
负责数据采集的功能。例如通过表单采集访问者的名字和 E-Mail 地址、调整表
和留言板等，都需要使用到表单及表单元素。

8.3.1　表单

表单是网页上的一个特定区域。这个区域是由一对<form>标签定义的。它包括以下两方
面的作用：

➢ 控制表单范围。通过<form>与</form>标签控制表单的范围，其他的表单对象都要插
入到表单之中。单击提交按钮时，提交的也是表单范围之内的内容。

➢ 携带表单相关信息。表单的<form>标签还可以设置相应的表单信息，例如处理表单
的脚本程序的位置和提交表单的方法等。这些信息对于浏览者是不可见的，但对于
处理表单却有着决定性的作用。

例如以下代码：

```
    <form  name="form_name"  method="method"  action="URL"enctype="value"
target="target_win">
    ...
    </form>
```

<form>标签属性如表 8-2 所示。

表 8-2　<form>标签属性

属　　性	描　　述
name	规定表单的名称
method	规定表单结果从浏览器传送到服务器的方法,一般有 GET 和 POST 两种方法
target	该属性用于设置返回信息的显示方式
action	该属性用于设置表单处理程序(一个 ASP、CGI 等程序)的位置,该处理程序的位置可以是相对地址,也可以是绝对地址
enctype	该属性用于设置表单资料的编码方式

8.3.2　表单元素

在<form>标签中,可以包含表单输入、菜单/列表标记、菜单/列表标记项目和多行文本域标记等多种表单元素。综合使用这些元素就能够完成复杂的表单效果,例如会员注册和用户调查,其表单包含的元素如表 8-3 所示。

表 8-3　<form>标签内的标记

属　　性	描　　述
input	表单输入标记
textarea	多行文本域标记
select	菜单/列表标记
option	菜单/列表标记项目
enctype	该属性用于设置表单资料的编码方式

8.4　表单输入

输入标签<input>是网页中最常用的表单元素之一,其主要用于采集浏览者的相关信息,常用的文本域、按钮等都使用这个标记。<input>标签属性如表 8-4 所示。

表 8-4　<input>标签属性

属　　性	描　　述
name	输入域的名称
type	输入域的类型

> 提示
>
> type 属性用于设置输入标签的类型,而 name 属性则指的是输入域的名称,由于 type 的属性值有很多种,因此输入字段也具有多种形式,其中包括文本字段、单选按钮和复选框等。

在 type 属性中还包括表 8-5 所示的属性值。

表 8-5　type 属性值

属　　性	描　　述
text	单行文本域，是一种让浏览者自己输入内容的表单对象，通常用来填写单个字或者简短的回答，例如姓名和年龄等
password	密码域，是一种特殊文本框，主要用来输入密码，当浏览者输入文本时，文本会被隐藏，并且自动转换成用星号或者其他符号来代替
hidden	隐藏域，是用来收集或者发送信息的不可见元素
radio	单选按钮，是一种在一组选项中只能选择一种答案的表单对象
checkbox	复选框，是一种能够在待选项中选择一种以上的选项
file	文件域，用于上传文件
images	图像域，图片提交按钮
submit	提交按钮，用来将输入好的数据信息提交到服务器
reset	复位按钮，用来重置表单的内容
button	一般按钮，用来控制其他定义了处理脚本的处理工作

8.4.1　文本域和密码域

一般情况下，文本域是用来输入任意类型的文本、数字或字母。而文本域标签 <textarea>就是用于在网页界面中生成多行文本域的，从而使得访问者能够在文本域输入多行文本内容，其语法格式如下所示：

```
<form id="form1" name="form1" method="post" action="">
<textarea name="name" id="name" cols="value"
rows="value" value="value" warp=" value">
……文本内容
</textarea>
</form>
```

文本域标签<textarea>的相关属性如表 8-6 所示

表 8-6　<textarea>的相关属性

属　　性	描　　述
text	文本域的名称
rows	文本域的行数，行数决定了该文本域容纳内容的多少，如果超出行数则不予显示内容
cols	文本域的列数，列数决定了该文本域一行能够容纳几个文本
values	设置文本域的换行方式，当值为 off 时不自动换行；当值为 hard 时按【Enter】键自动换行，并且换行标记会被一同送到服务器。输出时也会换行，当值为 soft 时按【Enter】键自动换行，换行标记不会被发送到服务器，输出时仍是一列

在表单中还有一种文本域的形式为密码域，输入到此种文本域中的文字均以星号（*）或圆点（.）显示，其语法格式如下所示：

```
<form id="form1" name="form1"method="post" action="">
<label for="name">密码</label>
<input type="password" name="name" id="pass" size="20"maxlength="50"
value="http://"/>
```

```
</form>
```

其中，与 password 属性值相关的属性如表 8-7 所示。

表 8-7　密码域属性

属　　性	描　　述
name	密码域的名称
id	文本的编号
maxlength	密码域的最大输入字符数
size	密码域的宽度（以字符为单位）
value	密码域的默认值

8.4.2　文件域和隐藏域

文件域可以让用户在域的内部填写文件路径，然后通过表单上传，这是文件域的基本功能。如在线发送 E-mail 时常见的附件功能。有的时候要求用户将文件提交给网站，例如 Office 文档、浏览者的个人照片或者其他类型的文件，这个时候就要用到文件域。文件域的代码如下所示：

```
<form id="form1" name="form1" method="post" action="">
请上传附件: <input type="file" name="File">
</form>
```

文件域的显示效果如图 8-39 所示。

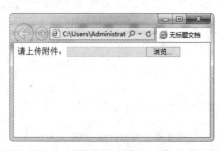

图 8-39

隐藏域在页面中对于用户来说是看不见的，在表单中插入隐藏域的目的在于收集或发送信息，以利于被处理表单的程序所使用。浏览者单击发送按钮发送表单的时候，隐藏域的信息也被一起发送到服务器。隐藏域的代码如下所示：

```
<form id="form1" name="form1"
method="post" action="">
<input type="Hidden" name="Form_name"
value="Invest">
</form>
```

8.4.3　单选按钮和复选框

单选按钮元素能够进行项目的单项选择，以一个圆框表示。单选按钮的代码如下所示：

```
<form id="form1" name="form1"method="post" action="">
```

```
请选择你居住的城市：
<input type="Radio" name="city"
 value="beijing" checked>北京
<input type="Radio" name="city"
 value="天津">天津
<input type="Radio" name="city"
value="shanghai">上海
</form>
```

其中，每一个单选按钮的名称是相同的，但都有其独立的值。checked 表示此项被默认选中；value 表示选中项目后传送到服务器端的值。上段代码中的"北京"选项是被默认选中的，如图 8-40 所示。

图 8-40

复选框能够进行项目的多项选择，以一个方框标示。复选框的代码如下所示：

```
<form id="form1" name="form1"method="post" action="">
请选择你喜欢的水果：
<input type="Checkbox" name="m1"
 value="apple" Checked>苹果
<input type="Checkbox" name="m2"
value="banana">香蕉
<input type="Checkbox" name="m3"
 value="orange">橘子
</form>
```

其中，checked 表示此项被默认选中；value 表示选中项目后传送到服务器端的值。每一个复选框都有其独立的名称和值。上段代码中的"苹果"项目是被默认选中的，如图 8-41 所示。

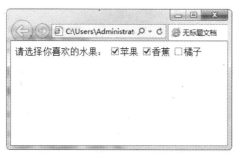

图 8-41

8.4.4　按钮和图像域

单击提交按钮后，可以实现表单内容的提交。单击重置按钮后，可以清除表单的内容，恢复成默认的表单内容设定。按钮的代码如下所示：

```
<form id="form1" name="form1"method="post" action="">
<input type="Submit" name="Submit"
 value="提交表单">
<input type="Reset" name="Reset" value="
重置表单">
</form>
```

按钮应用效果如图 8-42 所示。

图 8-42

图像域是指可以用在提交按钮位置上的图片，这幅图片具有按钮的功能。使用默认的按钮形式往往会让人觉得单调，如果网页使用了较为丰富的色彩，或稍微复杂的设计，再使用表单默认的按钮形式甚至会破坏整体的美感。这时可以使用图像域创建和网页整体效果相统一的图像提交按钮。图像域的代码如下所示：

```
<form id="form1" name="form1" method="post" action="">
<input type="image" name="image"src="images/pic.gif">
</form>
```

图像域应用效果如图 8-43 所示。

图 8-43

8.4.5　菜单列表

菜单列表是一种最节省空间的方式，正常状态下只能看见一个选项，单击按钮打开菜单后才能看到全部选项。

 　列表可以显示一定数量的选项，如果超出这个数值，则会出现滚动条，浏览者便可以通过拖动滚动条来查看各个选项。通过选择域标签<select>和<option>可以在网页中建立一个列表或者菜单。

选择域标签<select>和<option>语法格式如下所示：

```
<form id="form1" name="form1" method="post" action="">
请选择你喜欢的旅游胜地:<br>
<select name="place" size=3 multiple>
<option Value= "The Grand Canyon " Selected>美国大峡谷</option>
<option Value= "Great Barrier Reef ">澳大利亚的大堡礁</option>
<option Value= "Florida ">美国佛罗里达州</option>
<option Value= "Sout Island ">新西兰的南岛</option>
</select>
</form>
```

菜单列表应用效果如图 8-44 所示。

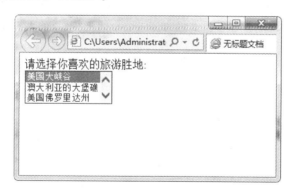

图 8-44

<select>标签和<option>标签的属性含义如表 8-8 所示。

表 8-8　<select>标记和<option>标记的属性

属　　性	描　　述
name	用于设置选择域的名称
size	用于设置列表的行数
value	用于设置菜单的选项值
multiple	表示以菜单的方式显示信息，省略则以列表的方式显示信息

8.5 使用 CSS 样式控制表单元素

如果对插入到网页中的表单元素不加任何的修饰，默认的表单元素外观比较简陋，并且很难符合页面整体设计风格的需要，通过 CSS 样式可以对网页中的表单元素外观进行设置，使其更加美观大方，更能够符合网页整体风格。

8.5.1 使用 CSS 样式控制表单元素的背景

在网页中，默认的表单元素背景颜色为白色，边框为蓝色，由于色调单一，不能满足网页设计者的设计需求和浏览者的视觉感受，因此可以通过 CSS 样式对表单元素的背景颜色和边框进行设置，从而表现出不一样的表单元素。

实例：制作网站的登录页面

登录页面是常见的表单运用效果，在登录页面中通常包括文本域、复选框、图像域或按钮等表单元素。接下来通过制作一个网站的登录页面，向用户简单介绍表单的制作方法，以及使用 CSS 样式对表单的背景颜色和边框进行设置的方法，如图 8-45 所示。

图 8-45

学习时间	30 分钟
视频地址	视频\第 8 章\8-5-1.mp4
源文件地址	源文件\第 8 章\8-5-1.html

01 ▶ 执行"文件>新建"命令，弹出"新建文档"对话框，新建一个 HTML 页面，将该页面保存为"源文件\第 8 章\8-5-1.html"，如图 8-46 所示。新建一个外部 CSS 样式文件，将其保存为"源文件\第 8 章\8-5-1.css"，返回 8-5-1.html 页面中，链接外部 CSS 样式文件，如图 8-47 所示。

图 8-46　　　　　　　　　　　　　　　　图 8-47

02 ▶ 切换到该网页所链接的外部 CSS 样式文件 8-5-1.css 中，创建通配符*和 body 标签的 CSS 样式，如图 8-48 所示。返回设计页面中，在实时视图中可以看到为页面设置背景的效果。如图 8-49 所示。

```
@charset "utf-8";
/* CSS Document */

*{
    margin:0px;
    padding:0px;
    border:0px;
}
body{
    font-size:12px;
    line-height:25px;
    color:#F9F3F3;
    background-color:#ED6F71;
}
```

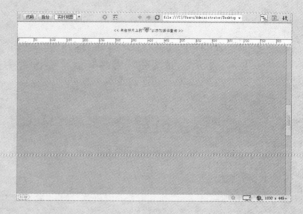

图 8-48　　　　　　　　　　　　　　　　图 8-49

03 ▶ 在页面中插入名为 box 的 Div，切换到 8-5-1.css 文件中，创建名为#box 的 CSS 样式，如图 8-50 所示。返回设计页面中，在实时视图中可以查看页面的效果。如图 8-51 所示。

```
body{
    font-size:12px;
    line-height:25px;
    color:#F9F3F3;
    background-color:#ED6F71;
}
#box{
    width:1000px;
    height:468px;
    background-image:url(../images/85101.jpg);
    background-repeat: no-repeat;
    margin: 0px auto;
    padding-top: 330px;
    padding-left: 250px;
    color: #FFF;
}
```

图 8-50　　　　　　　　　　　　　　　　图 8-51

04 ▶ 将光标移至名为 box 的 Div 中，并将多余的文字删除，单击"插入"面板中的
"表单"按钮，插入表单域，如图 8-52 所示，并将光标移至刚插入的表单域
中，单击"插入"面板上"表单"选项中的"文本"按钮，在"属性"面板中
对相关选项进行设置，如图 8-53 所示。

图 8-52

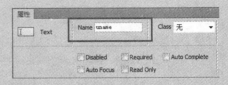

图 8-53

05 ▶ 将光标置于文本域的后面，按 Enter 键，执行"插入>表单>密码"命令，如图
8-54 所示。继续在"属性"面板中设置相关属性，如图 8-55 所示。

图 8-54

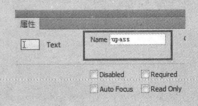

图 8-55

06 ▶ 切换到该网页所链接的外部 CSS 样式文件 8-5-1.css 中，创建名称为#uname 和
#upass 的 CSS 样式，如图 8-56 所示。切换到"设计"视图，页面效果如图 8-57
所示。

图 8-56

图 8-57

07 ▶ 将光标移至与密码文本域的后面，按 Enter 键，执行 "插入>表单>复选框" 命令，并设置 CSS 样式代码，如图 8-58 所示。更改文字后的页面效果如图 8-59 所示。

```
#uname,#upass {
    width: 195px;
    height: 25px;
    background-color: #DAF5FE;
    border: solid 1px #006699;
    color: #3269B9;
    margin:5px;
}
#checkbox {
    border: solid 1px #006699;
    margin-top: 20px;
}
```

图 8-58

图 8-59

08 ▶ 将光标移至与复选框的后面，按 Enter 键，执行 "插入>表单>图像按钮" 命令，在弹出的对话框中选中要插入的图像，如图 8-60 所示。单击 "确定" 按钮，即可在光标所在位置插入图像按钮，页面效果如图 8-61 所示。

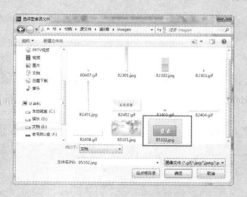

图 8-60

图 8-61

09 ▶ 选中刚刚插入的图像按钮，在 "属性" 面板中设置相关属性值，如图 8-62 所示。切换到该网页所链接的外部 CSS 样式文件 8-5-1.css 中，创建名称为 #button 的 CSS 样式，如图 8-63 所示。

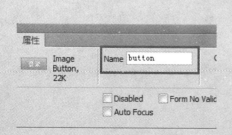

图 8-62

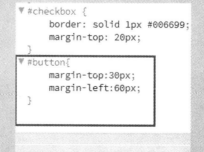

```
▼#checkbox {
    border: solid 1px #006699;
    margin-top: 20px;
}
▼#button{
    margin-top:30px;
    margin-left:60px;
}
```

图 8-63

10 ▶ 切换到设计视图，如图 8-64 所示。最后保存文件，在浏览器中预览，效果如图 8-65 所示。

图 8-64 图 8-65

8.5.2 使用 CSS 样式控制列表与跳转菜单

在 Dreamweaver 中，通过使用<select>标签包含一个或者多个<option>标签可以构造选择列表，如果没有给出 size 属性值，则选择列表是下拉列表框的样式；如果给出了 size 值，则选择列表将会是可滚动列表，并且通过 size 属性值的设置能够使列表以多行的形式显示。

01 ▶ 打开文件"光盘\源文件\第 8 章\85201.html"，页面效果如图 8-66 所示。在浏览器中预览页面，可以看到默认的下拉列表效果，如图 8-67 所示。

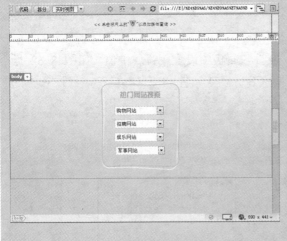 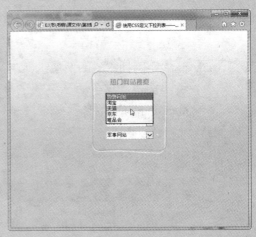

图 8-66 图 8-67

02 ▶ 切换到代码视图中，为下拉列表各选项分别设置相应的 id 名称，如图 8-68 所示。切换到 85201.css 文件中，分别定义名为#color、#color02、#color03 和 #color04 的 CSS 样式，如图 8-69 所示。

```
<body>
<div id="box">
 <form id="form1" name="form1" method="post" action="">
  <label for="select"></label>
  <select name="select" id="select">
   <option selected="selected">购物网站</option>
   <option id="color">淘宝</option>
   <option id="color2">天猫</option>
   <option id="color3"> 京东</option>
   <option id="color4">唯品会</option>
  </select>
  <br>
  <label for="select2"></label>
  <select name="select2" id="select2">
   <option selected="selected">招聘网站</option>
   <option>赶集网</option>
   <option>58同城</option>
   <option>前程无忧</option>
   <option>Boss直聘</option>
  </select>
  <br>
```

图 8-68

```
#color{
    background-color:#06F;
}
#color2{
    background-color:#09F;
}
#color3{
    background-color:#0CF;
}
#color4{
    background-color:#0FF;
}
```

图 8-69

`03 ▶` 切换到"设计"视图，如图 8-70 所示。保存文件，在浏览器中预览，效果如图 8-71 所示。

图 8-70

图 8-71

8.5.3　使用 CSS 样式定义圆角文本字段

在设计表单时，不但能够使用 CSS 属性对表单元素的背景颜色、边框样式等进行控制，还可以定义圆角文本字段，从而对表单元素中的文本字段加以修饰，给访问者一个更加美观的网页界面。

　　使用 CSS 样式实现圆角的文本域主要是通过 CSS 样式中的 border 属性和 background-image 属性来实现的，通过 border 属性可以将文本域的边框设置为无，通过 background-image 属性可以为文本域设置一个圆角的背景图像，从而实现圆角登录框的效果。

下面将详细介绍通过 CSS 属性中的 border 属性对文本字段进行控制。

`01 ▶` 打开文件"光盘\源文件\第 8 章\85301.html",如图 8-72 所示。在浏览器中预览页面,可以看到网页中的表单效果,如图 8-73 所示。

图 8-72   图 8-73

`02 ▶` 切换到 85301.css 文件中,定义一个名为.name01 的类 CSS 样式,如图 8-74 所示。切换到实时视图中,选中页面中的文本字段,在"属性"面板中的"类"下拉列表中应用刚定义的.name01 类 CSS 样式,如图 8-75 所示。

图 8-74   图 8-75

`03 ▶` 使用相同的方法为另一个文本字段定义类 CSS 样式,页面效果如图 8-76 所示。保存文件,在浏览器中预览,效果如图 8-77 所示。

图 8-76   图 8-77

8.6 表单在网页中的特殊应用

表单是网页中非常重要的网页元素，在大多数的网页中都会有表单元素的应用，应用最多的表单元素包括文本字段、复选框、单选按钮和按钮等。将 JavaScript 和 CSS 样式结合使用，在网页中还可以实现许多表单的特殊效果，通过为表单应用相应的特殊效果，可以使表单具有更好的交互性，也使得网页操作便利性更强。

8.6.1 聚焦型提示语消失

网页中常常可以看到文本字段中会有颜色较浅的提示文字，当光标在该文本字段中单击时，文本字段中的提示文字就会消失，这就称为聚焦型提示语消失。在网页中如果需要实现这样的效果，就需要使用 CSS 样式与 JavaScript 脚本相结合。

实例：制作文字字段提示语效果

本实例制作的效果是聚焦型提示语消失效果，也就是当光标在文本字段中单击时，该文本字段中的提示文字隐藏，这是在网页中非常常见的效果，接下来通过实例练习介绍如何在网页中实现聚焦性提示语消失效果，如图 8-78 所示。案例实现的最终效果可通过扫描右侧的二维码进行查看。

图 8-78

学习时间	30 分钟
视频地址	视频\第 8 章\8-6-1.mp4
源文件地址	源文件\第 8 章\8-6-1.html

01 ▶ 执行"文件>打开"命令，打开文件"光盘\源文件\第 8 章\86101.html"，如图 8-79 所示。在浏览器中预览页面，可以看到网页中的表单效果，如图 8-80 所示。

图 8-79   图 8-80

02 ▶ 切换到代码视图中，可以看到表单部分的 HTML 代码，如图 8-81 所示。在表单代码中添加<label>标签，包含<input>标签，如图 8-82 所示。

```
<div id="box">
  <form id="form1" name="form1" method="post" action="">
    <input type="text" name="uname" id="uname">
    <input type="password"  name="upass" id="upass">
    <input type="checkbox"  name="checkbox" id="checkbox">
  记住密码
    <input name="btn" type="image" id="btn" src="images/86105.jpg">
  </form>
</div>
```

图 8-81

```
<body>
<div id="box">
  <form id="form1" name="form1" method="post" action="">
    <label>请输入用户名</span>
    <input type="text" name="uname" id="uname">
    </label>
    <label>请输入密码</span>
    <input type="password"  name="upass" id="upass">
    </label>
    <input type="checkbox"  name="checkbox" id="checkbox">
  记住密码
    <input name="btn" type="image" id="btn" src="images/86105.jpg">
  </form>
</div>
```

图 8-82

03 ▶ 切换到该网页所链接的外部 CSS 样式文件 86101.css 中，创建名为 lable 的 CSS 样式，如图 8-83 所示。切换到网页代码视图中，在<label>标签中添加<span>标签并输入相应的文字，如图 8-84 所示。

```
#btn{
    margin-top: 5px;
    margin-left:65px;
}
#checkbox{
    border: solid 1px #006699;
    margin-top: 5px;
}
label{
    display:block;
    height:37px;
    position:relative;
}
```

图 8-83

```
<body>
<div id="box">
    <form id="form1" name="form1" method="post" action="">
        <label><span class="s1">请输入用户名</span>
        </label>
        <input type="text" name="uname" id="uname">
        <label><span class="s2">请输入密码</span>
        </label>
        <input type="password" name="upass" id="upass">
        </label>
        <input type="checkbox" name="checkbox" id="checkbox">
        记住密码
        <input name="btn" type="image" id="btn" src="images/86105.jpg">
    </form>
</div>
</body>
</html>
```

图 8-84

04 ▶ 切换到该网页所链接的外部 CSS 样式文件 86101.css 中，创建名为.s1 和.s2 的
　　类 CSS 样式，如图 8-85 所示。返回到网页设计视图中，可以看到页面中表单
　　元素的效果，如图 8-86 所示。

```
.s1{
    position:absolute;
    line-height:35px;
    left:10px;
    color:#BCBCBC;
    cursor:text;
}
.s2{
    position:absolute;
    line-height:65px;
    left:10px;
    color:#BCBCBC;
    cursor:text;
}
```

图 8-85

图 8-86

05 ▶ 切换到该网页所链接的外部 CSS 样式文件 86101.css 中，创建名为#uname:focus
　　和#upass:focus 的类 CSS 样式，如图 8-87 所示。返回到网页设计视图中，可以
　　看到页面中表单元素的效果，如图 8-88 所示。

```
▼ .s2{
    position:absolute;
    line-height:65px;
    left:10px;
    color:#BCBCBC;
    cursor:text;
}
▼ #uname:focus{
    background-color:#0D19F9;
    border-color:#f30;
}
▼ #upass:focus{
    background-color:#0D19F9;
    border-color:#f30;
}
```

图 8-87

图 8-88

06 ▶ 返回网页的代码视图中，在<head>与</head>标签之间添加链接外部 JavaScript
脚本文件的代码，如图 8-89 所示。在<head>与</head>标签之间编写相应的
JavaScript 脚本文件代码，如图 8-90 所示。

```html
<!doctype html>
<html>
<head>
<meta charset="utf-8">
<title>聚焦型提示语消失</title>
<link href="style/8601.css" rel="stylesheet" type="text/css">
<script type="text/javascript" src="js/jquery.js"></script>
</head>
```

图 8-89

```javascript
7   <script type="text/javascript">
8   $(document).ready(function(){
9     $("#uname").each(function(){
10      var thisVal=$(this).val();//判断文本框的值是否为空，有值的情况就隐藏提示语，没有值就显示
11      if(thisVal!=""){
12        $(this).siblings("span").hide();
13       }else{
14        $(this).siblings("span").show();
15       }
16      $(this).focus(function(){ //聚焦型输入框验证
17        $(this).siblings("span").hide();
18       }).blur(function(){
19        var val=$(this).val();
20        if(val!=""){
21          $(this).siblings("span").hide();
22         }else{
23          $(this).siblings("span").show();
24         }
25       });
26     })
27     $("#upass").each(function(){
28      var thisVal=$(this).val();//判断文本框的值是否为空，有值的情况就隐藏提示语，没有值就显示
29      if(thisVal!=""){
30        $(this).siblings("span").hide();
31       }else{
32        $(this).siblings("span").show();
33       }
34      $(this).focus(function(){ //聚焦型输入框验证
35        $(this).siblings("span").hide();
36       }).blur(function(){
37        var val=$(this).val();
38        if(val!=""){
39          $(this).siblings("span").hide();
40         }else{
41          $(this).siblings("span").show();
42         }
43       });
44     })
45   })
46   </script>
```

图 8-90

07 ▶ 保存页面，在浏览器中预览页面，可以看到页面的效果，如图 8-91 所示。将光
标置于某个文本框中并单击，则该文本框的背景颜色和边框颜色会发生变化，
并且提示文字消失，如图 8-92 所示。

图 8-91　　　　　　　　　　　　　　　　　图 8-92

8.6.2　输入型提示语消失

　　输入型提示语消失与聚焦型提示语消失非常相似，唯一不同的是，输入型提示语消失是当在文本字段中开始输入内容之后，文本字段中的提示语才会消失，而不是当光标在文本字段中单击时。

01 ▶ 打开文件"光盘\源文件\第 8 章\86201.html"，如图 8-93 所示。切换到代码视图中，在<head>与</head>标签之间添加链接外部 JavaScript 脚本文件的代码，如图 8-94 所示。

图 8-93

```
<!doctype html>
<html>
<head>
<meta charset="utf-8">
<title>聚焦型提示语消失</title>
<script type="text/javascript" src="js/jquery.js"></script>
<link href="style/8-6-2.css" rel="stylesheet" type="text/css">
</head>

<body>
<div id="box">
    <form id="form1" name="form1" method="post" action="">
        <label> <span class="s1">请输入用户名</span>
        <input type="text" name="uname" id="uname">
        </label>
        <label> <span class="s2">请输入密码</span>
        <input type="password" name="upass" id="upass">
        </label>
        <input type="checkbox" name="checkbox" id="checkbox">
        记住密码
        <input name="btn" type="image" id="btn" src="images/86105.jpg">
    </form>
</div>
</body>
</html>
```

图 8-94

02 ▶ 在<head>与</head>标签之间编写相应的 JavaScript 脚本文件代码，如图 8-95 所示。

```
6   <script type="text/javascript" src="js/jquery.js"></script>
7   <script type="text/javascript">
8   $(document).ready(function(){
9       $("#uname").each(function(){
10      var thisVal=$(this).val();
11      //判断文本字段的值，如果值为空则隐藏提示语，反之则显示
12      if(thisVal==""){
13          $(this).siblings("span").hide();
14      }else{
15          $(this).siblings("span").show();
16      }
17      $(this).keyup(function(){
18          var val=$(this).val();
19          $(this).siblings("span").hide();
20      }).blur(function(){
21          var val=$(this).val();
22          if(val==""){
23              $(this).siblings("span").hide();
24          }else{
25              $(this).siblings("span").show();
26          }
27      })
28  })
```

图 8-95

03 ▶ 保存页面，在浏览器中预览页面，当在文本字段中单击时，文本字段中的提示文字并不会消失，如图 8-96 所示。只有在文本字段中输入内容时，该文本字段中的提示文字才会消失，如图 8-97 所示。

图 8-96

图 8-97

8.7 专家支招

通过本章的学习，读者已经基本了解如何使用 CSS 样式控制表格及表单，为了巩固本章知识，下面解答两个与本章知识相关的常见问题。

8.7.1 为什么需要使用 CSS 对表格数据进行控制

表格在网页中主要用于表现表格式数据，Web 标准是为了实现网页内容与表现的分离，这样可以使网页的内容和结构更加整洁，更便于更新和修改。如果直接在表格的相关标签中添加属性设置，会使得表格结构复杂，不能够实现内容与表现的分离，不符合 Web 标准的要求，所以建议使用 CSS 样式对表格数据进行控制。

8.7.2 在表单域中插入图像域的作用

使用"图像域"按钮在网页中插入图像域，插入的图像按钮与"提交表单"按钮的效果是一样的，同时具有提交表单的功能。但是如果需要插入一个"重设表单"按钮，就不可以使用"图像域"按钮来完成。

8.8 总结扩展

表格和表单是网页中非常重要的两个元素，通过 CSS 表格来表示数据、制作调查表等在网络中屡见不鲜，那么通过 CSS 定义表单元素也随处可见，通过本章内容的学习，以及一些实例的实际操作，希望读者能够掌握使用 CSS 控制表单元素的方法和技巧。

8.8.1　本章小结

本章主要向读者介绍了在 Dreamweaver 中如何通过 CSS 属性对表格及表单元素的样式进行控制，以及如何控制表单样式的 CSS 属性及其作用。表单元素的内容较多而且复杂，只有用心地学习，才能够有能力设计出更多优秀的作品。

8.8.2　举一反三——美化登录框

本实例主要向读者展示对表单元素的外观进行相应的美化和装饰，但在设置的同时要注意通过 CSS 属性对表单元素进行控制时整体页面的美观性，从而达到一种赏心悦目的画面效果。

源文件地址：	源文件\第 8 章\8-8-2.MP4
视频地址：	视频\第 8 章\8-8-2.html

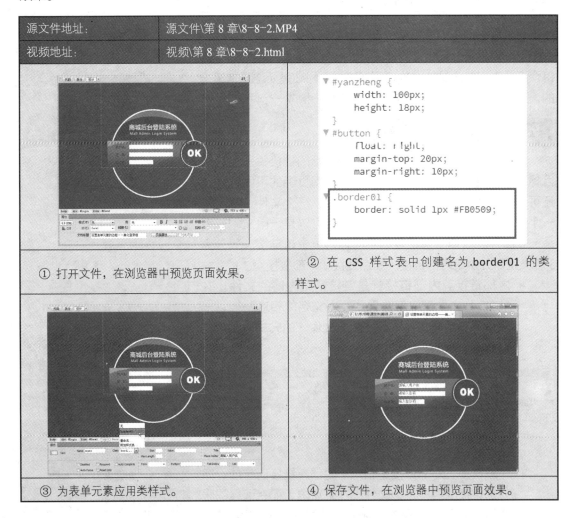

① 打开文件，在浏览器中预览页面效果。

② 在 CSS 样式表中创建名为.border01 的类样式。

③ 为表单元素应用类样式。

④ 保存文件，在浏览器中预览页面效果。

第 9 章　使用 CSS 控制超链接

超链接是网页中最重要、最根本的元素之一，也是网页中必不可少的部分。在浏览网页时，单击一张图片或者一段文字就可以跳转到相应的网页中，这些功能都是通过超链接来实现的。本章主要讲解如何使用 CSS 对页面中的超链接样式及超链接元素的形式及颜色等。

9.1　了解网页超链接

超链接是网页中最重要、最根本的元素之一，网站中的每一个网页都是通过超链接的形式关联在一起的，如果网站中的每个页面之间彼此是独立的，那么这样的网站是无法正常运行的，只有各个网页链接在一起后，才能真正构成一个网站。

9.1.1　超链接的定义

超链接是指从一个网页指向一个目标的链接关系，这个目标可以是另一个网页，也可以是相同网页上的不同位置，还可以是一张图片、一个电子邮件地址、一个文件，甚至是一个应用程序。而用来超链接的对象，可以是一段文本或者是一张图片。按照了解路径的不同，网页中超链接一般分为3 种类型，分别是内部链接、锚点链接和外部链接。

> ➢ 内部链接。内部链接就是链接站点内部的文件，在"链接"文本框中用户需要输入文档的相对路径，一般使用"指向文件"和"浏览文件"的方式来创建，如图 9-1 所示。

图 9-1

> ➢ 外部链接。外部链接是相对于内部超链接而言的，即外部链接的链接目标文件不在站点内，而在远程的服务器上，所以只需在"链接"文本框内输入需链接

的网址就可以了，如图 9-2 所示。

图 9-2

➤ 脚本链接。它是通过脚本来控制超链接结果的。一般而言，其脚本语言为 JavaScript。常用的有 javaScript:window.close()、javaScript:alert()等，如图 9-3 所示。

图 9-3

9.1.2 超链接的对象

按照使用对象的不同，超链接又可以分为文本链接、图像链接、E-mail 链接、锚记链接、多媒体文件链接和空链接。

➤ 文本链接：建立一个文本超链接的方法非常简单，首先选中要建立成超链接的文本，然后在"属性"面板内的"链接"文本框内输入要跳转到的目标网页的路径及名字即可。

➤ 图像链接：创建图像超链接的方法和创建文本链接的方法基本一致，选中图像，在"属性"面板中输入链接地址即可。较大的图片中如果要实现多个超链接可以使用"热点"帮助实现。

➤ E-mail 链接：页面中为 E-mail 添加超链接的方法是利用 mailto 标签，在"属性"面板上的"链接"文本框内输入要提交的邮箱即可，如图 9-4 所示。

图 9-4

➤ 多媒体文件链接：设置这种超链接的方法分为链接和嵌入两种。使用与外联图像类似的语句可把影视文件链接到 HTML 文档，差别只是文件扩展名不同。与链接外联影视文件不同，对嵌入有影视文件的 HTML 文档，浏览器在从网络上下载该文档时就把影视文件一起下载下来了，如果影视文件很大，则下载的时间就会很长。

➤ 空链接：在制作或研发网页过程中有时候需要利用空链接来模拟超链接，用来响应鼠标事件，可以防止页面出现各种问题，在"属性"面板上的"链接"文本框内输入#符号即可创建空链接。

9.1.3　超链接的路径

在 Dreamweaver 中，提供了多种创建超链接的方法，可创建到文档、图像、多媒体文件或可下载文件的超链接，网页中的超链接按照链接路径的不同，可以分为绝对路径、相对路径和根路径。

 使用 Dreamweaver 创建超链接既简单又方便，只要选中要设置超链接的文字或图像，然后在"属性"面板上的"链接"文本框中添加相应的 URL 地址即可，也可以拖动指向文件的指针图标指向超链接的文件，同时可以使用"浏览"按钮在当地和局域网上选择超链接的文件。

一个典型的 URL 为 http://www.sohu.com。它表示"搜狐网"WWW 服务器上的起始 HTML 文件（文件具体存放的路径及文件名取决于该 WWW 服务器的配置情况），与单机系统绝对路径、相对路径的概念类似，统一资源定位符也有绝对 URL 和相对 URL 之分。上文所述的是绝对 URL。

同一个网站下的每一个网页都属于同一个地址之下，但是当创建网页时，不可能也不需要为每一个链接都输入完全的地址。只需要确定当前文件同站点根目录之间的相对路径关系即可，下面来看几种路径表现形式。

➢ 绝对路径：例如 http://www.kaixin.com。

➢ 相对路径：例如 images/image.jpg。

➢ 根路径：例如/myWebsite/rock/index.htm。

 每一个文件都有自己的存放位置和路径，理解一个文件到要链接的另一个文件之间的路径关系是创建超链接的根本。在 Dreamweaver 中可以很容易地选择文件超链接的类型并设置路径。

绝对路径

绝对路径为文件提供完全的路径，包括使用的协议（如 HTTP、FTP、RTSP 等）。一般常见的绝对路径如 http://www.qq.com 等，如图 9-5 所示。

图 9-5

本地链接也可以使用绝对路径，但不建议采用这种方式，一旦将此点移动到其他服务器，那么所有本地绝对路径链接都将断开。

> 采用绝对路径的好处是，它同超链接的源端点无关。只要网站的地址不变，无论文件在站点中如何移动，都可以实现正常跳转。另外，如果希望链接到其他站点上的内容，就必须使用绝对路径。
>
> 用绝对路径的缺点在于这种方式的超链接不利于测试。如果在站点中使用绝对路径，要想测试超链接是否有效，必须在 Internet 服务器端对超链接进行测试。

绝对路径也会出现在尚未保存的网页上，如果在没有保存的网页上插入图像或添加超链接，Dreamweaver 会暂时使用绝对路径，如图 9-6 所示，保存网页后，Dreamweaver 会自动将绝对路径转换为相对路径。

图 9-6

相对路径

相对路径最适合网站的内部链接。只要是属于同一网站之下的，即使不在同一个目录下，相对路径也非常适合。

如果链接到同一目录下，则只需输入要链接文档的名称。要链接到下一级目录中的文件，只需先输入目录名，然后加 "/"，再输入文件名。如果要链接到上一级目录中的文件，则先输入 "../"，再输入目录名、文件名。如图 9-7 所示为一个站点的内部结构。

图 9-7

➢ 如果需要从 "第 9 章" 文件夹中的 9-2-2-.html 链接到 9-2-3.html，只需要在设置超链

接地址的地方输入 **9-2-3.html** 即可，如图 9-8 所示。

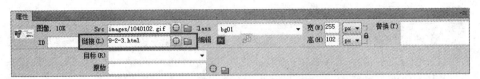

图 9-8

➢ 如果需要从"第 9 章"文件夹中 9-2-2.html 链接到"第 10 章"文件夹下 images 文件夹中的某个文件，只需要在设置超链接地址的地方输入 images/xx 即可，如图 9-9 所示。

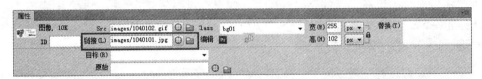

图 9-9

➢ 如果需要从"第 9 章"文件夹中任意一个 HTML 文件链接到"第 7 章"文件夹中某个 HTML 文件，只需要在设置超链接地址的地方输入"：../第 7 章/7-1.html"即可，如图 9-10 所示。

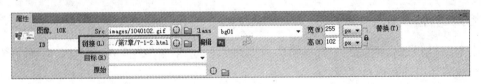

图 9-10

根路径

根路径同样适用于创建内部链接，但大多数情况下，不建议使用此种路径形式。通常它只在以下两种情况下使用：
➢ 当站点的规模非常大，放置于几个服务器上时。
➢ 当一个服务器上同时放置几个站点时。
    根路径以"/"开始，然后是根目录下的目录名，例如，在链接的地址中输入为/第 9 章/9-1.html。

9.1.4　合理安排超链接

在网页中创建超链接时，用户需要综合整个网站中的所有页面进行考虑，合理地安排超链接，才会使整个网站中的页面具有一定的条理性。创建超链接的原则如下：
➢ 避免孤立文件的存在，这样才能在将来修改和维护超链接时有清晰的思路。
➢ 网页中的超链接不要超过 4 层。超链接层数过多容易让人产生厌烦的感觉，在力求做到结构化的同时，应注意超链接避免超过 4 层。
➢ 在网页中避免使用过多的超链接。在一个网页中设置过多的超链接会导致网页的观

赏性不强，文件过大。如果避免不了过多的超链接，可以尝试使用下拉列表框、动
态链接等一些链接方式。

➤ 设置主页或上一层的超链接。有些浏览者可能不是从网站的主页进入网站的，设置
主页或上一层的超链接，会让浏览者更加方便地浏览全部网页。

➤ 页面较长时可以使用锚点链接。在页面较长时，可以定义一个锚点链接，这样能让
浏览者方便地找到想要的信息。

9.2　超链接的属性控制

每个网页都是由超链接串联而成的，无论是从首页到每一个频道，还是进入到其他网
站，都是由超链接完成页面跳转的。而使用 HTML 中的超链接标签<a>创建的超链接效果非
常普通，除了能够对颜色和下画线进行设置外，其他的功能还需要使用 CSS，对超链接的样
式控制是通过伪类来实现的。

　　伪类是一种特殊的选择符，能被浏览器自动识别。其最大的用处是在不同
状态下可以对超链接定义不同的样式效果，是 CSS 本身定义的一种类。

在 CSS 中提供了 4 个伪类，对于不同的伪类的介绍如表 9-1 所示。

表 9-1　超链接伪类

伪　　类	描　　述
a:link	定义未被访问过的超链接样式
a:active	定义鼠标单击的超链接样式
a:hover	定义鼠标经过的超链接样式
a:visited	定义已经访问过的超链接样式

9.2.1　a:link

这种伪类超链接应用于超链接没有被访问过的样式，在很多超链接应用中，都会直接使
用 a{}这样的样式，这种方法与 a:link 在功能上的不同之处如下。

HTML 代码如下：

```
<a>Div+CSS+jQuery 网站建设布局精粹</a>
<a href="#">Div+CSS+jQuery 网站建设布局精粹</a>
```

CSS 样式表代码如下：

```
a {
color:blue;
}
a:link {
color:pink;
}
```

效果如图 9-11 所示。在预览效果中，使用 a {}的显示为蓝色，而使用 a:link {}的显示为

粉色，也就是说，a:link{}只对代码中有 href=" "的对象产生影响，即拥有实际超链接地址的对象，而对直接用 a 对象嵌套的内容不会产生实际效果。

图 9-11

9.2.2　a:active

a:active 这种伪类超链接应用于超链接对象在被用户激活时的样式。在实际应用中，这种伪类超链接状态很少使用，且对于无 href 属性的 a 对象，此伪类不发生作用。在 CSS 中该伪类可以应用于任何对象，而且能够与:link 及 :visited 状态同时发生。

CSS 样式代码如下：

```
a {
    color:blue;
}
a:active {
color:red;
}
```

效果如图 9-12 所示，在预览效果中初始文字为蓝色，当用鼠标单击超链接且还没有释放按钮之前，超链接文字呈现出 a:active 中定义的红色。

图 9-12

> 由于当前激活状态 a:active 一般被显示的情况非常少，所以很少使用。因为当用户单击一个超链接后，就会从这个超链接上转移到其他地方，例如打开一个新窗口，此时该超链接就不再是"当前激活"状态了。

9.2.3　a:hover

这种伪类超链接用来设置对象在鼠标经过或停留时的样式，该状态是非常实用的状态之一，当鼠标光标指向超链接时，改变其颜色或改变下画线状态，这些效果都可以通过 a:hover

状态控制实现，且对于无 href 属性的 a 对象，此伪类不发生作用。在 CSS 中此伪类可应用于任何对象。

CSS 样式代码如下：

```
a {
   color:blue;
   background-color:#CCCCCC;
   text-decoration:none;
   display:block;
   float:left;
   padding:20px;
   margin-right:5px;
}
a:hover {
   color:#FF0;
}
```

在浏览器中预览效果，当没有将鼠标移至超链接对象上时的效果如图 9-13 所示，当将鼠标移至超链接对象上时的效果如图 9-14 所示。

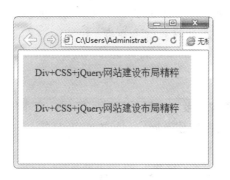

图 9-13

图 9-14

9.2.4　a:visited

此类超链接用于设置被访问后的样式，对于浏览器而言，每一个超链接被访问过之后，在浏览器内部会做一个特定的标记，这个标记能够被 CSS 所识别，a:visited 就能够针对浏览器检测已经被访问过后的超链接进行样式设计。通过 a:visited 的样式设置，通常能够使访问过的超链接呈现为较淡的颜色，或删除线的形式，能够做到提示用户该超链接已经被单击过。

定义网页过期时间或用户清空历史记录将影响该伪类的作用，对于无 href 属性的 a 对象，此伪类不发生作用。CSS 样式代码如下：

```
a:link{
color:blue;
text-decoration:overline;
}
a:visited{
color:red;
```

```
text-decoration:overline;
}
```

在浏览器中预览效果，当没有将鼠标移至超链接对象上时的效果如图 9-15 所示，被访问过后的超链接效果如图 9-16 所示。

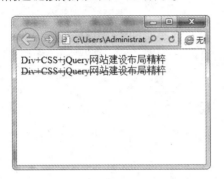

图 9-15   图 9-16

> **提示**　　有了超链接的 CSS 伪类后，就可通过 CSS 伪类的定义来实现网页中各种不同的超链接效果，但如果直接定义 <a> 标签的 4 种伪类，会对页面中的所有 <a> 标签起作用，这样页面中的所有超链接文本的样式效果都是一样的。

实例：制作网页文字超链接

网页文字是最常用的超链接对象，CSS 伪类也主要对文字超链接起作用，在本例中将通过创建类 CSS 样式的 4 种伪类 CSS 样式，为网页中的超链接应用该类 CSS 样式，如图 9-17 所示。

图 8-17

学习时间	30 分钟
视频地址	视频\第 9 章\9-2-4.mp4
源文件地址	源文件\第 9 章\9-2-4.html

01 ▶ 执行"文件>打开"命令，打开页面"源文件\第 9 章\92401.html"，可以看到页面效果，如图 9-18 所示。选中页面中的新闻标题文字，分别为各类新闻标题设置空链接，如图 9-19 所示。

图 9-18　　　　　　　　　　　　　　　图 9-19

02 ▶ 切换到代码视图中，可以看到所设置的超链接代码，如图 9-20 所示。在浏览器中预览页面，可以看到默认的超链接文字效果，如图 9-21 所示。

图 9-20　　　　　　　　　　　　　　　图 9-21

03 ▶ 切换到该网页所链接的外部 CSS 样式文件中，创建名为.link1 的类 CSS 样式的 4 种伪类样式，如图 9-22 所示。返回到页面设计视图中，选中第一条新闻标题，在"类"下拉列表中选择刚定义的类 CSS 样式.link1 进行应用，如图 9-23 所示。

图 9-22　　　　　　　　　　　　　　　图 9-23

04 ▶ 在设计视图中，可以看到应用类 CSS 样式后的文本链接的效果，如图 9-24 所示。切换到代码视图中，可以看到名为.link1 的类 CSS 样式是直接应用在<a>标签中的，如图 9-25 所示。

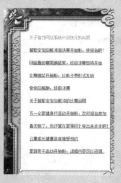

图 9-24

```
<meta charset="utf-8">
<title>超链接伪类样式—制作网页文字超链接效果</title>
<link href="style/9-2-4.css" rel="stylesheet" type="text/css">
</head>
<body>
<div id="box">
  <ul>
    <li><a href="#" class="link1">关于官方网站系统升级优化的说明</a></li>
    <li><a href="#">智能宝宝向前冲海选赛开始啦，快报名吧</a>！</li>
    <li><a href="#">网络晋级赛圆满结束，终级决赛即将开始</a></li>
    <li><a href="#">比赛抽奖开始啦，以电子券形式发放</a></li>
    <li><a href="#">快快向前跑，终级决赛</a></li>
    <li><a href="#">关于智能宝宝向前冲的比赛说明</a></li>
    <li><a href="#">五一全家健身行活动开始啦，欢迎报名参加</a></li>
    <li><a href="#">春天到了，你还窝在家里吗？快出来走走吧！</a></li>
    <li><a href="#">儿童成长健康讲座接受预约</a></li>
    <li><a href="#">家庭亲子活动开始啦，详细内容可以咨询..</a>.</li>
  </ul>
</div>
</body>
</html>
```

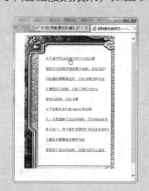

图 9-25

05 ▶ 执行“文件>保存”命令，保存页面，并保存外部 CSS 样式文件，在浏览器中预览页面，可以看到使用 CSS 样式实现的文本超链接的效果，如图 9-26 所示。

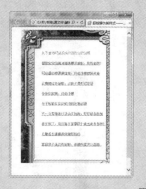

图 9-26

06 ▶ 返回到外部 CSS 样式表文件中，创建名为.link2 的类 CSS 样式的 4 种伪类 CSS 样式，如图 9-27 所示。返回到页面设计视图中，使用相同的方法为其他新闻标题创建并应用类 CSS 样式，如图 9-28 所示。

```
.link2:link {
    color: #F60;
    text-decoration: underline;
}
.link2:hover {
    color: #003;
    text-decoration: none;
    margin-top: 1px;
    margin-left: 1px;
}
.link2:active {
    color: #333;
    text-decoration: none;
    margin-top: 1px;
    margin-left: 1px;
}
.link2:visited {
    color: #600;
    text-decoration: overline;
}
```

图 9-27

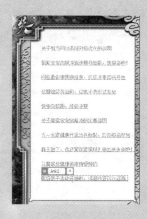

图 9-28

07 ▶ 执行"文件>保存"命令，保存页面，并保存外部 CSS 样式文件，在浏览器中预览页面，可以看到使用 CSS 样式实现的文本链接的效果，如图 9-29 所示。

图 9-29

在本实例中，定义了 CSS 样式的 4 种伪类，再将该类 CSS 样式应用于<a>标签，同样可以实现文本链接样式的设置，如果直接定义<a>标签的 4 种伪类，则对页面中的所有<a>标签起作用，这样页面中的所有文本链接的样式都是一样的，通过定义 CSS 样式的 4 种伪类，就可以在页面中实现多种不同的文本超链接效果。

9.2.5　超链接的 5 种打开方式

在 Dreamweaver 中，有以下 5 种超链接的打开方式：

➤ _blank：在一个新的未命名的浏览器窗口中打开链接的页面。

➤ _new：在一个新的浏览器窗口中打开所链接的页面，与_blank 的打开方式类似。

➤ _parent：如果是嵌套的框架，链接会在父框架或窗口中打开；如果不是嵌套的框架，则等同于_top，链接会在整个浏览器窗口中显示。

➤ _self：该选项是浏览器的默认值，在当前网页所在窗口或框架中打开链接的网页。

➤ _top：会在完整的浏览器窗口中打开网页。

9.3　超链接特效

超链接是网页上最常用的元素，除了可以为网页中的文字设置 CSS 样式以实现各种超链接的效果外，还可以通过 CSS 样式对超链接的 4 种伪属性进行设置，从而实现一些网页中常见的特殊效果。

9.3.1　按钮式超链接

在很多网页中，会将超链接制作成各种按钮的效果，这些效果大多采用图像的方式来实现。通过 CSS 样式的设置，同样可以制作出类似于导航菜单效果的按钮式超链接，使得网页元素更加丰富及完美。

实例：制作按钮式超链接

本例是通过 CSS 的普通属性来实现按钮式超链接导航，其实现的最终效果如图 9-30 所示。

图 9-30

学习时间	30 分钟
视频地址	视频\第 9 章\9-3-1.mp4
源文件地址	源文件\第 9 章\9-3-1.html

01 ▶ 打开文件"光盘\源文件\第 9 章\93101.html"，如图 9-31 所示。将光标移至名为 menu 的 Div 中，将多余的文字删除，输入相应的段落文本，并将段落文本创建为项目列表，效果如图 9-32 所示。

图 9-31

图 9-32

02 ▶ 切换到 93101.css 文件中，定义一个名为#menu li 的 CSS 样式，如图 9-33 所示。返回到 93101.html 视图中，可以看到页面的效果，如图 9-34 所示。

```
#menu {
    width: 852px;
    height: 29px;
    margin: 30px auto 0px auto;
}

#menu li {
    list-style-type: none;
    float: left;
}
```

图 9-33　　　　　　　　　　　　　　图 9-34

03 ▶ 分别为各个导航菜单项设置空链接，效果如图 9-35 所示。切换到代码视图中，可以查看该部分页面的代码，如图 9-36 所示。

```html
<body>
<div id="box">
  <div id="menu">
    <ul>
      <li><a href="#">个人主义</a></li>
      <li><a href="#">我的音乐</a></li>
      <li><a href="#">我的日志</a></li>
      <li><a href="#">我的留言</a></li>
      <li><a href="#">我的访客</a></li>
      <li><a href="#">我的相册</a></li>
    </ul>
  </div>
</div>
</body>
</html>
```

图 9-35　　　　　　　　　　　　　　图 9-36

04 ▶ 切换到 93101.css 文件中，定义一个名为#menu li a 的 CSS 样式，如图 9-37 所示。返回到 93101.html 视图中，可以看到超链接文字的效果，如图 9-38 所示。

```
#menu li {
    list-style-type: none;
    float: left;
}

#menu li a {
    width: 130px;
    height: 25px;
    line-height: 25px;
    color: #000000;
    text-align: center;
    margin-left: 4px;
    margin-right: 4px;
    float: left;
}
```

图 9-37　　　　　　　　　　　　　　图 9-38

05 ▶ 切换到 93101.css 文件中，分别定义名为#menu li a:link 和#menu li a:visited 的 CSS 样式，如图 9-39 所示。返回到 93101.html 视图中，可以看到超链接文字的效果，如图 9-40 所示。

```
#menu li a {
    width: 130px;
    height: 25px;
    line-height: 25px;
    color: #000000;
    text-align: center;
    margin-left: 4px;
    margin-right: 4px;
    float: left;
}
#menu li a:link,#menu li a:visited{
    border: solid 1px #0099FF;
    background-color: #FFF;
    color: #4287ca;
    text-decoration: none;
}
```

图 9-39

图 9-40

06 ▶ 切换到 93101.css 文件中，分别定义名为#menu li a:hover 的 CSS 样式，如图 9-41
所示。返回到 93101.html 视图中，可以看到超链接文字的效果，如图 9-42
所示。

```
▼ #menu li a:link,#menu li a:visited{
    border: solid 1px #0099FF;
    background-color: #FFF;
    color: #4287ca;
    text-decoration: none;
}
▼ #menu li a:hover {
    border: solid 1px #F90;
    background-color: #39F;
    color:#FFF;
    text-decoration: underline;
}
```

图 9-41

图 9-42

07 ▶ 执行"文件>保存"命令，保存文件，在浏览器中预览页面效果，如图 9-43 所示。

图 9-43

9.3.2　浮雕式超链接

　　浮雕式超链接是指将背景图片也加入到超链接的伪属性中，这样在浏览网页页面时，当
将鼠标移至添加超链接的页面部分时，就会出现更多绚丽多彩的背景效果，使整个网页显得
更加美观。

01 ▶ 打开文件"源文件\第 9 章\9302.html",如图 9-44 所示。切换到 9301.css 文件中,将伪类中的背景颜色属性删除,添加背景图像样式,如图 9-45 所示。

```
#menu li a:link,#menu li a:visited{
    color: #4287ca;
    text-decoration: none;
    background-image:url(../images/93201.gif);
    background-repeat:no-repeat;
}
#menu li a:hover {
    color:#FFF;
    text-decoration: underline;
    background-image:url(../images/93202.gif);
    background-repeat:no-repeat;
}
```

图 9-44　　　　　　　　　　　　　　图 9-45

02 ▶ 执行"文件>保存"命令,保存文件,在浏览器中预览页面效果,如图 9-46 所示。

图 9-46

 用户还可根据自己的需要制作各种各样的背景图像,从而实现不同的图像效果,使得网页更加丰富多彩。

9.4　使用 CSS 实现鼠标特效

通常在浏览网页时,可以看到鼠标指针的形状有箭头、手形和 I 字形,而通常在 Windows 环境下实际看到的鼠标指针种类要比这个多得多。CSS 弥补了 HTML 语言在这方面的不足,通过 cursor 属性可以设置各种各样的鼠标样式。

CSS 样式不但有着控制和美化页面的作用,而且还能够对鼠标箭头的样式进行控制,控制鼠标主要是通过 cursor 属性来实现的,该属性可以在任何标记里使用,从而可以改变各种页面元素的鼠标效果,如定义格式的代码如下:

```
body{
cursor:move;
```

```
        }
```

在浏览器中预览页面，可以看到页面中鼠标指针的形状，如图 9-47 所示。

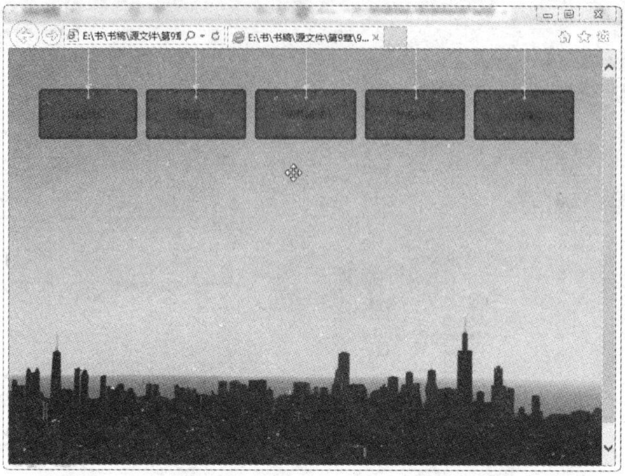

图 9-47

cursor 属性的相关属性如表 9-2 所示。

表 9-2　cursor 属性值

值	指针效果	值	指针效果
auto	浏览器默认设置	nw-resize	↖
crosshair	＋	pointer	👆
default	↖	se-resize	↘
e-resize	⇔	s-resize	↕
help	↖?	sw-resize	↙
inherit	继承	text	I
move	✥	wait	○
ne-resize	↗	w-resize	⇔
n-resize	↕		

　　上表中的鼠标指针样式，仅以 Windows 7 中的 IE 11 浏览器为例，不同的计算机或者操作系统可能存在差异。很多时候，浏览器调用的鼠标是操作系统的鼠标效果，因此同一浏览器之间的差别很小，但不同操作系统的用户之间还是存在差异的。

9.5　超链接在网页中的特殊应用

　　超链接在网页中的应用非常广泛，当然除了最常用的在网页中为文字和图像设置超链接外，还可通过 CSS 样式对超链接样式进行设置，在网页中实现许多特殊的效果。许多网页的导航菜单都是通过对超链接样式进行设置而实现的，本节将通过实例的形式介绍超链接在网页中的特殊应用效果。

使用 CSS 实现倾斜导航菜单

　　在网页中看到的导航菜单通常都是水平或垂直的，如果网页的导航菜单中有其他特殊形状，大多数都是使用图像或 Flash 动画来实现的。通过 CSS 样式的设置，除了可以实现水平和垂直方向上的导航菜单效果，还可以实现倾斜的导航菜单效果。

实例：制作网站的倾斜导航菜单

　　如今很多网站为了能够吸引浏览者的注意，将网页的导航菜单设计为倾斜的效果，能够突出网页的特色，取得与众不同的效果，如图 9-48 所示。本例实现的最终效果可通过扫描右侧的二维码进行查看。

图 9-48

学习时间	30 分钟
视频地址	视频\第 9 章\9-5-1.mp4
源文件地址	源文件\第 9 章\9-5-1.html

　01 ▶ 执行"文件>打开"命令，打开页面"源文件\第 9 章\95101.html"，可以看到该页面效果，如图 9-49 所示。在网页中插入一个名为 menu-bg 的 Div，如图 9-50 所示。

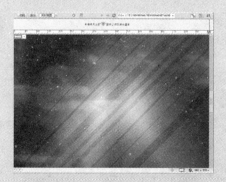

图 9-49　　　　　　　　　　图 9-50

　02 ▶ 切换到该网页所链接的外部 CSS 样式文件 95101.css 中，创建名为#menu-bg 的 ID CSS 样式，如图 9-51 所示。返回网页设计视图中，可以看到页面的效果。如图 9-52 所示。

```
#menu-bg {
    position: absolute;
    bottom: 150px;
    left: -20px;
    width: 120%;
    height: 25px;
    background-color: #E95383;
    transform: rotate(-10deg);
    -moz-transform: rotate(-10deg);
    -ms-transform: rotate(-10deg);
    -o-transform: rotate(-10deg);
    -webkit-transform: rotate(-10deg);
}
```

图 9-51　　　　　　　　　　　　　　　　　图 9-52

提示　　CSS 样式中的 transform 属性是 CSS 3 中新增的属性，使用该属性可以在网页中实现网页元素的变换和过渡特效。因为各浏览器对 transform 属性的支持情况不一致，所以此处还定义了 transform 属性在不同核心的浏览器中的私有属性写法。IE 9 及以上浏览器支持 transform 属性，如果使用 IE 9 以下版本的浏览器预览，则看不到倾斜的效果。

03 ▶ 将名为 menu-bg 的 Div 中多余的文字删除，在该 Div 中插入名为 menu 的 Div，如图 9-53 所示。

图 9-53

04 ▶ 切换到该网页所链接的外部 CSS 样式文件 95101.css 中，创建名为#menu 的 ID CSS 样式，如图 9-54 所示。返回网页设计视图中，将多余的文字删除，输入相应的段落文本，并将段落文本创建为项目列表，如图 9-55 所示。

```
#menu-bg {
    position: absolute;
    bottom: 150px;
    left: -20px;
    width: 120%;
    height: 25px;
    background-color: #E95383;
    transform: rotate(-10deg);
    -moz-transform: rotate(-10deg);
    -ms-transform: rotate(-10deg);
    -o-transform: rotate(-10deg);
    -webkit-transform: rotate(-10deg);
}
#menu {
    width: 900px;
    height: 25px;
    margin: 0px auto;
}
```

图 9-54　　　　　　　　　　　　　　　　　图 9-55

05 ▶ 切换到该网页所链接的外部 CSS 样式文件中，创建名为#menu li 的 CSS 样式。如

图 9-56 所示。返回网页设计视图中，可以看到页面的效果，如图 9-57 所示。

```
#menu {
    width: 900px;
    height: 25px;
    margin: 0px auto;
}
#menu li {
    list-style-type: none;
    font-weight: bold;
    float: left;
    width: 150px;
    text-align: center;
}
```

图 9-56

图 9-57

06 ▶ 分别为各导航菜单项设置空链接，可以看到超链接文字效果，如图 9-58 所示。切换到该网页所链接的外部 CSS 样式文件 95101.css 中，创建#menu li a 的 4 种伪类 CSS 样式。如图 9-59 所示。

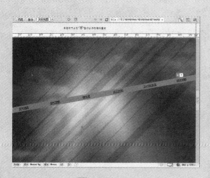

图 9-58

```
#menu li a:link {
    color: #FFF;
    text-decoration: none;
}
#menu li a:hover {
    color: #F4B3C1;
    text-decoration: underline;
}
#menu li a:active {
    color: #F4B3C1;
    text-decoration: underline;
}
#menu li a:visited {
    color: #FFF;
    text-decoration: none;
}
```

图 9-59

07 ▶ 保存页面，并保存外部 CSS 样式文件，在浏览器中预览页面，可以看到倾斜的导航菜单的效果，如图 9-60 所示。

图 9-60

9.5.2　使用 CSS 实现动感超链接

　　导航菜单是网站中最重要的元素之一，是整个网站的"指路牌"，而导航菜单的根本还是超链接。导航菜单是否能吸引浏览者也是网站建设成功与否的重要因素之一，而交互式的导航菜单更能吸引浏览者的注意。

01 ▶ 执行 "文件>打开" 命令，打开页面 "源文件\第 9 章\95202.html"，如图 9-61 所示。切换到所链接的外部 CSS 样式文件 95202.css 中，创建名为.ico01 的类 CSS 样式，如图 9-62 所示

```
#menu li a {
    width: 128px;
    height: 50px;
    color: #FFF;
    text-decoration: none;
    display: block;
}
.ico01 {
    display: block;
    width: 40px;
    height: 32px;
    float: left;
    background-image: url(../images/ico01.png);
    background-repeat: no-repeat;
    margin-top: 10px;
    margin-left: 14px;
}
```

图 9-61   图 9-62

02 ▶ 返回网页代码视图中，为第一个导航菜单项添加相应的代码应用.ico01 样式，如图 9-63 所示。切换到该网页所链接的外部 CSS 样式文件 95202.css 中，创建名为.ico02~.ico07 的类 CSS 样式，如图 9-64 所示。

图 9-63   图 9-64

03 ▶ 返回网页代码视图中，为其他导航菜单项添加相应的代码，分别应用相应的类 CSS 样式，如图 9-65 所示。返回网页设计视图中，可以看到页面中导航菜单项的效果，如图 9-66 所示。

图 9-65   图 9-66

04 ▶ 切换到该网页所链接的外部 CSS 样式文件 95202.css 中，创建名为#menu li a:hover 的 CSS 样式，如图 9-67 所示。保存页面，在浏览器中预览页面，可以看到导航菜单的效果，如图 9-68 所示。

```
.ico07 {
    display: block;
    width: 40px;
    height: 32px;
    float: left;
    background-image: url(../images/ico07.png);
    background-repeat: no-repeat;
    margin-top: 10px;
    margin-left: 14px;
}
#menu li a:hover {
    color: #F4B3C1;
    text-decoration: underline;
    height: 48px;
    border-bottom: 2px solid #FFF;
}
```

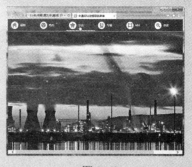

图 9-67　　　　　　　　　　　　　　　　　　图 9-68

05 ▶ 切换到该网页所链接的外部 CSS 样式文件 95202.css 中，创建 hover 状态下.ico01～.ico07 的 CSS 样式，如图 9-69 所示。保存页面，在浏览器中预览页面，可以看到导航菜单的效果，如图 9-70 所示。

```
#menu li a:hover {
    color: #F4B3C1;
    text-decoration: underline;
    height: 48px;
    border-bottom: 2px solid #FFF;
}

#menu li a:hover .ico01,#menu li a:hover .ico02,#menu li
a:hover .ico03,#menu li a:hover .ico04,#menu li a:hover
.ico05,#menu li a:hover .ico06,#menu li a:hover .ico07
{
    background-position: left -32px;
    transition: all 0.25s linear 0.01s;
    -webkit-transition: all 0.25s linear 0.01s;
    -moz-transition: all 0.25s linear 0.01s;
    -ms-transition: all 0.25s linear 0.01s;
    -o-transition: all 0.25s linear 0.01s;
}
```

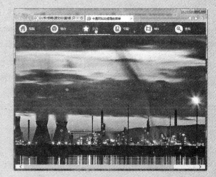

图 9-69　　　　　　　　　　　　　　　　　　图 9-70

9.6　专家支招

　　本章主要讲解了如何设置页面中超链接样式，通过本章的学习，读者应掌握有关超链接的知识，接下来为读者解答两个关于超链接的常见问题。

9.6.1　实现动感导航菜单的原理

　　在制作动感菜单时，分别在每个导航菜单项前定义一个不同的背景图像，并且普通状态和 hover 状态的背景图像效果必须是在同一个背景图像中，通过 background-position 属性进行定位，再通过 CSS 3 新增的 transition 属性实现动感效果。如果普通状态和 hover 状态的背景图像是分开存储的两个背景图像，则只能实现鼠标移至导航菜单项上时背景图变换的效果，而看不到背景图像切换的动态过程。

9.6.2　如何识别网页中的超链接

　　当网页中包含超链接时，一般是外观形式为彩色（一般为蓝色）并且带下画线的文字或图片，单击这些文本或图片时，可跳转到相应位置，将鼠标指向添加了超链接的对象时，鼠标样式则会发生变化。

9.7 总结扩展

超链接是网页中非常重要的功能，通过 CSS 样式不但可以设置超链接标签<a>标签的样式，还可以对超链接 4 种伪类的样式分别进行设置，从而实现更加美观的网页超链接效果。

9.7.1 本章小结

本章主要对超链接的属性、实现超链接特效、使用 CSS 控制鼠标特效及超链接在网页中的特殊效果进行讲解，通过本章的学习，读者不但要了解如何创建页面之间的链接，而且还要充分了解这些链接路径形式的真正意义，才能在以后的工作和学习中能够真正灵活运用。

9.7.2 举一反三——使用 CSS 控制鼠标箭头

在网页中除了平时常见的鼠标样式外，还可根据自己的需要设置不同的鼠标样式，本例是通过定义 cursor 属性实现用鼠标单击某个超链接时实现鼠标特殊的效果。

源文件地址：	源文件\第 9 章\9-7-2.html
视频地址：	视频\第 9 章\9-7-2.MP4

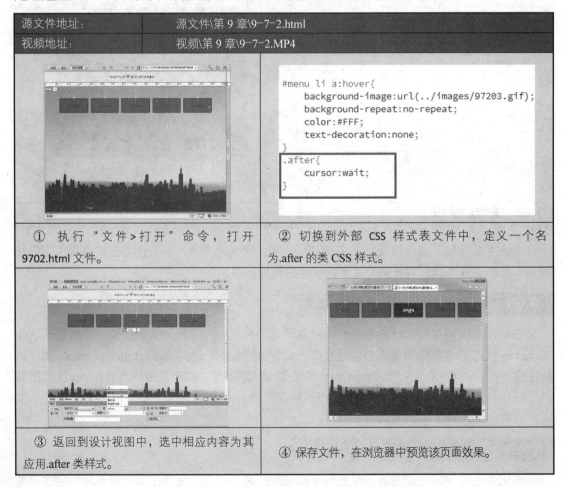

```
#menu li a:hover{
    background-image:url(../images/97203.gif);
    background-repeat:no-repeat;
    color:#FFF;
    text-decoration:none;
}
.after{
    cursor:wait;
}
```

① 执行"文件>打开"命令，打开 9702.html 文件。

② 切换到外部 CSS 样式表文件中，定义一个名为.after 的类 CSS 样式。

③ 返回到设计视图中，选中相应内容为其应用.after 类样式。

④ 保存文件，在浏览器中预览该页面效果。

214

第 10 章　应用 CSS 3 中的滤镜

随着网页信息的快速发展，其内容和形式也更加丰富，想要在众多网页中脱颖而出，可以在网页设计中应用一些滤镜，如外发光、阴影等，这些滤镜被称为 CSS 滤镜，当然除了这些滤镜，CSS 3 中还新增了一些滤镜效果，本章主要向用户介绍 CSS 3 中新增的 10 种滤镜的使用方法。

10.1　CSS 3 新增滤镜

随着互联网技术的快速发展，IE 10 及其以上版本的浏览器已经不再支持原有的 CSS 滤镜效果，而 Adobe 转向 HTML 5 后与 Chrome 联合推出了 CSS 3 滤镜功能，因此当前仅 Webit 内核的浏览器支持 CSS 3 滤镜效果，而 Firefox 和 IE 浏览器将不再支持 CSS 3 滤镜效果。CSS 3 滤镜效果兼容性如图 10-1 所示。

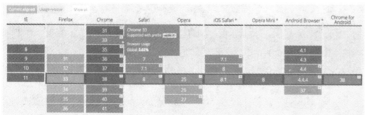

图 10-1

> 提示
>
> IE 滤镜只能支持 IE 5.x～IE 9 版本的浏览器，IE 10 及其以上版本的浏览器中已经不在支持 IE 滤镜效果。

10.1.1　grayscale 滤镜

通过 CSS 3 中新增的 grayscale 滤镜可对网页中的图像实现灰度效果，能够成功地构建怀旧风格的页面，并且能将网页处理为黑白灰度的视觉效果。grayscale 滤镜的语法格式如下所示：

```
filter:grayscale(值);
```

grayscale 滤镜属性值的取值范围是 0～1 或是 0～100%，0 表示无效果，1 或 100%表示最大的灰度效果。

提示　在 IE 10 及其以下低版本的浏览器中可以使用 gray 滤镜来实现网页的黑白灰度效果，gray 滤镜没有参数，应用该滤镜时，添加相应的 CSS 样式即可，gray 滤镜的语法格式为：Ffilter:gray;

01 ▶ 执行"文件>打开"命令，打开文件"源文件\第 10 章\101101.html"，如图 10-2 所示。在 Chrome 浏览器中预览该页面，可以看到该网页默认的效果，如图 10-3 所示。

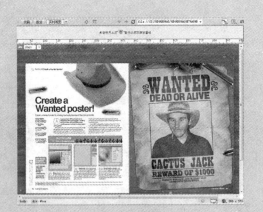

图 10-2

图 10-3

02 ▶ 切换到该文件所链接的外部 CSS 样式表"101101.css"文件中，定义一个 `<html>`标签的 CSS 样式，如图 10-4 所示，执行"文件>保存"命令，在 Chrome 浏览器中预览页面，效果如图 10-5 所示。

```css
* {
    margin: 0px;
    padding: 0px;
}
html {
    -webkit-filter: grayscale(0.5);
}
body {
    font-family: 宋体;
    font-size: 12px;
    color: #333;
    background-image: url(../images/101101.jpg);
}
```

图 10-4

图 10-5

03 ▶ 返回到外部 CSS 样式表文件中，对 grayscale 滤镜的参数值进行修改，如图 10-6 所示，保存外部 CSS 样式表文件，在 Chrome 浏览器中预览页面，效果如图 10-7 所示。

```
* {
    margin: 0px;
    padding: 0px;
}

html {
    -webkit-filter: grayscale(1);
}

body {
    font-family: 宋体;
    font-size: 12px;
    color: #333;
    background-image: url(../images/101101.jpg);
}
```

图 10-6   图 10-7

10.1.2   sepia 滤镜

在处理照片时，常常可以将照片处理为棕褐色的怀旧效果，那么通过 CSS 3 中的新增 sepia 滤镜，也可将网页中的对象处理为棕褐色的怀旧效果。sepia 滤镜的语法格式如下所示：

```
filter: sepia(值);
```

sepia 滤镜属性值的取值范围是 0～1 或是 0～100%，0 表示无效果，1 或 100%表示最大的褐色怀旧效果。

在使用 CSS 3 新增的 sepia 滤镜时，可直接写为 filter：sepia()，不设置参数值，则将会以 100%的方式将对象处理为最大的褐色怀旧风格效果。

> 提示   由于 IE 10 以下版本中没有提供相应的滤镜来实现将图像处理为怀旧风格的效果，因此，IE 10 及以下版本的浏览器无法实现该效果。

实例：使用 sepia 滤镜

本例使用 sepia 滤镜，将网页处理为棕褐色的怀旧效果，从而不需要通过图像处理软件即可打造出怀旧风格的图像，页面效果如图 10-8 所示。

图 10-8

学习时间	30 分钟
视频地址	视频\第 10 章\10-1-2.mp4
源文件地址	源文件\第 10 章\10-1-2.html

01 ▶ 执行 "文件>打开" 命令，打开文件 "源文件\第 10 章\10102.html"，如图 10-9 所示。在 Chrome 浏览器中预览该页面，可以看到该网页默认的效果，如图 10-10 所示。

图 10-9   图 10-10

02 ▶ 切换到该文件所链接的外部 CSS 样式表 101102.css 文件中，定义一个名为.sepia 的类 CSS 样式，如图 10-11 所示，返回到设计视图中，选中页面中插入的图像，分别在 "类" 下拉列表框中应用刚定义的.sepia 的类样式，如图 10-12 所示。

```
#banner {
    clear: both;
    width: 800px;
    height: 555px;
}

.sepia {
    -webkit-filter: sepia(0.6);
}
```

图 10-11   图 10-12

03 ▶ 保存网页，并保存外部 CSS 样式表文件，在 Chrome 浏览器中预览该页面，如图 10-13 所示。返回到外部 CSS 样式表文件中，对 sepia 滤镜的参数值进行修改，如图 10-14 所示。

```
▼#banner {
      clear: both;
      width: 800px;
      height: 555px;
  }

▼.sepia {
      -webkit-filter: sepia(1);
  }
```

图 10-13　　　　　　　　　　　　　　　　　　图 10-14

04 ▶ 保存网页，并保存外部 CSS 样式表文件，在 Chrome 浏览器中预览该页面，可以看到图像被处理为怀旧的效果，如图 10-15 所示。

图 10-15

10.1.3　opacity 滤镜

通过 opacity 滤镜对网页中图像和文字等对象设置不透明度，可以达到页面融合统一的效果，opacity 滤镜的语法格式如下所示：

```
filter: opacity (值);
```

　　　　opacity 滤镜属性值的取值范围是 0～1 或是 0～100%，0 表示将对象处理为完全透明的效果，1 或 100%表示对象的不透明度保持不变，接下来通过实例来实现网页中半透明的图像效果。

01 ▶ 执行"文件>打开"命令，打开文件"源文件\第 10 章\101301.html"，如图 10-16 所示。切换到该文件所链接的外部 CSS 样式表 101301.css 文件中，定义一个名为.alpha 的类 CSS 样式，如图 10-17 所示。

```
#banner {
    clear: both;
    width: 800px;
    height: 555px;
}
.alpha {
    -webkit-filter:opacity(0.3);
}
```

图 10-16   图 10-17

02 ▶ 返回到设计视图中，选中页面中插入的图像，分别在"类"下拉列表框中应用刚定义的.alpha 的类 CSS 样式，如图 10-18 所示。执行"文件>保存"命令，在 Chrome 浏览器中预览页面，效果如图 10-19 所示。

图 10-18   图 10-19

IE 10 及以下更低的版本的浏览器中可通过低版本的 IE Alpha 滤镜来实现网页元素的半透明效果，低版本的 Alpha 滤镜的语法格式如下所示。Alpha 滤镜的相关属性如表 10-1 所示。

```
.alpha{
filter: alpha (Opacity=opacity, Finishopacity=finishopacity,
Style=style, StartX=startX, StartY=startY, FinishX=finishX,
FinishY=finishY);
}
```

表 10-1   Alpha 滤镜的相关属性

属　　性	描　　述
Opacity	代表不透明度水准，有效值范围为 0~100。0 代表完全透明、100 代表完全不透明
Finishopacity	可选参数，在设置渐变的透明效果时，用来指定结束时的不透明度
style	指定透明区域的形状。0 代表统一形状、1 代表线性、2 代表放射状、3 代表长方形。当 style 为 2 或者 3 的时候，startX 和 startY 等坐标参数便没有意义，都以图片中心为起始，四周为结束
Startx	设置渐变透明效果的水平坐标（即 X 坐标）
Starty	设置渐变透明效果的垂直坐标（即 Y 坐标）
Finishx	设置渐变透明效果的水平坐标（即 X 坐标）
Finishy	设置渐变透明效果的垂直坐标（即 Y 坐标）

10.1.4　blur 滤镜

通过 Blur 滤镜可以使对象产生朦胧、模糊的效果，可以根据网页设计的需要，合理地对参数进行设置，其语法如下所示：

```
filter: blur (值);
```

 提示　blur 滤镜属性值的取值范围是 0px～Npx，0 表示不使用模糊效果，取值越大，则对象的模糊程度越高。

01 ▶ 执行"文件>打开"命令，打开文件"源文件\第 10 章\101301.html"，如图 10-20 所示。切换到该文件所链接的外部 CSS 样式表 101301.css 文件中，定义一个名为.blur 的类 CSS 样式，如图 10-21 所示。

图 10-20

```
#banner {
    clear: both;
    width: 800px;
    height: 555px;
}
.blur{
    -webkit-filter:blur(5px);
}
```

图 10-21

02 ▶ 返回到设计视图中，选中页面中插入的图像，分别在"类"下拉列表框中应用刚定义的.blur 的类 CSS 样式，如图 10-22 所示。执行"文件>保存"命令，在 Chrome 浏览器中预览页面，效果如图 10-23 所示。

图 10-22

图 10-23

IE 10 及以下更低版本的浏览器中也可通过低版本的 IE Blur 滤镜来实现网页元素的模糊效果，低版本的 Blur 滤镜的语法格式如下所示。Blur 滤镜的相关属性如表 10-2 所示。

```
.blur{
filter:Add=?,Direction=?,Strength=?);
}
```

表 10-2　Blur 滤镜的相关属性

属　　　性	描　　　述
Add	这个是布尔参数，有两个参数值，分别是 true 和 false，用于指定图片是否被改变成模糊效果
Direction	用来设置模糊的方向。模糊效果是按照顺时针方向进行的。取值范围是 0°～360°。每 45°一个单位，所以共有 8 个方向值，其中 0°代表垂直向上，45°表示右上，90°表示向右，135°表示右下，180°表示向下，225°表示左下，270°表示向左，其值为默认值，315°表示向上
Strength	其值只能使用整数来指定，它代表有多少像素的宽度将受到模糊影响。默认值为 5 像素

10.1.5　saturate 滤镜

在 CSS 3 中新增了 saturate 滤镜，该滤镜能够调整网页中图像的饱和度，通过对图像饱和度的调整，能够使网页中的图像色彩更加鲜明，效果更加突出。saturate 滤镜的语法格式如下所示：

```
filter: saturate (值);
```

saturate 滤镜的属性值的取值范围是≥0 的数字或是百分比数。当取值为 0 时，就可将图像处理为灰度效果，当取值为 1 时，则表示对象的饱和度保持不变，当取值大于 1 时，则会增加对象的饱和度，当取值为 0～1 时，则会降低对象的饱和度。

 在 IE 10 及以下版本中并没有提供相应的滤镜来调整图像饱和度的参数，如果一定要调整图像的饱和度，则需要在图像处理软件中进行处理，如 Photoshop 等。

实例：使用 saturate 滤镜

本例使用 saturate 滤镜调整网页中图像的色彩饱和度，将网页中的广告图像的色彩处理得更加绚丽，页面效果如图 10-24 所示。

图 10-24

学习时间	30 分钟
视频地址	视频\第 10 章\10-1-5.mp4
源文件地址	源文件\第 10 章\10-1-5.html

01 ▶ 执行"文件>打开"命令，打开文件"源文件\第 10 章\101501.html"，如图 10-25 所示。在 Chrome 浏览器中预览该页面，可以看到该网页默认的效果，如图 10-26 所示。

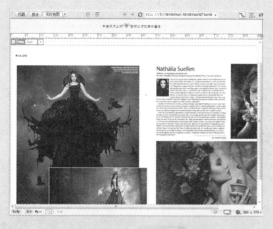

图 10-25　　　　　　　　　　　　　　图 10-26

02 ▶ 切换到该文件所链接的外部 CSS 样式表 101501.css 文件中，定义一个名为.saturate 滤镜的类 CSS 样式，如图 10-27 所示，返回到设计视图中，选中页面中插入的图像，分别在"类"下拉列表框中应用刚定义的.saturate 的类 CSS 样式，如图 10-28 所示。

```
#pic {
    width: 100%;
    height: 400px;
    margin-top: 10px;
    text-align: center;
}
.saturate {
    -webkit-filter:saturate(0);
}
```

图 10-27　　　　　　　　　　　　　　图 10-28

03 ▶ 保存网页，并保存外部 CSS 样式表文件，在 Chrome 浏览器中预览该页面，可以看到网页中的图像被调整饱和度的效果，如图 10-29 所示。返回到外部 CSS 样式表文件中，对 saturate 滤镜的参数值进行修改，如图 10-30 所示。

```
#menu span {
    margin-left: 15px;
    margin-right: 15px;
}
#pic {
    width: 100%;
    height: 400px;
    margin-top: 10px;
    text-align: center;
}
.saturate {
    -webkit-filter:saturate(2);
}
```

图 10-29   图 10-30

04 ▶ 保存网页，并保存外部 CSS 样式表文件，在 Chrome 浏览器中预览该页面，可以看到增加网页中图像饱和度的效果，如图 10-31 所示。

图 10-31

10.1.6   hue-rotate 滤镜

在 CSS 3 中新增了 hue-rotate 滤镜，该滤镜可以轻松地改变网页中对象的色调，通过添加该滤镜，就可以改变网页风格。hue-rotate 滤镜的语法格式如下所示：

```
filter: hue-rotate (值);
```

hue-rotate 滤镜的属性值的取值范围是 0deg～365deg。当取值为 0deg 时，则表示对象的色调效果保持不变，当取值为除了 0deg 以外的其他值，则会按照色相轮对对象的色调进行调整。

    在 IE 10 及以下版本中并没有提供相应的滤镜调整图像色调的效果，如果一定要调整图像的色调，则需要在图像处理软件中进行处理，如 Photoshop 等。

01 ▶ 执行"文件>打开"命令，打开文件"源文件\第 10 章\101501.html"，如图 10-32 所示。切换到该文件所链接的外部 CSS 样式表 101501.css 文件中，定义一个名为 .hue 的滤镜类 CSS 样式，如图 10-33 所示。

```
#menu span {
    margin-left: 15px;
    margin-right: 15px;
}
#pic {
    width: 100%;
    height: 400px;
    margin-top: 10px;
    text-align: center;
}

.hue {
    -webkit-filter: hue-rotate(90deg);
}
```

图 10-32　　　　　　　　　　　　　　　　　　　图 10-33

02 ▶ 返回到设计视图中，选中页面中插入的图像，分别在"类"下拉列表框中应用刚定义的 .hue 的类 CSS 样式，如图 10-34 所示。保存网页，并保存外部 CSS 样式表文件，在 Chrome 浏览器中预览该页面，可以看到改变网页中图像色调后的效果，如图 10-35 所示。

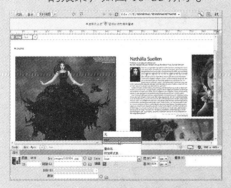

图 10-34　　　　　　　　　　　　　　　　　　　图 10-35

03 ▶ 返回到外部 CSS 样式表文件中，对 hue-rotate 滤镜的参数值进行修改，如图 10-36 所示。保存网页，并保存外部 CSS 样式表文件，在 Chrome 浏览器中预览该页面，可以看到调整网页中图像色调的效果，如图 10-37 所示。

```
▼ #menu span {
    margin-left: 15px;
    margin-right: 15px;
}
▼ #pic {
    width: 100%;
    height: 400px;
    margin-top: 10px;
    text-align: center;
}

▼ .hue {
    -webkit-filter: hue-rotate(180deg);
}
```

图 10-36　　　　　　　　　　　　　　　　　　　图 10-37

10.1.7 invert 滤镜

在 CSS 3 中新增了 invert 滤镜，该滤镜可以反相显示对象内容，例如图片的色彩、亮度值和饱和度等，使页面中的图像十分形象地产生"底片"或负片效果，该滤镜没有参数。invert 滤镜的语法格式如下所示：

```
filter: invert (值);
```

invert 滤镜的属性值的取值范围是 0～1 或 0～100%。当取值为 0 时，则表示无效果，当取值为 100%时，则表示最大的反色效果。

 在 IE 10 及以下版本中可以使用 IE 中的 invert 滤镜来实现网页中图像的反色效果，低版本的 invert 滤镜没有参数，使用该滤镜时，添加相应的 CSS 样式即可。

实例：使用 invert 滤镜

本例使用 invert 滤镜可将网页中的图像处理为类似于底片的效果，页面效果如图 10-38 所示。

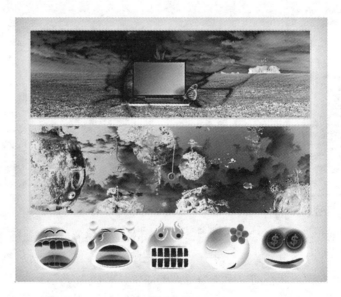

图 10-38

学习时间	30 分钟
视频地址	视频\第 10 章\10-1-7.mp4
源文件地址	源文件\第 10 章\10-1-7.html

01 ▶ 执行"文件>打开"命令，打开文件"源文件\第 10 章\101701.html"，如图 10-39 所示。在 Chrome 浏览器中预览该页面，可以看到该网页默认的效果，如图 10-40 所示。

图 10-39

图 10-40

02 ▶ 切换到该文件所链接的外部 CSS 样式表 "101701.css" 文件中, 定义一个名为.invert 滤镜的类 CSS 样式, 如图 10-41 所示, 返回到设计视图中, 选中页面中插入的图像, 在 "类" 下拉列表框中应用刚定义的.invert 类 CSS 样式, 如图 10-42 所示。

```
#pic1 img {
    margin-bottom: 10px;
}
#pic2 {
    text-align: center;
}
#pic2 img {
    margin-left: 5px;
    margin right: 5px;
}
.invert{
    -webkit-filter:invert(1);
}
```

图 10-41

图 10-42

03 ▶ 使用相同的方法为页面中其他的图像应用.invert 类样式, 如图 10-43 所示。保存网页, 并保存外部 CSS 样式表文件, 在 Chrome 浏览器中预览该页面, 可以看到网页中的图像被处理为底片的效果, 如图 10-44 所示。

图 10-43

图 10-44

10.1.8　drop-shadow 滤镜

在 CSS 3 中新增了 drop-shadow 滤镜，该滤镜可以为网页中的图片或文字等对象添加阴影效果，在设计网站页面时，合理地为页面中的视觉元素创建阴影，可以实现立体效果。drop-shadow 滤镜的语法格式如下所示：

```
filter: drop-shadow (x-offset y-offest 阴影模糊半径 阴影颜色);
```

drop-shadow 滤镜的属性值如表 10-3 所示。

表 10-3　drop-shadow 滤镜属性

属　　性	描　　述
x-offset	表示阴影相对于对象左上角的水平位移距离
y-offest	表示阴影相对于对象左上角的垂直位移距离
阴影模糊半径	用于设置阴影的模糊半径值，单位为 px（像素），如果值为 0px，则表示阴影不使用模糊处理
阴影颜色	用于产生的阴影颜色值

01 ▶ 执行"文件>打开"命令，打开文件"源文件\第 10 章\101701.html"，如图 10-45 所示。在 Chrome 浏览器中预览该页面，可以看到该网页默认的效果，如图 10-46 所示。

图 10-45

图 10-46

02 ▶ 切换到该文件所链接的外部 CSS 样式表 101701.css 文件中，定义一个名为.shadow 的滤镜类 CSS 样式，如图 10-47 所示，返回到设计视图中，选中页面中插入的图像，在"类"下拉列表框中应用刚定义的.shadow 的类 CSS 样式，如图 10-48 所示。

```
#pic1 img {
    margin-bottom: 10px;
}
#pic2 {
    text-align: center;
}
#pic2 img {
    margin-left: 5px;
    margin-right: 5px;
}

shadow{
    -webkit-filter:drop-shadow(5px 3px 3px #999);
    }
```

图 10-47

图 10-48

03 ▶ 使用相同的方法为页面中其他的图像应用.shadow 类 CSS 样式，如图 10-49 所
示。保存网页，并保存外部 CSS 样式表文件，在 Chrome 浏览器中预览该页
面，可以看到为网页中的图像添加阴影的效果，如图 10-50 所示。

图 10-49

图 10-50

IE 10 及以下更低版本的浏览器中也可通过低版本的 IE dropshadow 滤镜来实现网页元素
的阴影效果，低版本的 dropshadow 滤镜的语法格式如下所示：

```
.Dropshadow{
    filter:Dropshadow (Color=color,OffX=offX,
    OffY=offY,Positive=positive
}
```

Dropshadow 滤镜的相关属性如表 10-4 所示。

表 10-4　Dropshadow 滤镜的相关属性

属　　性	描　　述
Color	设置阴影颜色
OffX	设置阴影水平方向的偏移量，默认值为 5 像素
OffY	设置阴影垂直方向的偏移量，默认值为 5 像素
Positive	该值为布尔值，用来指定阴影的不透明度，该参数有两个值，true（1）是指为任何非透明像素建立可见的投影，false（0）是指为透明的像素部分建立可见的投影

10.1.9　brightness 滤镜

在 CSS 3 中新增了 brightness 滤镜，该滤镜可以轻松地调整网页中图像的亮度，亮度也
是图像中一种最基本的色彩属性。brightness 滤镜的语法格式如下所示：

```
filter: brightness (值);
```

brightness 滤镜的属性值的取值范围是 ≥0 的数字或是百分比数。当取值为 1 时，则表示
对象的亮度保持不变；当取值大于 1 时，则会增加对象的亮度；当取值为 0~1 时，则会降
低对象的亮度。

提示：在 IE10 及以下版本中并没有提供相应的滤镜来实现调整图像亮度的效果，如果一定要调整图像的亮度，则需要在图像处理软件中进行处理，如 Photoshop 等。

01 ▶ 执行"文件>打开"命令，打开文件"源文件\第 10 章\101901.html"，如图 10-51 所示。在 Chrome 浏览器中预览该页面，可以看到该网页默认的效果，如图 10-52 所示。

图 10-51

图 10-52

02 ▶ 切换到该文件所链接的外部 CSS 样式表 101901.css 文件中，定义一个名为.brightness 的类 CSS 样式，如图 10-53 所示，返回到设计视图中，为页面中的图像应用刚定义的.brightness 类 CSS 样式，保存网页，并保存外部 CSS 样式表文件，在 Chrome 浏览器中预览该页面，如图 10-54 所示。

```css
body {
    font-family: 宋体;
    font-size: 12px;
    color: #333;
    background-image: url(../images/101101.jpg);
}
#box {
    width: 860px;
    height: 594px;
    background-image: url(../images/101102.jpg);
    background-repeat: no-repeat;
    margin: 0px auto;
    padding: 70px 30px 30px 30px;
}
.brightness {
    -webkit-filter: brightness(0.7);
}
```

图 10-53

图 10-54

在浏览器中预览页面时，可以看到网页中图像降低亮度的效果。

03 ▶ 返回到外部 CSS 样式表文件中，对 brightness 滤镜的参数值进行修改，如图 10-55 所示。保存网页，并保存外部 CSS 样式表文件，在 Chrome 浏览器中预览该页面，可以看到增加网页中图像亮度的效果，如图 10-56 所示。

图 10-55　　　　　　　　　　　　　　　图 10-56

10.1.10　contrast 滤镜

在 CSS 3 中新增了 contrast 滤镜，该滤镜可以轻松地调整网页中图像的对比度，图像对比度的高低决定了图像中色彩、明亮的对比是否强烈，contrast 滤镜的语法格式如下所示：

```
filter: contrast (值);
```

contrast 滤镜的属性值的取值范围是 ≥0 的数字或是百分比数。当取值为 1 时，则表示对象的对比度保持不变，当取值大于 1 时，则会增加对象的对比度；当取值为 0～1 时，则会降低对象的对比度。

 在 IE 10 及以下版本中并没有提供相应的滤镜来实现调整图像对比度的效果，如果一定要调整图像的对比度，则需要在图像处理软件中进行处理，如 Photoshop 等。

10.2　专家支招

通过本章的学习，相信读者已经简单了解了 CSS 3 中新增滤镜的使用方法及技巧，接下来解答两个与新增滤镜相关的常见问题。

10.2.1　IE 滤镜与 W3C 滤镜的区别

IE 滤镜只能够支持 IE 5.x～IE 9 版本的浏览器，IE 10 及其以上版本的浏览器中已经不再支持 IE 滤镜效果。目前 W3C 在 CSS 3 中推出了新的滤镜功能，但是 CSS 3 中的滤镜目前只有以 Webkit 为核心的浏览器才支持。

10.2.2　IE 滤镜包括哪些

除了 CSS 3 中的新滤镜外，IE 滤镜的种类也很多，不同的种类能够制造出不同的页面效果，IE 滤镜基本分为两种，分别是基本滤镜与高级滤镜。

> 基本滤镜指的是直接作用在对象上就可以产生效果的滤镜，又被称为"视觉滤镜"，基本滤镜属性如表 10-5 所示。

表 10-5　基本滤镜属性

属　　性	描　　述
Alpha	通道，设置对象不透明度
Blur	实现对象的模糊效果
Chroma	设置对象中指定的颜色为透明色
Shadow	设置对象的阴影效果
Dropshadow	设置对象的投射阴影效果
FlipH	可将元素水平变换
FlipV	可将元素垂直变换
Glow	设置对象的外发光效果
Gray	设置图像的灰度显示效果，也就是黑白显示效果
Invert	将图像反相，包括色彩、饱和度和亮度值，类似底片效果
Mask	设置图像的透明遮罩
Wave	设置对象的波浪效果
Xray	显示图像的轮廓，类似于 X 片光的效果

> 高级滤镜比基本滤镜的效果要强很多，但高级滤镜需要配合 JavaScript 等脚本语言才能产生变幻无穷的视觉效果，又被称为"转换滤镜"。高级滤镜种类繁多，例如 Barn（开关门效果）和 Blinds（百叶窗效果）等。

10.3　总结扩展

不同的滤镜能够使网页中的图像实现不同的效果，只有熟练掌握滤镜的语法规则与使用技巧，才能结合页面设计的需要合理地使用 CSS 滤镜。

10.3.1　本章小结

本章主要对 CSS 3 中的新增滤镜进行了详细的讲解，以及对 CSS 3 中其他模块的新增属性进行了简单的介绍，不同滤镜的浏览器兼容性也不相同，在使用滤镜的过程中要注意 IE 滤镜与 W3C 滤镜的兼容性。

10.3.2　举一反三——调整图像的对比度

本实例通过使用 CSS 3 中新增的 contrast 属性并对其进行相关设置，从而实现对页面中图像对象的对比度进行调节。

源文件地址：	源文件\第 10 章\10-3-1.html
视频地址：	视频\第 10 章\10-3-1.MP4

```css
body {
    font-family: 宋体;
    font-size: 12px;
    color: #333;
    background-image: url(../images/101101.jpg);
}
#box {
    width: 860px;
    height: 594px;
    background-image: url(../images/101102.jpg);
    background-repeat: no-repeat;
    margin: 0px auto;
    padding: 70px 30px 30px 30px;
}
.contrast{
    -webkit-filter:contrast(1.5);
}
```

① 执行"文件>打开"命令，打开 10401.html 文件。

② 切换到外部 CSS 样式表中，添加相应的 contrast 滤镜代码。

③ 为图像应用类 CSS 样式。

④ 保存文件，在 Chrome 浏览器中预览该页面效果。

第 11 章 CSS 3 新增属性

通过前面的学习，相信读者已经了解 CSS 样式的功能十分强大，它不仅能够在网页布局和排版中起到非常重要的作用，而且可以说 CSS 是网页设计的利器，不但如此，CSS 样式在原有的基础上还在不断完善。CSS 3 有很多新增属性，如新增颜色的定义方法、新增内容和不透明度属性等，实现了以前无法实现或难以实现的功能。本章将详细介绍 CSS 3 的新增属性。

11.1 CSS 3 中新增的文字属性

在 CSS 3 中新增加了 3 种有关网页文字控制的新增属性，分别是 text-shadow、word-wrap 和 font-size-adjust。下面将对这 3 种文字控制的新增属性进行简单介绍。

11.1.1 文字阴影 text-shadow

在页面中显示文字时，就会需要通过文字的阴影效果，增强文字的瞩目性。而 xt-shadow 属性是用来设置对象中的文字是否有阴影及模糊效果的。可以设置多组效果，方式是用逗号（，）隔开。可以被用于伪类，分别是 first-letter 和 first-line。对应的脚本特性为 textShadow，其定义的语法如下所示：

```
text-shadow: none | <length> none | [<shadow>,]*
<opacity>或none | <color> [,<color>]*
```

text-Shadow 的属性说明如表 11-1 所示。

表 11-1　text-Shadow 属性说明

属　　性	描　　述
color	用于指定阴影的颜色
length	由浮点数字和单位标识符组成的长度值，可以为负值，用于指定阴影的水平延伸距离
opacity	由浮点数字和单位标识符组成的长度值，不可以为负值。用于指定模糊效果的作用距离。如果仅仅需要模糊效果，将前两个 length 属性全部设置为 0

01 ▶ 执行"文件>打开"命令，打开文件"源文件\第 11 章\111101.html"，可以看到页面中的标题文字并没有阴影效果，如图 11-1 所示。切换到该文件所链接的外部 CSS 样式表 111101.css 文件中，找到名为#title 的 CSS 样式，该 CSS 样式表设置中添加了文字阴影效果的代码，如图 11-2 所示。

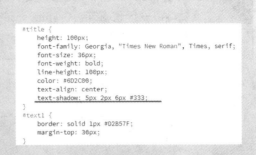

图 11-1　　　　　　　　　　　　　　　图 11-2

02 ▶ 保存文件，在 Chrome 浏览器中预览页面，可以看到页面中标题文字的阴影效果，如图 11-3 所示。

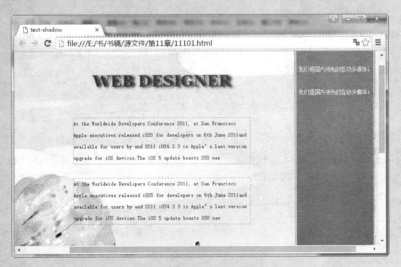

图 11-3

11.1.2　文字溢出处理 text-overflow

text-overflow 属性用于设置是否使用一个省略标记（…）标示对象内文本的溢出。对应的脚本特性为 text-Overflow，其定义的语法如下所示：

```
text-overflow: clip | ellipsis
```

text-overflow 属性说明如表 11-2 所示。

表 11-2　text-overflow 属性说明

属　　性	描　　述
clip	不显示省略标记（…），而是简单地裁切
ellipsis	当对象内文本溢出时显示省略标记（…）

提示　　Text-overflow 属性仅是注解，设置当文本溢出时是否显示省略标记，并不具备其他的样式属性定义。要实现溢出时产生省略号的效果还需要定义：强制文本在一行内显示（white-space: nowrap）及溢出内容为隐藏（overflow: hidden），只有这样才能实现溢出文本显示省略号的效果。

01 ▶ 执行"文件>打开"命令，打开文件"源文件\第 11 章\111201.html"，可以看到页面右上角两个 Div 中的文本内容溢出，如图 11-4 所示。在 IE 浏览器中预览该页面，可以看到溢出的文本被自动拦截了，如图 11-5 所示。

图 11-4

图 11-5

02 ▶ 切换到该文件所链接的外部 CSS 样式表 111201.css 文件中，找到名为.text1 和.text2 的类 CSS 样式代码，在该 CSS 样式表设置中添加 Text-overflow 属性，如图 11-6 所示。保存文件，在 IE 浏览器中预览页面，可以看到通过 Text-overflow 属性实现溢出的文本显示为省略号的效果，如图 11-7 所示。

```
.text1 {
    width: 160px;
    height: 30px;
    line-height: 30px;
    margin-bottom: 20px;
    overflow: hidden;
    white-space: nowrap;
    text-overflow:clip;
}
.text2 {
    width: 160px;
    height: 30px;
    line-height: 30px;
    margin-bottom: 20px;
    overflow: hidden;
    white-space: nowrap;
    text-overflow:ellipsis;
}
```
图 11-6

图 11-7

11.1.3　控制文本换行 word-wrap

　　当在一个指定区域显示一整行文字时，如果文字在一行内显示不完，需要进行换行。如果不进行换行，那么就会超出指定区域范围，这时就可使用 CSS 3 的新增的 word-wrap 属性来控制文本的换行。

　　　　word-wrap 属性主要针对英文和数字进行强制换行，由于中文内容本身具有遇到容器边缘自动换行的功能，所以对于中文来说不起作用。

　　word-wrap 属性定义的语法如下所示：

```
word-wrap: normal | break-word
```

word-wrap 属性说明如表 11-3 所示。

表 11-3　word-wrap 属性说明

属　　性	描　　述
normal	控制连续文本换行
break-word	内容将在边界内换行。如果需要，也会发生词句换行

实例：控制文本换行

　　本实例通过 CSS 3 中的新增文本换行属性对溢出文本进行自动换行设置，为一些文字信息量较人的网页提供大量方便，如图 11-8 所示。

图 11-8

学习时间	30 分钟
视频地址	视频\第 11 章\11-1-3.mp4
源文件地址	源文件\第 11 章\11-1-3.html

　　01 ▶ 执行"文件>打开"命令，打开"源文件\第 11 章\111301.html"文件，如图 11-9 所示。切换到代码视图中，可以看到 ID 名为 text1 和 text2 中的内容是相同的，与之不同的是 text1 中的英文单词之间没有空格，如图 11-10 所示。

图 11-9

```
<div id="title">WEB DESIGNER</div>
    <div id="text1">
AttheWorldwideDevelopersConference2011atSanFranciscoAppleexecutivesreleased
iOS5fordeveloperson6thJune2011andavailableforusersbyend2011iOS433isAppleslast
versionupgradeforiOSdevicesTheiOS</div>
    <div id="text2">At the Worldwide Developers Conference 2011, at San
Francisco Apple   executives released iOS5 for developers on 6th June
2011and available for users   by end 2011.iOS4.3.3 is Apple&rsquo;s last
version upgrade for iOS devices.The iOS 5   update boasts 200 new</div>
    </div>
    <div id="right">
        <div class="text1">我们是国内领先的互动多媒体设计公司。</div>
        <div class="text2">我们是国内领先的互动多媒体设计公司。</div>
    </div>
</div>
</body>
</html>
```

图 11-10

02 ▶ 在浏览器中预览页面，页面效果如图 11-11 所示。切换到该文件所链接的外部 CSS 样式表 111301.css 文件中，在 ID 名为#text1 的 CSS 样式代码中添加 word-warp 属性设置，如图 11-12 所示。

图 11-11

```
#text1 {
    border: solid 1px #D2B57F;
    margin-top: 30px;
    word-wrap:break-word;
}
#text2 {
    border: solid 1px #D2B57F;
    margin-top: 30px;
}
```

图 11-12

> 在浏览器中预览页面，可以看到 ID 名为 text1 中的英文内容显示到该 Div 的右边界后，超出的部分内容被隐藏了，并没有自动换行显示，而 ID 名 text2 的英文内容显示正常。

03 ▶ 保存页面，在 IE 浏览器中预览页面，可以看到强制换行的效果，如图 11-13 所示。

图 11-13

11.2　CSS 3 中新增的背景属性

在 CSS 3 中新增加了 3 种有关网页背景控制的新增属性，分别是 background-size、background-origin 和 background-clip，下面分别对这 3 种新增的背景控制属性进行简单介绍。

11.2.1　背景图像大小 background-size

background-size 属性是用来设置背景图像尺寸的，可以以像素或百分比的方式指定背景图像的大小。当指定为百分比时，大小会由所在区域的宽度、高度，以及 background-origin 的位置决定。还可以通过 cover 和 contain 来对背景图像进行伸缩调整。

其定义的语法如下所示：

```
background-size : [<length> | <percentage> | auto]{1,2} | cover | contain
```

background-size 的相关属性说明如表 11-4 所示。

表 11-4　background-size 的相关属性

属　　性	描　　述
length	由浮点数字和单位标识符组成的长度值，不可以为负值
percentage	取值范围为 0%～100%，不可以为负值
cover	把背景图像扩展至足够大，以使背景图像完全覆盖背景区域。背景图像的某些部分也许无法显示在背景定位区域中
contain	把图像扩展至最大尺寸，以使其宽度和高度完全适应内容区域

 支持 background-size 属性的浏览器包括 IE 9+、Firefox 4+、Opera、Chrome 以及 Safari 5+，针对不同类型的浏览器，对于 CSS 3 中新增属性的支持情况也各不相同，在属性名称前加 "-webkit-" 的是 Webkit 核心浏览器，例如 Chrome 浏览器；加 "-o-" 的是 Presto 浏览器，例如 Opera 浏览器；加 "-moz-" 的是 Gecko 核心浏览器，例如 Firefox 浏览器。

实例：控制背景图像大小

设置背景图像大小的 background-size 属性是 CSS 3 中的新增属性，它可以让用户根据自己的需要设图像的大小，本实例将通过 background-size 属性控制网页元素背景图像的大小，如图 11-14 所示。

图 11-14

学习时间	30 分钟
视频地址	视频\第 11 章\11-2-1.mp4
源文件地址	源文件\第 11 章\11-2-1.html

01 ▶ 打开文件"光盘\源文件\第 5 章\112101.html",如图 11-15 所示。切换到外部 CSS 样式表 112101.css 文件中,可以看到名为#bg 的 CSS 样式代码,如图 11-16 所示。

```
#box {
    width: 936px;
    height: 402px;
    border-bottom: solid 1px #FFF;
    background-color: #000;
    margin: 113px auto 0px auto;
    padding: 12px;
}
#bg {
    width: 938px;
    height: 397px;
}
```

图 11-15 　　　　　　　　　　　　　　　图 11-16

02 ▶ 在名为#bg 的 CSS 样式代码中添加背景图像的 CSS 样式设置,如图 11-17 所示。保存页面,在浏览器中预览页面,效果如图 11-18 所示。

```
#box {
    width: 936px;
    height: 402px;
    border-bottom: solid 1px #FFF;
    background-color: #000;
    margin: 113px auto 0px auto;
    padding: 12px;
}
#bg {
    width: 979px;
    height: 397px;
    background-image:url(../images/111202.jpg);
    background-repeat:no-repeat;
}
```

图 11-17 　　　　　　　　　　　　　　　图 11-18

03 ▶ 切换到外部 CSS 样式表中,在名为#bg 的 CSS 样式中添加背景图像的 CSS 样式设置代码,如图 11-19 所示。执行"文件>保存"命令,在浏览器中预览页面,效果如图 11-20 所示。

```
#box {
    width: 936px;
    height: 402px;
    border-bottom: solid 1px #FFF;
    background-color: #000;
    margin: 113px auto 0px auto;
    padding: 12px;
}
#bg {
    width: 938px;
    height: 397px;
    background-image:url(../images/111202.jpg);
    background-repeat:no-repeat;
    background-size:contain;
}
```

图 11-19 　　　　　　　　　　　　　　　图 11-20

11.2.2　背景位置定位 background-origin

background-origin 属性是用来计算 background-position（背景位置定位）的参考位置，也就是说使用新增的 background-origin 属性可以改变背景图像的定位方式。

 同 background-size 属性一样，IE9+、Firefox 4+、Opera、Chrome 以及 Safari 5+均支持 background-origin 属性。

定义的语法如下所示。background-origin 的属性说明如表 11-5 所示。

```
background-origin: border | padding | content
```

表 11-5　background-origin 的属性说明

属　　性	描　　述
padding	从 padding 区域开始显示背景
border	从 border 区域开始显示背景
content	从 content 区域开始显示背景

01 ▶ 打开文件"光盘\源文件\第 11 章\11202.html"，如图 11-21 所示。切换到外部 CSS 样式表 11202.css 文件中，可以看到名为#bg 的 CSS 样式代码，如图 11-22 所示。

图 11-21

图 11-22

02 ▶ 在浏览器中预览该页面，可以看到背景图像的效果，如图 11-23 所示。返回外部 CSS 样式表 11202.css 文件中，在名为#bg 的 CSS 样式代码中添加背景图像大小和背景图像显示区域的 CSS 样式设置，如图 11-24 所示。

图 11-23

图 11-24

03 ▶ 保存外部 CSS 样式表文件，在浏览器中预览页面，效果如图 11-25 所示。

图 11-25

提示

注意比较两次在浏览器中预览页面的效果，可以发现，在默认情况下，背景图像是在边框以内开始显示的，通过 background-origin 属性的设置，使背景图像从内容区域开始显示，并通过 background-size 属性控制了背景图像的大小。

11.2.3　背景图像裁剪区域 background-clip

background-clip 属性的作用是确定背景图像的截剪区域，该属性与 background-origin 属性有些相似，但 background-clip 属性是用来判断背景图像是否包含边框区域的，而 background-origin 属性用来决定 background-position 属性定位的参考位置。
定义的语法如下所示：

```
background-clip: border-box | padding-box | content-box | no-clip
```

background-clip 的相关属性如表 11-6 所示。

表 11-6　background-clip 的相关属性

属　　性	描　　述
border-box	从 border 区域向外裁剪背景图像
padding-box	从 padding 区域向外裁剪背景图像
content-box	从 content 区域向外裁剪背景图像
no-clip	与 border-box 属性值相同，从 border 区域向外裁剪背景图像

01 ▶ 打开文件"光盘\源文件\第 11 章\112301.html"，如图 11-26 所示。切换到外部 CSS 样式表 112301.css 文件中，可以看到名为 #bg 的 CSS 样式代码，如图 11-27 所示。

图 11-26

```
#box {
    width: 979px;
    height: 731px;
    border-bottom: solid 1px #FFF;
    background-color: #000;
    margin: 113px auto 1px auto;
    padding: 12px;
}
#bg {
    width: 930px;
    height: 700px;
    border: dashed 15px #FFF;
    padding: 5px;
    background-image: url(../images/111202.jpg);
    background-repeat: no-repeat;
}
```

图 11-27

02 ▶ 在浏览器中预览该页面，可以看到背景图像的效果，如图 11-28 所示。返回外部 CSS 样式表 11203.css 文件中，在名为#bg 的 CSS 样式代码中添加背景图像剪切区域的 CSS 样式设置，如图 11-29 所示。

图 11-28

```
#box {
    width: 979px;
    height: 731px;
    border-bottom: solid 1px #FFF;
    background-color: #000;
    margin: 113px auto 1px auto;
    padding: 12px;
}
#bg {
    width: 930px;
    height: 700px;
    border: dashed 15px #FFF;
    padding: 5px;
    background-image: url(../images/111202.jpg);
    background-repeat: no-repeat;
    background-clip:padding-box;
}
```

图 11-29

03 ▶ 保存外部 CSS 样式表文件，在浏览器中预览页面，效果如图 11-30 所示。

图 11-30

 提示　注意比较两次在浏览器中预览页面的效果，可以发现，在默认情况下，背景图像是在边框以内开始显示的，通过 background-clip 属性，并设置其属性值为 content-box，则从 content 区域向外裁剪掉多余的背景图像，只显示 content 区域中的背景图像。

11.3 CSS 3 中新增的边框属性

在 CSS 中新增加了 4 种有关边框（border）控制的新增属性，分别是 border-image、border-radius、box-shadow 和 border-color，下面分别对这 4 种新增的边框控制属性进行简单介绍。

11.3.1 图像边框 border-image

为了能够增强边框的效果，新增的 border-image 属性就是用来设置对象的边框效果的，但需要注意的是，如果<table>标签设置了 border-collapse: collapse，则 border-image 属性设置将会无效。

其定义的语法如下所示：

```
border-image: none | <image> [ <number> | <percentage>]{1,4}
  [/ <border-width>{1,4} ]? [stretch | repeat | round] {0,2}
```

border-image 的属性说明如表 11-7 所示。

表 11-7　border-image 的属性说明

属　　性	描　　述
none	默认值，表示无图像
image	用于设置边框图像，可以使用绝对地址和相对地址
number	边框宽度或者边框图像的大小，使用固定像素值表示
percentage	用于设置边框图像的大小，也是边框宽度，用百分比表示
stretch|repeat|round	拉伸|重复|平铺（其中 stretch 是默认值）

能够方便地定义边框图像，CSS 3 允许从 border-image 属性派生出众多的子属性，如表 11-8 所示。

表 11-8　border-image 的子属性

属　　性	描　　述
border-top-image	定义上边框图像
border-right-image	定义右边框图像
border-bottom-image	定义下边框图像
border-bottom-right-image	定义边框右下角图像
border-image-source	定义边框图像源，也就是图像的地址
border-image-slice	定义如何裁切边框图像
border-left-image	定义左边框图像
border-top-left-image	定义边框左上角图像
border-top-right-image	定义边框右上角图像
border-bottom-left-image	定义边框左下角图像
border-image-repeat	定义边框图像重复属性
border-image-width	定义边框图像的大小
border-image-outset	定义边框图像的偏移位置

01 ▶ 打开文件 "光盘\源文件\第 11 章\113101.html"，如图 11-31 所示。切换到外部 CSS 样式表 113101.css 文件中，可以看到名为#menu 的 CSS 样式代码，如图 11-32 所示。

图 11-31

```
#menu{
    width:505px;
    height:37px;
    text-align:center;
    margin-top:70px;
    margin-left:230px;
    border-width:0px 20px;
}
.font{
    font-weight:normal;
    margin-left:15px;
    margin-right:15px;
}
```

图 11-32

02 ▶ 在名为#menu 的 CSS 样式中添加图像边框的 CSS 样式设置代码，如图 11-33 所示。执行 "文件>保存" 命令，在 Chrome 浏览器中预览页面，效果如图 11-34 所示。

```
#menu{
    width:505px;
    height:37px;
    text-align:center;
    margin-top:70px;
    margin-left:230px;
    border-width:0px 20px;
    -webkit-border-image:url(../images/113105.png) 0 20 0 20 stretch stretch;
}
.font{
    font-weight:normal;
    margin-left:15px;
    margin-right:15px;
}
#pic{
    width:100%;
    height:388px;
    padding-bottom:81px;
    text-align:center;
    background-image:url(../images/113103.png);
    background-repeat:repeat-x;
    margin:0px auto;
    padding-top:20px;
}
```

图 11-33

图 11-34

11.3.2　圆角边框 border-radius

在 CSS 3 中通过 border-radius 属性可以轻松地在网页中实现圆角的边框效果，其定义的语法如下所示：

```
border-radius: none | <length>{1,4} [ / <length>{1,4} ]?
```

border-radius 属性如表 11-9 所示。

表 11-9　border-radius 属性

属　　性	描　　述
none	默认值，用来表示不设置圆角效果
length	用于设置圆角数值，由浮点数字和单位标识符组成，不可以设置为负值

01 ▶ 打开文件"光盘\源文件\第 11 章\113201.html",如图 11-35 所示。切换到外部 CSS 样式表 113201.css 文件中,可以看到名为#pic img 的 CSS 样式代码,如图 11-36 所示。

图 11-35   图 11-36

02 ▶ 在名为#pic img 的 CSS 样式代码中添加关于边框和背景颜色的 CSS 样式设置代码,并且添加圆角边框的 CSS 样式设置代码,如图 11-37 所示,执行"文件>保存"命令,在 Chrome 浏览器中预览页面,如图 11-38 所示。

图 11-37   图 11-38

> 第一个值为水平半径值,如果第二值省略,则它等于第一个值,那么这时这个角就是一个 1/4 角。如果任意一个值为 0,则这个角是矩形,不会是圆的,因此所设置的角不允许为负值。

11.3.3　多重边框颜色 border-colors

order-colors 属性可以用来设置对象边框的颜色,在 CSS 3 中增强了该属性的功能。如果设置了 border 的宽度为 Npx,那么就可以在这个 border 上使用 N 种颜色,每种颜色显示 1px 的宽度。如果所设置的 border 宽度为 10 像素,但只声明了 5 种或 6 种颜色,那么最后一个颜色将被添加到剩下的宽度中。

border-colors 语法格式如下:

```
border-colors: <color><color><color>…
```

实例:为图像添加多种色彩边框

border-colors 属性可以根据所设置的边框宽度,设置多种颜色的边框效果,从而使页面更加丰富生动，接下来通过实例练习介绍如何通过 border-color 属性设置多重边框颜色。如图 11-39 所示。

图 11-39

学习时间	30 分钟
视频地址	视频\第 11 章\11-3-3.mp4
源文件地址	源文件\第 11 章\11-3-3.html

01 ▶ 打开文件"光盘\源文件\第 11 章\113301.html"，如图 11-40 所示。切换到外部 CSS 样式表 113301.css 文件中，创建名为.img01 的类 CSS 样式，如图 11-41 所示。

图 11-40

```
#pic img {
    margin: 5px;
}

.img01{
    border:5px solid #FFF;
    -moz-border-top-colors:#0FF #00CCFF #0099FF
#0066FF #0033FF;
    -moz-border-right-colors:#0F0 #00CC00 #009900
#006600 #003300;
    -moz-border-bottom-colors:#FF0 #FFCC00 #FF9900
#FF6600 #FF3300;
    -moz-border-left-colors:#FCF #FF99FF #FF66FF
#FF33FF #FF00FF;
}
```

图 11-41

02 ▶ 返回到设计视图中，选中页面中的图像，应用刚创建的类 CSS 样式.img01，如图 11-42 所示。使用相同的方法为另一张图片应用类 CSS 样式，如图 11-43 所示。

图 11-42

图 11-43

03 ▶ 保存页面，在 Firefox 浏览器中预览页面，可以为图像添加多重颜色边框效果，
如图 11-44 所示。

图 11-44

> 目前 IE 11 及其以下版本的浏览器还不能支持 CSS 3 中新增的 border-colors
> 属性，因此目前在 IE 浏览器中还不能看到该属性所实现的相应效果。

11.4 CSS 3 中新增的多列布局属性

如果在网页设计中要实现多列布局，有两种方式，一种是浮动布局，而另一种是定位布
局。在 CSS 3 中新增了 column 属性，通过该属性可以轻松实现多列布局。

➢ 浮动布局比较灵活，但缺点是容易发生错位，这时就需要添加大量的附加码或是无
用的换行符，增加了不必要的工作量。

➢ 定位布局能够精确地确定位置，不会发生错位，而它的缺点是无法满足模块的适应
能力。

11.4.1 列宽度

column-width 属性可以定义多列布局中每一列的宽度，可以单独使用，也可以和其他多列
属性组合使用。column-width 属性的语法格式如下所示：

```
column-width: auto|length;
```

column-width 属性值说明如表 11-10 所示。

表 11-10 column-width 属性值

属　　性	描　　述
auto	由浏览器决定列宽
length	规定列的宽度，用浮点数和单位标识符组成的长度值

> 目前，IE 浏览器不支持 CSS 3 新增的 column-width 属性，在 column-width
> 属性前添加-webkit-，表示它针对以 Webkit 为核心的浏览器，在该核心的浏览器
> 中可以对 CSS 3 新增的 colun-width 属性提供支持。

01 ▶ 打开文件"光盘\源文件\第 11 章\114101.html",如图 11-45 所示。在 Chrome 浏览器中预览该页面,如图 11-46 所示。

图 11-45

图 11-46

02 ▶ 切换到链接的外部 CSS 样式表 114101.css 文件中,创建段落文件所在的名为 #text 的 Div 的 CSS 样式,如图 11-47 所示。执行"文件>保存"命令,在 Chrome 浏览器中预览该页面,可以看到网页中的文本内容被分为两栏,如图 11-48 所示。

```
h1 {
    background-color: #68A0D3;
    line-height: 40px;
    color: #FFF;
    text-align: center;
}
p {
    text-indent: 24px;
    color:#000000;
}
#text{
    -webkit-column-width:380px;
}
```

图 11-47

图 11-48

11.4.2　新增多列设置属性

在多列布局中,可以通过 column-count 属性、column-gap 属性和 column-rule 属性对多列布局进行设置,下面将对各类属性进行详细介绍。

➢ 列数 column-count。column-count 属性能够对多列布局的列数进行控制,并且不用通过列宽度自动调整列数。

column-count 属性的语法格式如下所示:

```
column-count: number|auto;
```

column-count 属性值说明如表 11-11 所示。

表 11-11　column-count 属性值

属　　性	描　　述
number	元素内容将被划分的最佳列数
auto	根据浏览器自动计算列数

> 列间距 column-gap。在多列布局中，CSS 中的 column-gap 属性能够对列与列之间的间距进行控制，并且能够更好地控制多列布局中的内容和版式。column-gap 属性的语法格式如下所示：

```
column-gap: length|normal;
```

column-gap 属性值说明如表 11-12 所示。

表 11-12　column-gap 属性值

属　　性	描　　述
length	把列间的间隔设置为指定的长度，由浮点数和单位标识符组成的长度值，不可以为负值
normal	规定列间间隔为一个常规的值，其默认值是 1em

> 列边框 column-rule。CSS 中的 column-rule 属性能够对列边框的样式、颜色和高度等进行控制，边框也是 CSS 属性中最重要的属性之一，通过边框可以将其划分为不同的区域。

column-rule 属性的语法格式如下所示：

```
column-rule: column-rule-width column-rule-style
column-rule-color;
```

column-rule 属性值说明如表 11-13 所示。

表 11-13　column-rule 属性值

属　　性	描　　述
column-rule-width	设置列之间的宽度，由浮点数和单位标识符组成的长度值，不可以为负值
column-rule-style	设置列之间的样式

实例：多列属性的设置

本例制作的是网页中文本分栏的效果，以及使用 CSS 样式多列分栏属性的设置，使得网页中的文本呈现更加清楚的效果，接下来通过实例简单介绍如何使网页中的文本呈现多列的效果，如图 11-49 所示。

图 11-49

学习时间	30 分钟
视频地址	视频\第 11 章\11-4-2.mp4
源文件地址	源文件\第 11 章\11-4-2.psd

01 ▶ 执行"文件>打开"命令，打开文件"光盘\源文件\第 11 章\114201.html"，如图 11-50 所示。在 Chrome 浏览器中预览该页面，如图 11-51 所示。

图 11-50　　　　　　　　　　　　　　　图 11-51

02 ▶ 切换到链接的外部 CSS 样式表 114201.css 文件中，创建段落文件所在的名为 #text 的 Div 的 CSS 样式，如图 8-52 所示。执行"文件>保存"命令，在 Chrome 浏览器中预览该页面，可以看到网页中的文本内容被分为 3 栏，如图 8-53 所示。

```
p {
    text-indent: 24px;
    color:#000000;

}
#text{
    -webkit-column-count:3;
}
```

图 11-52　　　　　　　　　　　　　　　图 11-53

03 ▶ 切换到链接的外部 CSS 样式表 114201.css 文件中，在名为#text 的 CSS 样式中添加 column-gap 属性设置，如图 8-54 所示。执行"文件>保存"命令，在 Chrome 浏览器中预览该页面，可以看到设置分栏间距后的页面效果，如图 8-55 所示。

04 ▶ 切换到外部 CSS 样式表 114201.css 文件中，在名为#text 的 CSS 样式中添加

column-rule 属性设置，如图 11-56 所示。执行"文件>保存"命令，在 Chrome 浏览器中预览该页面，可以看到网页中分栏线的效果，如图 11-57 所示。

```
▼p {
    text-indent: 24px;
    color:#000000;

}
▼#text{
    -webkit-column-count:3;
    -webkit-column-gap:40px;

}
```

图 11-54

图 11-55

```
p {
    text-indent: 24px;
    color:#000000;

}
#text{
    -webkit-column-count:3;
    -webkit-column-gap:40px;
    -webkit-column-rule:dashed 1px #000000;

}
```

图 11-56

图 11-57

11.5 CSS 3 中有关用户界面的新增属性

在 CSS 3 中新增加了 4 种有关网页用户界面控制属性，分别是 box-sizing、resize、outline（outline-width、outline-style、outline-offset、outline-color）和 nav-index（nav-up、nav-right、nav-down、nav-left），下面分别对这 4 种新增的用户界面控制属性进行简单介绍。

11.5.1 box-sizing

通过对 box-sizing 属性的设置可以以自身特定的方式定义匹配某个区域的特定元素。例如，需要将两个带边框的框并排放置，就可以通过将 box-sizing 设置为"border-box"来设置。这可令浏览器呈现出带有指定宽度和高度的框，并把边框和内边距放入框中。

box-sizing 属性的语法格式如下所示：

```
box-sizing: content-box|border-box|inherit;
```

box-sizing 属性的各属性值如表 11-14 所示。

表 11-14　box-sizing 属性值

属　　性	描　　述
content-box	宽度和高度分别应用到元素的内容框，并且在宽度和高度之外绘制元素的内边距和边框
border-box	为元素设定的宽度和高度决定了元素的边框，也就是说为元素指定的任何内边距和边框都将在已设定的宽度和高度内进行绘制，通过从已设定的宽度和高度分别减去边框和内边距才能得到内容的宽度和高度
inherit	规定应从父元素继承 box-sizing 属性的值
属性	描述

打开文件"光盘\源文件\第 11 章\115101.html"，切换到"115101.css"文件中，在名为#
box img 的标签中添加相应的代码，效果如图 11-58 所示。保存文件，在浏览器中预览页
面，如图 11-59 所示。

```
#box p {
    text-indent: 50px;
}
#box img {
    margin-top: 10px;
    margin-left:70px;
    -ms-box-sizing: border-box;
}
```

图 11-58

图 11-59

11.5.2　区域缩放调节 resize

resize 属性用来设置页面中元素的区域的缩放，调节元素的尺寸大小。其定义的语法如
下所示：

```
resize: none | both | horizontal | vertical | inherit
```

resize 属性的各属性值如表 11-15 所示。

表 11-15　resize 属性值

属　　性	描　　述
none	不提供元素尺寸调整机制，用户不能操纵机制调节元素的尺寸
both	提供元素尺寸的双向调整机制，让用户可以调节元素的宽度和高度
➤horizontal	提供元素尺寸的单向水平方向调整机制，让用户可以调节元素的宽度
➤vertical	提供元素尺寸的单向垂直方向调整机制，让用户可以调节元素的高度
➤inherit	默认继承

继续前面的步骤，切换到 115101.css 文件中，将刚刚在# box img 标签中添加的代码删除，并在名为#box 标签的 Div 中添加相应的代码，效果如图 9-60 所示。保存文件，在 Chrome 浏览器中预览页面，可以任意拖动该元素框改变大小，如图 9-61 所示。

```
#box {
    width: 800px;
    height: 100%;
    overflow: hidden;
    background-color: rgba(0,0,0,0.5);
    padding: 20px;
    margin: 250px auto 0px auto;
    resize:both;
}
#box h1 {
    line-height: 70px;
    font-weight: bold;
    color: #06F;
}
#box p {
    text-indent: 50px;
}
#box img {
    margin-top: 10px;
    margin-left:70px;
}
```

图 11-60

图 11-61

💡 提示

目前，IE 6-10 版本支持 resize 属性，而 IE 11 版本不能够支持该属性，可以使用 Firefox 浏览器显示该属性的效果。

11.5.3　轮廓外边框 outline

outline 属性用于为元素周围绘制轮廓外边框，通过设置一个数值使边框边缘的外围偏移，可以起到突出元素的作用。其定义的语法如下所示：

```
outline: [outline-color] || [outline-style] || [outline-width]
|| [outline-offset] | inherit
```

outline 属性的各属性值说明如表 11-16 所示。

表 11-16　outline 属性值

属　　性	描　　述
outline-color	指定轮廓边框的颜色
outline-style	指定轮廓边框的样式
outline-width	指定轮廓边框的宽度
outline-offset	指定轮廓边框偏移位置的数值
inherit	默认继承

11.5.4　导航序列号 nav-index

nav-index 属性是 HTML 4 中 tabindex 属性的替代品，从 HTML 4 中引入并做了一些很小的修改。该属性为当前元素指定了其在当前文档中导航的序列号。导航的序列号指定了页面中元素通过键盘操作获得焦点的顺序。该属性可以存在于嵌套的页面元素当中。

nav-index 属性的相关属性如表 11-17 所示。

表 11-17　nav-index 的属性值

属　　性	描　　述
auto	默认的切换顺序
number	该数字（必须为正整数）指定了元素的导航顺序。1 表示最先被导航。如果多个元素的 nav-index 值相同，则按照文档的先后顺序进行导航
inherit	默认继承

为了能在页面中按顺序获取焦点，页面元素需要遵循以下几点规则：

➤ 该元素支持 nav-index 属性，而被赋予正整数属性值的元素将会被优先导航。将按钮 nav-index 属性值从小到大进行导航。属性值无须按次序，也无须以特定的值开始。拥有同一 nav-index 属性值的元素将以它们在字符流中出现的顺序进行导航。

➤ 对那些不支持 nav-index 属性或者 nav-index 属性值为 auto 的元素，将以它们在字符中出现的顺序进行导航。

11.6　CSS 3 中其他模块新增属性

在前面的章节中已经详细讲解了 CSS 3 中新增的滤镜效果，接下来将简单对 CSS 3 中其他模块的新增属性进行介绍，分别是@media、@font-face 和 speech。

11.6.1　@media

通过 media queries 功能可以判断媒介（对象）类型来实现不同的展现。通过此特性可让 CSS 更精确地作用于不同的媒介类型或同一媒介的不同条件（如分辨率和色数等）。其定义的语法如下所示：

```
@media: <sMedia>{ sRules }
```

media 的属性值如表 11-18 所示。

表 11-18　media 的属性值

属　　性	描　　述
<sMedia>	指定设置名称
{ sRules }	样式表定义

01 ▶ 执行"文件>打开"命令，打开文件"源文件\第 11 章\116101.html"，如图 11-62 所示。切换到该文件所链接的外部 CSS 样式表 116101.css 文件中，在外部 CSS 样式表文件中创建两个 CSS 样式，如图 11-63 所示。

图 11-62 | 图 11-63

02 ▶ 执行 "文件>保存" 命令，保存页面，在 Firefox 浏览器中预览页面，当页面的宽度不同时，盒子的背景颜色会发生变化，如图 11-64 所示。

图 11-64

> **提示** 在 Firefox 浏览器中预览该页面，可以看到当页面中应用所定义样式表的该元素宽度小于 500 像素时，其背景颜色为一种黄色，当该元素的宽度大于 500 像素时，其背景颜色为一种红色。这就实现了@media 属性对屏幕宽度进行判断所实现的效果。

11.6.2 加载服务器端字体@font-face

通过@font-face 属性可以加载服务器端的字体文件，让客户端显示客户端所没有安装的字体。

@font-face 属性值的说明如表 11-19 所示。

表 11-19 超链接伪类

属 性	描 述
font-family	设置文本的字体名称
font-style	设置文本样式
font-variant	设置文本是否大小写
font-weight	设置文本的粗细

微软的 IE 5 已经开始支持这个属性，但是只支持微软自有的 .eot（Embedded Open Type）格式，而其他浏览器直到现在都没有支持这一字体格式。从 Safari 3.1 开始，网页设计师已经可以设置 .ttf（TrueType）和 .otf（OpenType）两种字体作为自定义字体了。

11.6.3　阅读器 speech

通过 speech 可以规定页面中哪一块让计算机来阅读。其属性的取值如表 11-20 所示。

表 11-20　speech 属性的取值

属　　性	描　　述	默 认 值
voice-volume	<number> | <percentage> | silent | x-soft | soft | medium | loud | x-loud | inherit	medium
voice-balance	<number> | left | center | right | leftwards | rightwards | inherit	center
speak	none | normal | spell-out | digits | literal-punctuation | no-punctuation | inherit	normal
pause-before，pause-after	<time> | none | x-weak | weak | medium | strong | x-strong | inherit	implementation dependent
pause	[<'pause-before'> || <'pause-after'>] | inherit	implementation dependent
rest-before，rest-after	<time> | none | x-weak | weak | medium | strong | x-strong | inherit	implementation dependent
rest	[<'rest-before'> || <'rest-after'>] | inherit	implementation dependent
cue-before，cue-after	<uri> [<number> | <percentage> | silent | x-soft | soft | medium | loud | x-loud |none | inherit]	none
cue	[<'cue-before'> || <'cue-after'>] | inherit	not defined fot shorthand properties
mark-before，mark-after	<string>	none
mark	[<'mark-before'> || <'mark-after'>]	not defined for shorthand properties
voice-family	[[<specific-voice>|[<age>]<generic-voice>][<number>],]* [<specific-voice> |[<age>] <generic-voice>] [number] | inherit	implementation dependent
voice-rate	<percentage> | x-slow | slow | medium | fast | x-fast | inherit	implementation dependent
voice-pitch	<number> | <percentage> | x-slow | slow | medium | fast | x-fast | inherit	medium
voice-pitch-range	<number> | x-low | low | medium | high | x-high | inherit	implementation dependent
voice-stress	strong | moderate | none | reduced | inherit	moderate
voice-duration	<time>	implementation dependent
phonemes	<string>	implementation dependent

speech 属性说明如表 11-21 所示。

表 11-21　speech 属性

属　性	描　述	默 认 值	描　述
voice-volume	设置音量	mark	设置标注
voice-balance	设置声音平衡	voice-family	设置语系
speak	设置阅读类型	voice-rate	设置比率
pause-before，pause-after	设置暂停时的效果	voice-pitch	设置音调
rest-before，rest-after	设置停止时的效果	voice-pitch-range	设置音调范围
rest	设置停止	voice-stress	设置重音
cue-before，cue-after	设置提示时的效果	voice-duration	设置音乐持续时间
cue	设置提示	phonemes	设置音位
mark-before，mark-after	设置标注时的效果		

11.7　专家支招

本章主要对 CSS 3 中的新增属性进行了详细介绍，接下来为读者解答两个与本章内容相关的常见问题。

11.7.1　除了 Chrome 浏览器外，还有哪些浏览器支持 column 属性

目前，除了 IE 11 及其以下版本的浏览器还不支持 CSS 3 新增的 column 相关属性外，其他的 Firefox、Safari 浏览器都已经能够对 column 相关属性进行支持，但在设置 CSS 样式时，则需要在属性名称前添加核心设置，例如 Firefox 浏览器，该属性需要写为 -moz-column。

11.7.2　目前常用的浏览器都是以什么为内核引擎

IE 浏览器采用的是自己的 IE 内核，包括国内的遨游、腾讯 TT 等浏览器都是以 IE 为内核的。而以 Gecko 为引擎的浏览器主要有 Netscape、Mozilla 和 Firefox，以 Webkit 为引擎核心的浏览器主要有 Safari 和 Chrome，以 Presto 为引擎核心的浏览器主要有 Opera。

11.8　总结扩展

在 CSS 3 中还有许多新增属性，本章只是对其中一些进行了详细介绍，不可否认这些功能的确强大，但它的局限性在于不少属性只能够在特定的浏览器中才能够预览真实效果。

11.8.1　本章小结

通过本章的学习，相信读者已经了解了 CSS 3 中新增的部分属性，只有熟练掌握新增属性的语法格式及使用技巧，才能够在网页设计中随心所欲地设计出想要的效果。

11.8.2　举一反三——为图片添加轮廓

本实例通过使用 CSS 3 中新增的 outline 属性并对其进行相关设置，从而实现了在页面中对象周围绘制轮廓外边框的效果。

源文件地址：	源文件\第 11 章\11-8-2.html
视频地址：	视频\第 11 章\11-8-2.MP4

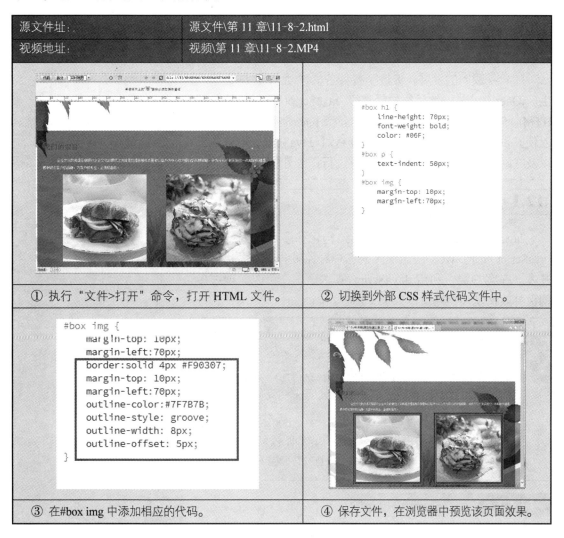

① 执行"文件>打开"命令，打开 HTML 文件。

② 切换到外部 CSS 样式代码文件中。

③ 在#box img 中添加相应的代码。

④ 保存文件，在浏览器中预览该页面效果。

第 12 章　jQuery 在网页中的应用

随着互联网的发展，促进了各种各样移动 Web 框架的产生。jQuery 就是一款优秀的轻量级 JavaScript 框架，简化了 HTML 5 与 JavaScript 之间的操作。而 jQuery 的语法设计可以使开发者更加便捷地操作，本章将对 JavaScript 脚本语言以及在网页中如何使用 jQuery 效果进行详细介绍。

12.1　认识 JavaScript

JavaScript 是一种面向对象、结构化和多用途的语言，JavaScript 支持 Web 应用程序的客户端和服务器方面构件的开发。在客户端，利用 JavaScript 脚本语言，可以实现很多网页特效，从而使网页的效果更加丰富。

> JavaScript 是对 ECMA 262 语言规范的一种实现，是一种基于对象和时间驱动并具有安全性能的脚本语言。它与 HTML 超文本标记语言、Java 脚本语言一起，可以实现在一个 Web 页面中链接多个对象、与 Web 客户端进行交互等操作，从而可以开发客户端的应用程序等。它是通过嵌入到标准的 HTML 语言中实现的，弥补了 HTML 语言的缺陷。

12.1.1　了解 JavaScript

JavaScript 是 Netscape 公司与 Sun 公司合作开发的。在 JavaScript 出现之前，Web 浏览器不过是一种能够显示超文本文档的软件的基本部分。而在 JavaScript 出现之后，网页的内容不再局限于枯燥的文本，网页的可交互性得到显著改善。JavaScript 的第一个版本，即 JavaScript 1.0，出现在 1995 年推出的 Netscape Navigator 2 浏览器中。

在 JavaScript 1.0 发布时，Netscape Navigator 主宰着浏览器市场，微软的 IE 浏览器则扮演着追赶者的角色。微软在推出 IE 3 的时候发布了自己的 VBScript 语言并以 Jscript 为名发布了 JavaScript 的一个版本，因此很快跟上了 Netscape 的步伐。

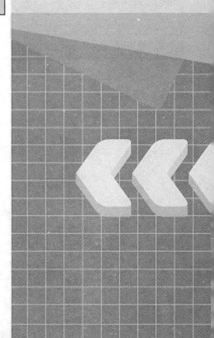

面对微软公司的竞争，Netscape 和 Sun 公司联合 ECMA（欧洲计算机制作商协会）对 JavaScript 语言进行了标准化——ECMAScript 语言，这使得同一种语言又多了一个名称。虽然 ECMAScript 这个名字没有流行开来，但人们所说的 JavaScript 实际上就是 ECMAScript。

到 1996 年，Netscape 和微软公司在各自的第 3 版浏览器中都不同程度地提供了对 JavaScript 1.1 语言的支持。

JavaScript 是一种脚本编写语言，它采用小程序段的方式实现编程，像其他脚本语言一样，JavaScript 同样也是一种解释性语言，它提供了一个简易的开发过程。JavaScript 是一种基于对象的语言，同时也可以看成是一种面向对象的语言。这意味着它具有定义和使用对象的能力。因此，许多功能可以由脚本环境中对象的方法与脚本之间进行相互写作来实现。

12.1.2　JavaScript 的特点

JavaScript 是被嵌入到 HTML 中的，最大的特点便是和 HTML 的结合。当 HTML 文档在浏览器中被打开时，JavaScript 代码才被执行。JavaScript 作为可以直接在客户端浏览器上运行的脚本程序，有着自身独特的功能和特点，分别介绍如下：

➢ 简单性。首先 JavaScript 是一种基于 Java 基本语句和控制流之上的简单而紧凑的设计，其次 JavaScript 的变量类型采用弱类型，并未使用严格的数据类型。

➢ 动态性。JavaScript 可以直接对用户或客户输入做出响应，无须经过 Web 服务程序。JavaScript 对用户的反映响应，是以事件驱动的方式进行的。所谓事件驱动，就是指在网页中执行了某种操作所产生的动作，称为"事件"。例如按下鼠标、移动窗口和选择菜单等都可以看成事件。当事件发生后，可能会引起相应的事件响应。

➢ 跨半台性。JavaScript 依赖于浏览器本身，与操作环境无关，只要是能运行浏览器的计算机，并支持 JavaScript 的浏览器就可以正确执行，从而实现其在不同操作系统环境中都能够正常运行。

➢ 安全性。JavaScript 是一种安全性语言，不允许访问本地磁盘，并且不能将数据保存到服务器上，不允许对网络文档进行修改和删除，只能通过浏览器实现信息浏览或动态交互，从而有效地防止数据丢失。

➢ 节省 CGI 的交互时间。随着互联网的迅速发展，有许多 Web 服务器提供的服务要与浏览者进行交流，从而确定浏览者的身份和所需要服务的内容等，这项工作通常由 CGI/PERL 编写相应的接口程序与用户进行交互来完成。很显然，通过网络与用户的交互增加了网络的通信量，另一方面，它也影响了服务器的性能。

JavaScript 是一种基于客户端浏览器的语言，用户在浏览的过程中填表、验证的交互过程只是通过浏览器对调入 HTML 文档中的 JavaScript 源代码进行解释执行来完成，即使必须调用 CGI 的部分，浏览器也只是将用户输入验证后的信息提交给远程的服务器，大大减少了服务器的开销。

12.1.3　CSS 样式与 JavaScript

JavaScript 与 CSS 样式都是可以直接在客户端浏览器解析并执行的脚本语言，CSS 用于设置网页上的样式和布局，从而使网页更加美观；而 JavaScript 是一种脚本语言，可以直接在网页上被浏览器解释运行，可以实现许多特殊的网页效果。

通过将 JavaScript 与 CSS 样式很好地结合，可以制作出很多奇妙而实用的效果，在本章后面的内容中将详细进行介绍，读者也可以将 JavaScript 实现的各种精美效果应用到自己的页面中。

12.2 JavaScript 与 jQuery

JavaScript 是一种网络脚本语言，已经被广泛应用于 Web 应用开发，但是 JavaScript 高级程序设计（特别是对于浏览器差异的复杂处理），一般都是比较耗时的，为了应对这些调整，从而产生了 JavaScript 库，这些 JavaScript 库被称为 JavaScript 框架，本节主要针对 JavaScript 框架中广受欢迎的 jQuery 进行详细讲解。

12.2.1 关于 jQuery

jQuery 顾名思义，也就是 JavaScript 和查询（Query），即辅助 JavaScript 开发的库。

jQuery 是继 prototype 之后又一个优秀的 JavaScript 库。它是轻量级的 JavaScript 库，它兼容 CSS 3，还兼容各种浏览器（IE 6.0+、FF 1.5+、Safari 2.0+、Opera 9.0+），jQuery 2.0 及后续版本将不再支持 IE 6/7/8 浏览器。jQuery 使用户能更方便地处理 HTML（标准通用标记语言下的一个应用）、events、实现动画效果，并且方便地为网站提供 Ajax 交互。jQuery 还有一个比较大的优势是，它的文档说明很全，而且各种应用也说得很详细，同时还有许多成熟的插件可供选择。jQuery 能够使用户的 HTML 页面保持代码和 HTML 内容分离，也就是说，不用再在 HTML 里面插入一堆 JavaScript 代码来调用命令了，只需要定义 id 即可。

> jQuery 是一个兼容多浏览器的 JavaScript 库，核心理念是 "write less, do more"（写得更少，做得更多）。jQuery 在 2006 年 1 月由美国人 John Resig 在纽约的 barcamp 发布，吸引了来自世界各地的众多 JavaScript 高手加入，由 Dave Methvin 率领团队进行开发。如今，jQuery 已经成为最流行的 JavaScript 库，在世界前 10000 个访问最多的网站中，有超过 55% 在使用 jQuery。

jQuery 是免费、开源的，使用 MIT 许可协议。jQuery 的语法设计可以使开发更加便捷，例如操作文档对象、选择 DOM 元素、制作动画效果、事件处理、使用 Ajax 以及其他功能。除此以外，jQuery 提供了 API 让开发者编写插件，其模块化的使用方式使开发者可以很轻松地开发出功能强大的静态或动态网页。

12.2.2 jQuery 的安装

在使用 jQuery 之前，首先要下载 jQuery，然后将其添加到网页中才能够使用。

➢ 下载 jQuery。jQuery 可以下载使用，共有两个版本，一种是 Production version，用于实际的网站中，已被精简和压缩；另一种是 Development，用于测试和开发（未被压缩，是可读的代码）。这两个版本都可从 jQuery.com 官网进行下载。

➤ 当将 jQuery 库下载完成后，需要将其使用到网页中，jQuery 库是一个 JavaScript 文件，您可以使用 HTML 的<script>标签引用它，如下所示：

```
<head>
<script src="jquery.js"></script>
</head>
```

 <script>标签应该位于页面的<head>部分。由于 JavaScript 是 HTML 5 以及所有浏览器中默认的脚本语言，因此不需要在 <script> 标签中使用 type="text/javascript" ？

12.2.3　jQuery 语法

jQuery 语法是为了 HTML 元素的选取编制的，可以对元素执行某些操作，基本语法如下所示：

```
$(selector).action()
```

➤ 美元符号：定义 jQuery。

➤ 选择符（selector）："查询"和"查找" HTML 元素。

➤ jQuery 的 action()执行对元素的操作。

代码实例如下所示：

```
$(this).hide() -
```

以上代码用于隐藏当前元素。

```
$("p").hide() -
```

以上代码用于隐藏所有段落。

```
$(".test").hide() -
```

以上代码用于隐藏所有 class="test" 的所有元素。

```
$("#test").hide() -
```

以上代码用于隐藏所有 id="test" 的元素。

12.2.4　jQuery 选择器

jQuery 选择器允许您对元素组或单个元素进行操作，并且是能够快速应用效果的元素。jQuery 元素选择器和属性选择器允许开发人员通过标签名、属性名或内容对 HTML 元素进行选择。

➤ jQuery 元素选择器。

jQuery 使用 CSS 选择器来选取 HTML 元素。

$("p") 选取<p>元素。

$("p.intro") 选取所有 class="intro" 的<p>元素。

$("p#demo") 选取所有 id="demo" 的<p>元素。

➤ jQuery 属性选择器。

jQuery 使用 XPath 表达式来选择带有给定属性的元素。

$("[href]") 选取所有带有 href 属性的元素。

$("[href='#']") 选取所有带有 href 值等于 "#" 的元素。

$("[href!='#']") 选取所有带有 href 值不等于 "#" 的元素。

$("[href$='.jpg']") 选取所有 href 值以 ".jpg" 结尾的元素。

 提示 XPath 是一种在 XML 文档中查找信息的语言。XPath 用于在 XML 文档中通过元素和属性进行导航。

➢ jQuery CSS 选择器。

jQuery CSS 选择器可用于改变 HTML 元素的 CSS 属性。

jQuery 选择器是 jQuery 中非常重要的一部分，表 12-1 将详细地向用户介绍 jQuery 中的全部选择器、语法及选择的对象。

表 12-1　jQuery 的选择器、语法及选择的对象

属　　性	描　　述	选　　取
*	$("*")	所有元素
#id	$("#lastname")	id="lastname" 的元素
.class	$(".intro")	所有 class="intro" 的元素
element	$("p")	所有<p>元素
.class.class	$(".intro.demo")	所有 class="intro" 且 class="demo" 的元素
:first	$("p:first")	第一个<p>元素
:last	$("p:last")	最后一个<p>元素
:even	$("tr:even")	所有偶数<tr>元素
:odd	$("tr:odd")	所有奇数<tr>元素
:eq(index)	$("ulli:eq(3)")	列表中的第四个元素（index 从 0 开始）
:gt(no)	$("ulli:gt(3)")	列出 index 大于 3 的元素
:lt(no)	$("ulli:lt(3)")	列出 index 小于 3 的元素
:not(selector)	$("input:not(:empty)")	所有不为空的 input 元素
:header	$(":header")	所有标题元素<h1>～<h6>
:animated		所有动画元素
:contains(text)	$(":contains('W3School')")	包含指定字符串的所有元素
:empty	$(":empty")	无子（元素）节点的所有元素
:hidden	$("p:hidden")	所有隐藏的<p>元素
:visible	$("table:visible")	所有可见的表格
s1,s2,s3	$("th,td,.intro")	所有带有匹配选择的元素
[attribute]	$("[href]")	所有带有 href 属性的元素
[attribute=value]	$("[href='#']")	所有 href 属性的值等于 "#" 的元素
[attribute!=value]	$("[href!='#']")	所有 href 属性的值不等于 "#" 的元素

（续）

属　　性	描　　述	选　　取
[attribute$=value]	$("[href$='.jpg']")	所有 href 属性的值包含以 ".jpg" 结尾的元素
:input	$(":input")	所有\<input\>元素
:text	$(":text")	所有 type="text" 的\<input\>元素
:password	$(":password")	所有 type="password" 的\<input\>元素
:radio	$(":radio")	所有 type="radio" 的\<input\>元素
:checkbox	$(":checkbox")	所有 type="checkbox" 的\<input\>元素
:submit	$(":submit")	所有 type="submit" 的\<input\>元素
:reset	$(":reset")	所有 type="reset" 的\<input\>元素
:button	$(":button")	所有 type="button" 的\<input\>元素
:image	$(":image")	所有 type="image" 的\<input\>元素
:file	$(":file")	所有 type="file" 的\<input\>元素
:enabled	$(":enabled")	所有激活的 input 元素
:disabled	$(":disabled")	所有禁用的 input 元素
:selected	$(":selected")	所有被选取的 input 元素
:checked	$(":checked")	所有被选中的 input 元素

12.2.5　jQuery 事件

jQuery 是为事件处理特别设计的。jQuery 事件处理方法是 jQuery 中的核心函数。事件处理程序指的是当 IITML 中发生某些事件时所调用的方法。

通常会把 jQuery 代码放到\<head\>部分的事件处理方法中，如下代码所示：

```html
<html>
<head>
<script type="text/javascript" src="/jquery/jquery.js"></script>
<script type="text/javascript">
$(document).ready(function(){
$("button").click(function(){
$("p").hide();
});
});
</script>
</head>
<body>
<h2>CSS 与 jQuery 的综合应用</h2>
<p>JavaScript 与 jQuery.</p>
<p>jQuery 事件.</p>
<button type="button">提交</button>
</body>
</html>
```

图 12-1

在浏览器中预览页面，结果如图 12-1 所示。

12.3 在 Dreamweaver CC 中使用 jQuery

在 Dreamweaver CC 中，提供了对 jQuery Mobile 和 jQuery UI 页面开发的支持，可以通过使用 jQuery 使页面更加美观和实用。

实例：制作一个简单的检索页面

本实例将通过实际操作向读者讲解如何在 HTML 文件中插入 jQuery，页面效果如图 12-2 所示。

图 12-2

学习时间	30 分钟
视频地址	视频\第 12 章\12-3.mp4
源文件地址	源文件\第 12 章\12-3.html

01 ▶ 执行"文件>新建"命令，在"新建文档"对话框中选择"流体网格"布局，效果如图 12-3 所示。单击"创建"按钮，保存为 12-3.css 文件后，完成一个流体网格页面的创建，效果如图 12-4 所示。

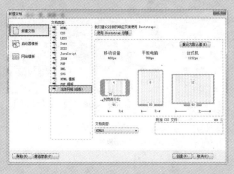

图 12-3

图 12-4

02 ▶ 将光标移动到 Div1 中，选中文本并按 Delete 键删除。单击"插入"面板中 jQuery UI 选项下的 Accordion 按钮，如图 12-5 所示。单击鼠标弹出对话框中的"确定"按钮，将文件保存为 12-3.html，页面效果如图 12-6 所示。

图 12-5　　　　　　　　　　　　　　　　　　　图 12-6

03 ▶ 切换到代码视图,在<body>...</body>标签中添加代码,如图 12-7 所示。修改"部分 1"中的内容,如图 12-8 所示。

图 12-7　　　　　　　　　　　　　　　　　　　图 12-8

04 ▶ 使用相同的方法完成"部分 2"和"部分 3",如图 12-9 所示。保存文件,在浏览器中预览效果,如图 12-10 所示。

图 12-9　　　　　　　　　　　　　　　　　　　图 12-10

12.4　jQuery 效果

在网页制作中,可以通过 jQuery 实现动画的特殊效果,例如使用 jQuery 实现网页全屏大图切换效果、实现图像横向滚动效果及实现淡入淡出效果等。本节将详解如何使用 jQuery

实现的特殊效果。

在网页中经常可以看到全屏的图像效果，全屏的图像效果除了可以使用背景图像，插入到网页中的图像同样能够实现全屏的效果，全屏的图像能够根据浏览器窗口大小的变化而发生变化，在任何分辨率下都会全屏显示图像，大大提高了网页的视觉效果。

实例：全屏大图切换效果

本实例制作一个景色展示页面，通过 CSS 样式的设置实现网页中图像的全屏显示效果，再通过 jQuery 脚本文件实现全屏大图的自动切换效果，页面效果如图 12-11 所示。

图 12-11

学习时间	30 分钟
视频地址	视频\第 12 章\12-4-1.mp4
源文件地址	源文件\第 12 章\12-4-1.html

01 ▶ 执行"文件>新建"命令，新建一个 HTML 页面，如图 12-12 所示，将该页面保存为 12-4-1.html，使用相同的方法，新建外部 CSS 样式表文件，将其保存为 12-4-1.css 文件，返回到 12-4-1.html 页面中，链接刚刚创建的外部 CSS 样式表文件，如图 12-13 所示。

图 12-12

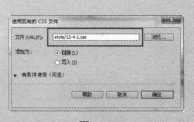

图 12-13

02 ▶ 切换到外部 CSS 样式表文件中，创建名为*的通配符 CSS 样式，以及名为 html，body 和 body 的标签 CSS 样式，如图 12-14 所示。返回到网页设计视图中，可以看到页面的背景效果，如图 12-15 所示。

```css
* {
    margin: 0px;
    padding: 0px;
}
html,body {
    height: 100%;
}
body {
    font-size: l2px;
    line-height: 25px;
    color: #FFF;
    background-color: #333;
}
```

图 12-14

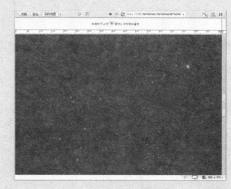

图 12-15

03 ▶ 在页面中插入一个名为 full-screen-slider 的 Div，切换到外部 CSS 样式表文件中，创建名为#full-screen-slider 的 CSS 样式，如图 12-16 所示。返回到网页设计视图中，可以看到页面的背景效果，如图 12-17 所示。

```css
body {
    font-size: 12px;
    line-height: 25px;
    color: #FFF;
    background-color: #333;
}

#full-screen-slider {
    position: relative;
    width: 100%;
    height: 100%;
    overflow: hidden;
}
```

图 12-16

图 12-17

04 ▶ 将光标移至名为 full-screen-slider 的 Div 中，将多余的文字删除，依次插入相应的图像，如图 12-18 所示。切换到代码视图中，可以看到该部分内容的代码，如图 12-19 所示。

图 12-18

```html
<body>
<div id="full-screen-slider"><img src="images/124101.jpg"
width="1600" height="900" alt=""/><img src="images/124102.jpg"
width="1600" height="900" alt=""/><img src="images/124103.jpg"
width="1600" height="900" alt=""/><img src="images/124104.jpg"
width="1600" height="900" alt=""/><img src="images/124105.jpg"
width="1600" height="900" alt=""/></div>
</body>
</html>
```

图 12-19

05 ▶ 将图像<img>标签中的 width 和 height 属性删除，并添加相应的项目列表标签，
如图 12-20 所示。在<ul>标签中添加 ID 属性设置，为<ul>标签设置 ID 名称，
如图 12-21 所示。

```
<body>
<div id="full-screen-slider">
  <ul>
    <li><img src="images/124101.jpg" alt=""/></li>
    <li><img src="images/124102.jpg" alt=""/></li>
    <li><img src="images/124103.jpg" alt=""/></li>
    <li><img src="images/124104.jpg" alt=""/></li>
    <li><img src="images/124105.jpg" alt=""/></li>
  </ul>
</div>
</body>
</html>
```

图 12-20

```
<body>
<div id="full-screen-slider">
  <ul id="slides">
    <li><img src="images/124101.jpg" alt=""/></li>
    <li><img src="images/124102.jpg" alt=""/></li>
    <li><img src="images/124103.jpg" alt=""/></li>
    <li><img src="images/124104.jpg" alt=""/></li>
    <li><img src="images/124105.jpg" alt=""/></li>
  </ul>
</div>
</body>
</html>
```

图 12-21

06 ▶ 切换到外部 CSS 样式表文件中，创建名为#slides 的 CSS 样式，如图 12-22 所
示。创建名为# slides li 的 CSS 样式，如图 12-23 所示。

```
#slides {
    display: block;
    position: relative;
    width: 100%;
    height: 100%;
    overflow: hidden;
    list-style: none;
}
```

图 12-22

```
#slides li {
    display: block;
    position: absolute;
    width: 100%;
    height: auto;
    overflow: hidden;
    list-style: none;
}
#slides li img {
    width: 100%;
}
```

图 12-23

07 ▶ 返回到网页设计视图中，可以看到页面的背景效果，如图 12-24 所示。切换到
外部 CSS 样式表文件中，分别创建名为#pagination、#pagination li、#pagination
li a 和#pagination li.current 的 CSS 样式，如图 12-25 所示。

图 12-24

```
#pagination {
    position: absolute;
    display: block;
    left: 50%;
    bottom: 20px;
    z-index: 9900;
}
#pagination li {
    display:block;
    list-style:none;
    width:10px;
    height:10px;
    float:left;
    margin-left:15px;
    border-radius:5px;
    background:#CCC;
}
#pagination li a {
    display:block;
    text-indent:-9999px;
}
#pagination li.current {
    background:#0092CE;
}
```

图 12-25

名为#pagination、#pagination li、#pagination li a 和#pagination li.current 的 CSS 样式设置的是全屏图像切换的小点，该部分内容是通过 jQuery 脚本文件中的程序代码来生成的，此处的 jQuery 脚本文件是编写好的程序，在这里可直接使用。

08 ▶ 返回到网页代码视图中，在<head>与</head>标签之间添加链接外部 jQuery 脚本的文件代码，如图 12-26 所示。

```
<link href="style/12-4-1.css" rel="stylesheet" type="text/css">
<script type="text/javascript" src="js/jquery-1.8.0.min.js"></script>
<script type="text/javascript" src="js/jquery.jslides.js"></script>
</head>
```

图 12-26

09 ▶ 执行"文件>保存"命令，保存页面，保存外部 CSS 样式表文件，在浏览器中预览页面，可以看到该页面中的全屏大图切换效果，如图 12-27 所示。

图 12-27

12.4.2　使用 jQuery 实现图像横向滚动效果

滚动图像是网页中常见的效果，它能够在有限的页面空间中展示多张图像，并且能够为网页实现一定的动态交互效果，虽然使用 HTML 中的<marquee>标签可以实现文字和图像的滚动效果，但是使用<marquee>标签所实现的滚动效果也并不是很美观。接下来将通过实例的制作来详细讲解如何使用 jQuery 实现图像横向滚动的效果。

实例：图像横向滚动效果

除了可以为文本创建项目列表外，还能够为网页中的图像创建项目列表，本实例首先为网页中的图像创建项目列表，对项目列表的 CSS 样式进行设置，然后通过 jQuery 脚本代码实现网页中图像的横向滚动效果，如图 12-28 所示。

271

图 12-28

学习时间	30 分钟
视频地址	视频\第 12 章\12-4-2.mp4
源文件地址	源文件\第 12 章\12-4-2.html

01 ▶ 执行"文件>新建"命令,新建一个 HTML 页面,如图 12-29 所示,将该页面
保存为 12-4-2.html,使用相同的方法,新建外部 CSS 样式表文件,将其保存为
12-4-2.css 文件,返回到 12-4-2.html 页面中,链接刚刚创建的外部 CSS 样式表
文件,如图 12-30 所示。

图 12-29

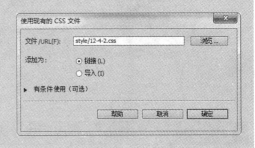

图 12-30

02 ▶ 切换到外部 CSS 样式表文件中,创建名为*的通配符 CSS 样式和名为 body 的标
签,如图 12-31 所示。返回到网页设计视图中,可以看到页面的背景效果,如
图 12-32 所示。

03 ▶ 在页面中插入一个名为 bg 的 Div,切换到该网页所链接外部 CSS 样式表文件
中,创建名为#bg 的 CSS 样式,如图 12-33 所示。返回到网页设计视图中,可
以看到页面的背景效果,如图 12-34 所示。

```
* {
    margin: 0px;
    padding: 0px;
}
body {
    font-family: 微软雅黑;
    font-size: 12px;
    color: #FFF;
    line-height: 25px;
    background-color: #000;
    background-image: url(../images/124201.jpg);
    background-repeat: no-repeat;
    background-position: center top;
}
```

图 12-31

图 12-32

```
body {
    font-family: 微软雅黑;
    font-size: 12px;
    color: #FFF;
    line-height: 25px;
    background-color: #000;
    background-image: url(../images/124201.jpg);
    background-repeat: no-repeat;
    background-position: center top;
}
#bg {
    position: absolute;
    width: 100%;
    height: auto;
    overflow: hidden;
    bottom: 0px;
    background-color: rgba(0,0,0,0.5);
    padding: 10px 0px;
}
```

图 12-33

图 12-34

04 ▶ 将光标移至名为 bg 的 Div 中，将多余的文字删除，在该 Div 中插入一个名为 box 的 Div，切换到该网页所链接的外部 CSS 样式表文件中，创建名为#box 的 CSS 样式，如图 12-35 所示。返回到网页设计视图中，可以看到页面的背景效果，如图 12-36 所示。

```
#bg {
    position: absolute;
    width: 100%;
    height: auto;
    overflow: hidden;
    bottom: 0px;
    background-color: rgba(0,0,0,0.5);
    padding: 10px 0px;
}
#box {
    width: 980px;
    height: auto;
    overflow: hidden;
    margin: 0px auto;
}
```

图 12-35

图 12-36

05 ▶ 将光标移至名为 box 的 Div 中，将多余的文字删除，在该 Div 中插入一个不设置 ID 名称的 Div，切换到该网页所链接的外部 CSS 样式表文件中，创建名为.picbox 的类 CSS 样式，如图 12-37 和图 12-38 所示。

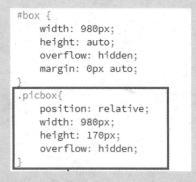

```
#box {
    width: 980px;
    height: auto;
    overflow: hidden;
    margin: 0px auto;
}
.picbox{
    position: relative;
    width: 980px;
    height: 170px;
    overflow: hidden;
}
```

图 12-37   图 12-38

06 ▶ 返回到网页设计视图中，为刚插入的 Div 应用该类 CSS 样式，如图 12-39 所示。将光标移至刚插入的 Div 中，将多余的文字删除，单击"插入"面板上 HTML 选项组中的"ul 项目列表"按钮，如图 12-40 所示。

图 12-39   图 12-40

07 ▶ 在该 Div 中插入项目列表，在光标所在位置插入相应的图像，如图 12-41 所示。使用相同的方法插入列表项并分别在各列表项中插入图像，其代码视图如图 12-42 所示。

图 12-41   图 12-42

08 ▶ 切换到该网页所链接的外部 CSS 样式表文件中，创建名为.Piclist 和.piclist li 的 类 CSS 样式，如图 12-43 所示。返回到网页代码视图中，在项目列表<ul>标签 中添加 class 属性并应用相应的类 CSS 样式，如图 12-44 所示。

```css
.piclist{
    position: absolute;
    height: 115px;
    left: 0px;
    top: 0px;
}
.piclist li{
    list-style-type: none;
    background: #FDF9F9;
    margin-right: 11px;
    padding: 5px;
    float: left;
}
```

图 12-43

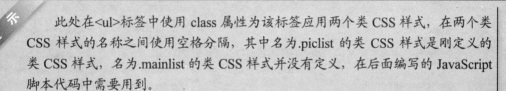

图 12-44

💡 **提示**

　　此处在<ul>标签中使用 class 属性为该标签应用两个类 CSS 样式，在两个类 CSS 样式的名称之间使用空格分隔，其中名为.piclist 的类 CSS 样式是刚定义的 类 CSS 样式，名为.mainlist 的类 CSS 样式并没有定义，在后面编写的 JavaScript 脚本代码中需要用到。

09 ▶ 返回到网页设计视图中，可以看到页面中项目列表中的图像效果，如图 12-45 所示。切换到该网页所链接的外部 CSS 样式表文件中，创建名为.swaplist 的类 CSS 样式，如图 12-46 所示。

图 12-45

```css
.piclist li{
    list-style-type: none;
    background: #FDF9F9;
    margin-right: 10px;
    padding: 3px;
    float: left;
}
.swaplist{
    position:absolute;
    left:-3000px;
    top:0px;
}
```

图 12-46

10 ▶ 返回到网页设计视图中，在项目列表的结束标签</ul>之后添加<ul></ul>标签，并 在<ul>标签中使用 class 属性添加相应的类 CSS 样式，如图 12-47 所示。在应用 了名为 picbox 的 Div 之后插入一个空的 Div，可以看到相应的代码，如图 12-48 所示。

```
    <ul class="piclist mainlist">
    <li> <img src="images/124202.jpg" width="220" height="164" alt=""/>
</li>
    <li> <img src="images/124203.jpg" width="220" height="164" alt=""/>
</li>
    <li> <img src="images/124204.jpg" width="220" height="164" alt=""/>
</li>
    <li> <img src="images/124205.jpg" width="220" height="164" alt=""/>
</li>
    <li> <img src="images/124206.jpg" width="220" height="164" alt=""/>
</li>
    <li> <img src="images/124207.jpg" width="220" height="164" alt=""/>
</li>
    <li> <img src="images/124208.jpg" width="220" height="164" alt=""/>
</li>
    <li> <img src="images/124209.jpg" width="220" height="164" alt=""/>
</li>
    </ul>
    <ul class="piclist swaplist"></ul>
    </div>
    </div>
</body>
</html>
```

图 12-47

```
<div class="picbox">
    <ul class="piclist mainlist">
    <li> <img src="images/124202.jpg" width="220" height="164" alt=""/>
</li>
    <li> <img src="images/124203.jpg" width="220" height="164" alt=""/>
</li>
    <li> <img src="images/124204.jpg" width="220" height="164" alt=""/>
</li>
    <li> <img src="images/124205.jpg" width="220" height="164" alt=""/>
</li>
    <li> <img src="images/124206.jpg" width="220" height="164" alt=""/>
</li>
    <li> <img src="images/124207.jpg" width="220" height="164" alt=""/>
</li>
    <li> <img src="images/124208.jpg" width="220" height="164" alt=""/>
</li>
    <li> <img src="images/124209.jpg" width="220" height="164" alt=""/>
</li>
    </ul>
    <ul class="piclist swaplist"></ul>
    <div></div>
    </div>
    </div>
</body>
</html>
```

图 12-48

11 ▶ 切换到该网页所链接的外部 CSS 样式表文件中，创建名为.og_prev 的类 CSS 样式，如图 12-49 所示。返回到网页设计视图中，在刚刚添加的<div>标签中应用类 CSS 样式.og_prev，如图 12-50 所示。

```
.og_prev{
    width: 30px;
    height: 50px;
    background-image: url(../images/124210.png);
    background-repeat: no-repeat;
    background-position: 0 -60px;
    position: absolute;
    top: 50px;
    left: 4px;
    z-index: 99;
    cursor: pointer;
    filter: alpha(opacity=70);
    opacity: 0.7;
}
```

图 12-49

```
<div class="picbox">
    <ul class="piclist mainlist">
    <li> <img src="images/124202.jpg" width="220" height="164"
alt=""/></li>
    <li> <img src="images/124203.jpg" width="220" height="164"
alt=""/></li>
    <li> <img src="images/124204.jpg" width="220" height="164"
alt=""/></li>
    <li> <img src="images/124205.jpg" width="220" height="164"
alt=""/></li>
    <li> <img src="images/124206.jpg" width="220" height="164"
alt=""/></li>
    <li> <img src="images/124207.jpg" width="220" height="164"
alt=""/></li>
    <li> <img src="images/124208.jpg" width="220" height="164"
alt=""/></li>
    <li> <img src="images/124209.jpg" width="220" height="164"
alt=""/></li>
    </ul>
    <ul class="piclist swaplist"></ul>
    <div class="og_prev"></div>
    </div>
</div>
```

图 12-50

12 ▶ 使用相同的方法，添加<div>标签，切换到该网页所链接的外部 CSS 样式表文件中，创建名为.og_next 的类 CSS 样式，如图 12-51 所示。返回到网页设计视图中，在刚刚添加的<div>标签中应用类 CSS 样式.og_next，如图 12-52 所示。

```
.og_next{
    width: 30px;
    height: 50px;
    background-image: url(../images/124210.png);
    background-repeat: no-repeat;
    background-position: 0 0;
    position: absolute;
    top: 50px;
    right:4px;
    z-index: 99;
    cursor: pointer;
    filter: alpha(opacity=70);
    opacity: 0.7;
}
```

图 12-51

```
<div class="picbox">
    <ul class="piclist mainlist">
    <li> <img src="images/124202.jpg" width="220" height="164"
alt=""/></li>
    <li> <img src="images/124203.jpg" width="220" height="164"
alt=""/></li>
    <li> <img src="images/124204.jpg" width="220" height="164"
alt=""/></li>
    <li> <img src="images/124205.jpg" width="220" height="164"
alt=""/></li>
    <li> <img src="images/124206.jpg" width="220" height="164"
alt=""/></li>
    <li> <img src="images/124207.jpg" width="220" height="164"
alt=""/></li>
    <li> <img src="images/124208.jpg" width="220" height="164"
alt=""/></li>
    <li> <img src="images/124209.jpg" width="220" height="164"
alt=""/></li>
    </ul>
    <ul class="piclist swaplist"></ul>
    <div class="og_prev"></div>
    <div class="og_next"></div>
    </div>
```

图 12-52

13 ▶ 返回到网页设计视图中，可以看到页面中的图像效果，如图 12-53 所示。执行
"文件>新建"命令，新建一个 JavaScript 脚本文件，将该文件保存为 12-4-2.js，
如图 12-54 所示。

图 12-53　　　　　　　　　　　　　　　　图 12-54

14 ▶ 在 12-4-2.js 文件中编写相应的 JavaScript 脚本代码，如图 12-55 所示。返回到
网页代码视图中，在<head></head>标签中添加<script>标签，链接 jQuery 库文
件和刚编辑的 12-4-2.js 文件，如图 12-56 所示。

```javascript
// JavaScript Document
$(document).ready(function(e) {
    /***标题背景的滚动，实现即可***/
    time = window.setInterval(function(){
        $('.og_next').click();
    },5000);
    /***不需要背景滚动的实现，去掉即可***/
    linum = $('.mainlist li').length;//图片数量
    w = linum * 258;//ul宽度
    $('.piclist').css('width', w + 'px');//ul宽度
    $('.swaplist').html($('.mainlist').html());//原始内容

    $('.og_next').click(function(){

        if($('.swaplist,.mainlist').is(':animated')){
            $('.swaplist,.mainlist').stop(true,true);
        }

        if($('.mainlist li').length>4){//少于4张图片
            ml = parseInt($('.mainlist').css('left'));//原始图片的位置
            sl = parseInt($('.swaplist').css('left'));//交换图片的位置
            if(ml<=0 && ml>w-1){//原始图显示中
                $('.swaplist').css({left: '1000px'});//交换图片放置在右侧将滚动
                $('.mainlist').animate({left: ml - 1000 + 'px'},'slow');//原始图片滚动
                if(ml==(w-1000)*-1){//原始图片最后一屏时
                    $('.swaplist').animate({left: '0px'},'slow');//交换图片滚动
                }
            }else{//交换图片显示时
                $('.mainlist').css({left: '1000px'});//原始图片放在右侧将滚动
                $('.swaplist').animate({left: sl - 1000 + 'px'},'slow');//交换图片滚动
                if(sl==(w-1000)*-1){//交换图片最后一屏时
                    $('.mainlist').animate({left: '0px'},'slow');//原始图片滚动
                }
            }
        }
    });
```

图 12-55

```html
<!doctype html>
<html>
<head>
<meta charset="utf-8">
<title>无标题文档</title>
<link href="style/12-4-2.css" rel="stylesheet" type=
"text/css">
<script type="text/javascript" src="js/jquery.js"></script>
<script type="text/javascript" src="js/12-4-2.js"></script>
</head>
<body>
<div id="bg">
  <div id="box">
    <div class="picbox">
    <ul class="piclist mainlist">
```

图 12-56

> 此处编写的 JavaScript 脚本代码较多，因此没有给出详细的代码，用户可以打开 12-4-2.js 文件进行查看，此处链接的 jQuery.js 是 jQuery 库文件，代码已经编写好，可以直接使用。

15 ▶ 执行"文件>保存"命令，保存页面，保存外部 CSS 样式表文件，在浏览器中预览页面，可以看到该页面中图像会在设定的时间自动滚动，也可以单击左右方向键手动滚动，如图 12-57 所示。

图 12-57

12.5 专家支招

在实现网页效果时，除了能够链接外部 jQuery 库文件，在 Dreamweaver CC 中也有内置的 jQuery 效果，接下来就为用户简单介绍如何使用 Dreamweaver CC 为用户添加 jQuery 效果。

12.5.1 在 Dreamweaver 中为网页元素添加 jQuery 效果

在 Dreamweaver CC 中为页面元素添加内置 jQuery 效果时，单击"行为"面板上的"添加行为"按钮，弹出 Dreamweaver CC 中默认的 jQuery 效果菜单，可以在弹出的菜单中选择需要添加的 jQuery 效果。

12.5.2 Dreamweaver 中内置 jQuery 能够实现的效果

在 Dreamweaver 中内置了 12 种 jQuery 效果，下面将分别介绍各自能够实现的效果。

➢ Blind。可以控制网页中元素的显示和隐藏，并且可以控制显示和隐藏的方向。

➢ Bounce。可以使网页中的元素产生抖动的效果，可以控制抖动的频率和幅度。

➢ Clip。可以使网页中的元素实现收缩隐藏的效果。

➢ Drop。可以控制网页元素向某个方向实现渐隐或渐显的效果。

➢ Fade。可以控制网页元素在当前位置实现渐隐或渐显的效果。

➢ Fold。可以控制网页元素在水平和垂直方向上的动态隐藏或显示。

➢ Hightlight。可以实现网页元素过渡到所设置的高光颜色再隐藏或显示的效果。

➢ Puff。可以实现网页元素逐渐放大并渐隐或渐显的效果。

➢ Pulsate。可以实现网页元素在原位置闪烁并最终隐藏或显示的效果。

➤ Scale。可以实现网页元素按所设置的比例进行缩放并渐隐或渐显的效果。

➤ Shake。可以实现网页元素在原位置晃动的效果，可以设置其晃动的方向和次数。

➤ Slide。可以实现网页元素向指定的位置位移一定距离后隐藏或显示的效果。

12.6　总结扩展

jQuery 是一个兼容多浏览器的轻量级 JavaScript 库。jQuery 的语法设计可以使开发者更加便捷地操作，例如操作文档对象、选择 DOM 元素、实现动画效果、处理时间等功能，其模块化的使用方式使开发者可以很轻松地开发出功能强大的静态或动态网页。

12.6.1　本章小结

本章主要简单介绍了 JavaScript 与 jQuery 的相关知识，主要通过实例的方式使用户了解如何利用 jQuery 在网页中实现特殊的交互效果，只有熟练掌握 jQuery 语法及表达方式才能够在制作网页时熟练地使用 jQuery 效果。

12.6.2　举一反三——使用 jQuery 制作选项卡

本实例通过使用 CSS 3 中新增的 contrast 属性并对其进行相关设置，从而实现页面中图像对象对比度的调节。

源文件地址：	源文件\第 12 章\12-6-2.html
视频地址：	视频\第 12 章\12-6-2.MP4

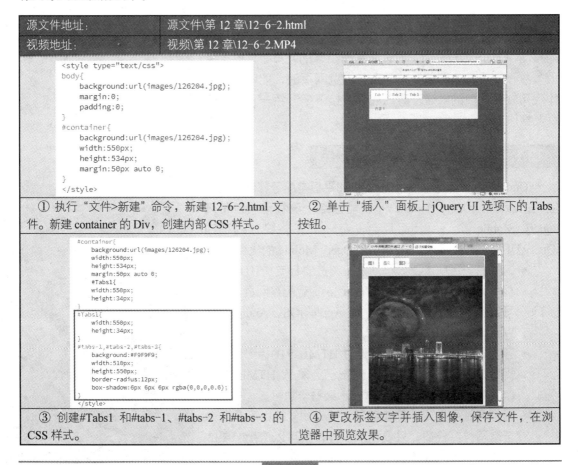

① 执行"文件>新建"命令，新建 12-6-2.html 文件。新建 container 的 Div，创建内部 CSS 样式。

② 单击"插入"面板上 jQuery UI 选项下的 Tabs 按钮。

③ 创建#Tabs1 和#tabs-1、#tabs-2 和#tabs-3 的 CSS 样式。

④ 更改标签文字并插入图像，保存文件，在浏览器中预览效果。

第 13 章 jQuery Mobile 与 jQuery UI 的应用

jQuery Mobile 是移动端的 JavaScript 库。jQuery Mobile 相当于 PC 端的 jQuery UI，它提供了很多页面的 UI 库，能够很快地开发出漂亮的界面，jQuery Mobile 强调语义标注并且非常易于使用，接下来将详细对 jQuery Mobile 及 jQuery UI 进行介绍。

13.1 认识 jQuery Mobile

jQuery Mobile 是一套以 jQuery 和 jQuery UI 为基础，提供移动设备跨平台的用户界面函数库，它不仅能够给主流移动平台带来 jQuery Mobile 核心库，而且会发布一个完整统一的移动 jQuery UI 框架。通过它制作出来的网页都能够支持大多数移动设备的浏览器，并且在浏览网页时，能够拥有操作应用软件一般的触碰及滑动效果，接下来介绍一下它的优点及操作流程。

13.1.1 jQuery Mobile 的优点

jQuery Mobile 是 jQuery 在手机和平板电脑等移动设备上应用的版本。jQuery Mobile 不仅能够给主流移动平台带来 jQuery Mobile 核心库，而且会发布一个完整统一的移动 jQuery UI 框架，接下来就详细讲解 jQuery Mobile 的优点。

➢ 跨平台。目前大部分移动设备浏览器都支持 HTML 5 标准，jQuery Mobile 以 HTML 5 标记配置网页，所以可以跨不同的移动设备，如 Apple iOS、Android 和 Windows Phone 等。

➢ 容易学习。jQuery Mobile 通过 HTML 5 的标记与 CSS 规范来配置与美化页面，对于已经熟悉 HTML 5 及 CSS 3 的读者来说，架构清晰，又易于学习。

➢ 提供多种函数库。例如键盘、触碰功能等，不需要辛苦编写程序代码，只要稍加设置，就可以产生想要的功能，大大节约了编写程序所花费的时间。

➤ 多样的布景主题和 ThemeRoller 工具。jQuery UI 的 ThemeRoller 在线工具，只要通过下拉菜单设置，就能够制作出相当有特色的网页风格，并且可以将代码下载下来应用。另外，jQuery Mobile 还提供布景主题，轻轻松松就能够快速创建高品质的网页。

13.1.2　jQuery Mobile 的操作流程

jQuery Mobile 的操作和流程与 HTML 编程相似，一般有以下几个步骤：

① 新增 HTML 文件。

② 声明 HTML 5 Document。

③ 载入 jQuery Mobile CSS、jQuery 与 jQuery Mobile 链接库。

④ 使用 jQuery Mobile 定义的 HTML 标准，编写网页架构及内容。

> 至于开发工具也与 HTML 5 一样，只有通过记事本这类文字编辑器将编辑好的文件保存为.htm 或.html，就可以使用浏览器或模拟浏览器来浏览了。

13.2　使用 Dreamweaver 创建 jQuery Mobile 页面

在 Dreamweaver CC 中，提供了 jQuery Mobile 页面开发的支持，可以快速通过多种方法来创建 jQuery Mobile 页面。

01 ▶ 执行"文件>新建"命令，弹出"新建文档"对话框，选择"启动器模板"选项卡，在"示例页"列表框中可以看到 Dreamweaver CC 提供了 3 种 jQuery Mobile 页面示例，如图 13-1 所示。

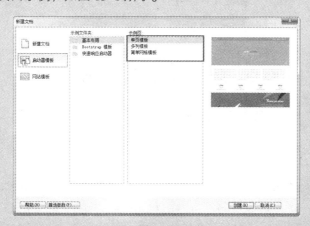

图 13-1

02 ▶ 除了可以通过"新建文档"对话框直接创建 jQuery Mobile 页面外，还可新建一个空白的 HTML 页面。将光标置于页面中，单击"插入"面板上的 jQuery Mobile 选项组中的"页面"按钮，如图 13-2 所示。弹出"jQuery Mobile 文件"对话框，如图 13-3 所示。

图 13-2　　　　　　　　　　　　　　　　　　　　图 13-3

03 ▶ 单击"确定"按钮，弹出"页面"对话框，在该对话框中可以设置所创建的 jQuery Mobile 页面中需要包含的页面元素和 ID 名称，如图 13-4 所示。单击 "确定"按钮，即可创建 jQuery Mobile 页面，如图 13-5 所示。

图 13-4　　　　　　　　　　　　　　　　　　　　图 13-5

04 ▶ 单击文档工具栏上的"实时视图"按钮，可以在实时视图中看到默认的 **jQuery** Mobile 页面效果，如图 13-6 所示。

图 13-6

实例：设计制作手机网站页面

随着移动互联网的快速发展，适用于移动设备的网页非常需要一个跨浏览器的框架，让 开发人员开发出真正的移动 Web 网站，jQuery Mobile 支持全球主流的移动应用平台，本实 例将使用 jQuery Mobile 功能制作一个手机网站页面，最终制作效果如图 13-7 所示。

图 13-7

学习时间	30 分钟
视频地址	视频\第 13 章\13-2.mp4
源文件地址	源文件\第 13 章\13-2.html

01 ▶ 执行 "文件>新建" 命令, 新建一个 HTML 页面, 如图 13-8 所示, 将该页面保存为 13-2.html, 使用相同的方法, 新建外部 CSS 样式表文件, 将其保存为 13-2.css 文件, 返回到 top.html 页面中, 链接刚刚创建的外部 CSS 样式表文件, 如图 13-9 所示。

图 13-8

图 13-9

02 ▶ 切换到外部 CSS 样式表文件中, 创建名为*的通配符 CSS 样式和名为 body 的标签, 如图 13-10 所示。返回网页设计视图中, 可以看到页面的背景效果, 如图 13-11 所示。

```css
* {
    margin: 0px;
    padding: 0px;
}
body {
    font-family: 微软雅黑;
    color: #333;
    background-color: #F2F2F2;
    overflow-x: hidden;
}
```

图 13-10

图 13-11

03 ▶ 单击 "插入" 面板上 jQuery Mobile 选项组中的 "页面" 按钮, 如图 13-12 所示。弹出 "jQuery Mobile 文件" 对话框, 如图 13-13 所示。

图 13-12   图 13-13

04 ▶ 单击 "确定" 按钮, 弹出 "页面" 对话框, 设置如图 13-14 所示。单击 "确定" 按钮, 即可创建 jQuery Mobile 页面, 如图 13-15 所示。

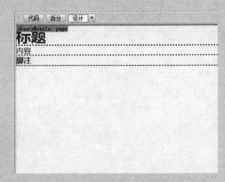

图 13-14   图 13-15

05 ▶ 切换到 13-2.css 文件中, 创建名为.top 的类 CSS 样式, 如图 13-16 所示。返回到设计视图中, 选中标题所在的 Div, 应用类 CSS 样式.top, 将该 Div 中多余的文字删除, 插入相应的图像, 如图 13-17 所示。

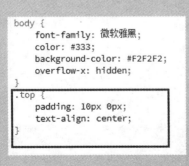

```
body {
    font-family: 微软雅黑;
    color: #333;
    background-color: #F2F2F2;
    overflow-x: hidden;
}
.top {
    padding: 10px 0px;
    text-align: center;
}
```

图 13-16   图 13-17

06 ▶ 选中刚刚插入的图像，在"属性"面板中删除"宽"和"高"属性设置，如图 13-18 所示。将光标移至内容所在的 Div 中，将内容文字删除，在该 Div 中插入一个不设置 ID 名称的 Div，如图 13-19 所示。

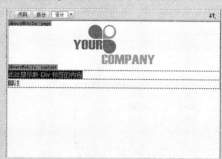

图 13-18　　　　　　　　　　　　　　　图 13-19

07 ▶ 切换到 13-2.css 文件中，创建名为 .photo-list 的类 CSS 样式，如图 13-20 所示。返回到设计视图中，选中刚插入的 Div，在"属性"面板上的 Class 下拉列表中选择名为.photo-list 的类 CSS 样式进行应用，如图 13-21 所示。

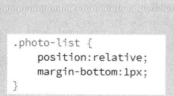

```
.photo-list {
    position:relative;
    margin-bottom:1px;
}
```

图 13-20　　　　　　　　　　　　　　　图 13-21

08 ▶ 将光标移至该 Div 中，将多余的文字删除，插入相应的图像，如图 13-22 所示。选中刚插入的图像，在"属性"面板中删除"宽"和"高"的属性设置，如图 13-23 所示。

图 13-22　　　　　　　　　　　　　　　图 13-23

09 ▶ 切换到 13-2.css 文件中，创建名为.photo-list img 的类 CSS 样式，如图 13-24 所示。返回到设计视图中，可以看到刚插入的图像效果，如图 13-25 所示。

```
.photo-list {
    position:relative;
    margin-bottom:1px;
}
.photo-list img {
    width: 100%;
    display: block;
}
```

图 13-24　　　　　　　　　　　　　　　图 13-25

10 ▶ 单击选中刚插入的图像，按键盘上的右方向键，将光标移至图像后，在光标位置插入一个不设置 ID 名称的 Div，如图 13-26 所示。切换到 13-2.css 文件中，创建名为.photo-text 的类 CSS 样式，如图 13-27 所示。

```
.photo-text {
    position: absolute;
    left: 0px;
    bottom: 0px;
    width: 100%;
    height: 36px;
    color: #FFF;
    background-color:rgba(0,0,0,0.7);
}
```

图 13-26　　　　　　　　　　　　　　　图 13-27

11 ▶ 返回到设计视图中，选中刚插入的 Div，在"属性"面板上的 Class 下拉列表中选择名为.photo-text 的类 CSS 样式进行应用，如图 13-28 所示。将光标移至该 Div 中，将多余的文字删除，输入相应的段落文字，如图 13-29 所示。

图 13-28　　　　　　　　　　　　　　　图 13-29

12 ▶ 切换到 13-2.css 文件中，创建名为.font01 和.font02 的类 CSS 样式，如图 13-30
所示。返回到网页代码设计视图中，在<p>标签中添加 class 属性并应用相应的
类 CSS 样式，如图 13-31 所示。

```css
.font01 {
    display: inline;
    float: left;
    margin-left: 10px;
    font-size:24px;
    font-weight: bold;
    line-height: 36px;
}
.font02 {
    display: inline;
    float: right;
    margin-right: 10px;
    font-size: 16px;
    line-height: 36px;
}
```

```html
<div data-role="page" id="page">
    <div data-role="header">
        <h1 class="top"><img src="images/13201.png" alt=""/></h1>
    </div>
    <div data-role="content">
        <div class="photo-list"><img src="images/13202.jpg" alt=""/>
        <div class="photo-text">
            <p class="font01">生活之道</p>
            <p class="font02">生活就是自然</p>
        </div>
    </div>
```

图 13-30　　　　　　　　　　　　　　　　　图 13-31

13 ▶ 返回到网页设计视图中，单击文档工具栏上的"实时视图"按钮，可以看到页
面的效果，如图 13-32 所示。使用相同的方法完成相似内容的制作，如图 13-33
所示。

图 13-32　　　　　　　　　　　　　　　　　图 13-33

14 ▶ 切换到 13-2.css 文件中，创建名为.bottom 的类 CSS 样式，如图 13-34 所示。返
回到设计视图中，选中脚注所在的 Div，在"属性"面板上的 Class 下拉列表中
选择名为.bottom 的类 CSS 样式进行应用，如图 13-35 所示。

```css
.bottom {
    padding: 10px 0px;
    text-align: center;
    background-color: #4E4E4E;
    color: #AAAAAA;
    line-height: 30px;
}
```

图 13-34　　　　　　　　　　　　　　　　　图 13-35

15 ▶ 将光标移至该 Div 中，将多余的文字删除，输入相应的段落文字，单击状态栏上的"平板电脑大小（1024×768）"，切换到平板电脑中的显示状态，如图 13-36 所示。执行"文件>保存"命令，保存页面，在浏览器中预览页面，可以看到页面效果，如图 13-37 所示。

图 13-36   图 13-37

> 本实例所制作的 jQuery Mobile 页面仅仅是一个静态的、没有任何交互效果的 jQuery Mobile 页面，如果需要在 jQuery Mobile 页面中实现各种交互效果，例如切换、滑动等，这些都需要在页面代码中通过添加 jQuery Mobile 动作、事件代码的方式来实现。

13.3 jQuery Mobile 事件

所谓"事件"是指用户执行某种操作时所触发的过程，例如，当用户单击按钮时会触发按钮的单击事件，当用户滑动屏幕时会触发滑动时间等。当我们在编写程序时，很容易根据用户执行的操作来响应这些事件，jQuery Mobile 提供以下几种事件，本节将对其进行详细介绍。

➢ 触摸事件：当用户触摸屏幕时触发（敲击和滑动）。
➢ 滚动事件：当上下滚动时触发。
➢ 方向事件：当设备垂直或水平旋转时触发。
➢ 页面事件：当页面被显示、隐藏、创建、加载或卸载时触发。

13.3.1   触摸事件

触摸事件会在用户触摸页面时发生，点击、点击不放（长按）及滑动等动作都会触发 touch 事件。接下来对这几种情况进行详细介绍。

（1）点击事件

当用户触碰页面时就会触发点击（tap）事件，当点击后按住不放，几秒过后就会触发长按（taphold）事件。

> Tap：tap 事件在触碰页面时就会触发，其语法格式如下所示：

```
$("div").on("tap",function(){
  $(this).hide();
});
```

> Taphold：当点击页面并按住不放时，就会触发 taphold 事件，其语法格式如下所示：

```
$("div").on("taphold",function(){
  $(this).hide();
});
```

（2）滑动事件

屏幕滑动的检测也是常用的功能之一，它能够使应用程序使用起来更加直观与顺畅。滑动事件使用 swipe 语法来捕捉，语法如下所示：

```
$("div").on("swipe",function(){
  $(this).text("滑动屏幕");
});
```

其相关事件如下所示。

> swipeleft：当用户从左划过元素超过 30px 时触发。
> swiperight：当用户从右划过元素超过 30px 时触发。

13.3.2　滚动事件

滚动事件是指在屏幕中上下滚动时触发的事件，jQucry Mobilc 提供了两种滚动事件，分别是滚动开始触发及滚动停止触发。滚动事件利用 scrollstart 语法来捕捉滚动开始事件，利用 scrollstop 语法捕捉滚动停止事件，其语法如下所示：

```
$(document).on("scrollstop",function(){
  alert("停止滚动!");
});
```

function(event)参数，表示指定 scrollstop 事件触发时执行的函数。

13.3.3　方向事件

当用户水平或垂直旋转移动设备时，会触发屏幕方向改变事件，建议将 orientationchange 事件绑定到 Windows 组件，能够有效地捕捉方向改变事件。

```
$(window).on("orientationchange",function(){
  alert("方向已改变!");
});
```

由于 orientationchange 事件需要捕捉设备方向改变事件，所以测试的工具就必须是一个移动设备或移动仿真器，以查看事件运行的效果。

13.3.4 页面事件

在 jQuery Mobile 中对于各个页面有关联的事件可以分为以下几种:

➤ Page Initialization: 在创建页面前、当创建页面时,以及在初始化页面之后。

➤ Page Load/Unload: 当加载外部页面时、卸载外部页面时或遭遇失败时。

➤ Page Transition: 在页面过渡之前和之后。

➤ Page Change: 当页面被更改,或遭遇失败时。

(1)初始化事件(Page Initialization)

当对 jQuery Mobile 中的典型页面进行初始化时,它会经历以下 3 个阶段:在页面创建前、页面创建、页面初始化。其相应的事件描述如表 13-1 所示。

表 13-1　初始化事件

事　件	描　述
pagebeforecreate	当页面即将初始化,并且在 jQuery Mobile 已开始增强页面之前,触发该事件
pagecreate	当页面已创建,但增强完成之前,触发该事件
pageinit	当页面已初始化,并且在 jQuery Mobile 已完成页面增强之后,触发该事件

(2)外部页面加载事件(Page Load/Unload)

外部页面加载时一般会触发两个事件,一个是 pagebeforeload,另一个是 pageload(成功)或 pageloadfailed(失败)。其各个事件描述如表 13-2 所示。

表 13-2　外部页面加载事件

事　件	描　述
pagebeforeload	在任何页面加载请求做出之前触发
pageload	在页面已成功加载并插入 DOM 后触发
pageloadfailed	如果页面加载请求失败,则触发该事件。默认将显示 "Error Loading Page" 消息

(3)页面过渡事件(Page Transition)

页面过渡事件是指从一页过渡到下一页时使用的事件。页面过渡涉及两个页面:一张"来"的页面和一张"去"的页面,这些过渡使当前活动页面变得更加动感。其页面过渡事件的描述如表 13-3 所示。

表 13-3　页面过渡事件

事　件	描　述
pagebeforeshow	在"去的"页面触发,在过渡动画开始前
pageshow	在"去的"页面触发,在过渡动画完成后
pagebeforehide	在"来的"页面触发,在过渡动画开始前
pagehide	在"来的"页面触发,在过渡动画完成后

13.4　jQuery UI

jQuery UI 是 jQuery 官方推出的配合 jQuery 使用的用户界面组件集合。在 Dreamweaver CC 中集成了 jQuery UI 的功能，网页设计人员可以通过 jQuery UI 构建更加丰富的网页效果。有了 jQuery UI，就能够使用 HTML、CSS 和 JavaScript 将 XML 数据合并至 HTML 文档中，创建例如选项卡、折叠式和日期选择器等功能选项。

13.4.1　jQuery UI 的构成

jQuery UI 可以简单地理解为网页中的某一页面元素，通过使用 jQuery UI 组件可以轻松地实现更加丰富的网页交互效果，jQuery UI 组件主要由以下几部分组成。

➢ 结构：用来定义 jQuery UI 组件结构组成的 HTML 代码块。

➢ 行为：用来控制 jQuery UI 组件如何响应用户启动时间的 JavaScript 脚本。

➢ 样式：用来设置 jQuery UI 组件外观的 CSS 样式。

通过 Dreamweaver 在网页中插入 jQuery UI 组件时，Dreamweaver 会自动将相关的文件链接到网页中，以便 jQuery UI 组件中包含该页面的功能和样式。jQuery UI 中的每个组件与唯一的 CSS 和 JavaScript 文件相关联。在 JavaScript 脚本文件中实现了 jQuery UI 组件的相关功能，而在 CSS 样式表文件中设置了 jQuery UI 组件的外观样式。

13.4.2　jQuery UI 的特性

jQuery UI 是一个建立在 jQuery JavaScript 库上的小部件和交互库，用户可以使用它创建高度交互的 Web 应用程序。本节将简单介绍 jQuery UI 具有的特性。

➢ 简单易用。继承了 jQuery 使用简易的特性，提供了高度抽象接口，短期改善了网站易用性。

➢ 开源免费。采用 MIT & GPL 双协议授权，轻松满足自由产品至企业产品各种授权需求。

➢ 广泛兼容。兼容各主流桌面浏览器，包括 IE 6+、Firefox 2+、Safari 3+、Opera 9+和 Chrome 1+。

➢ 轻便快捷。组件间相对独立，可按需加载，避免浪费带宽拖慢网页打开速度。

➢ 标准先进。支持 WAI-ARIA，通过标准的 XHTML 代码提供渐进增强，保证低端环境的可访问性。

➢ 美观多变。提供近 20 种预设主题，并可自定义多达 60 项可配置样式规则，提供 24 种背景纹理选择。

➢ 开放公开。从结构规划到代码编写，全程开放，包括文档、代码和讨论，人人均可参与。

➢ 强力支持。Google 为发布代码提供了 CDN 内容分发网络支持。

➢ 完整汉化。开发包内置包含中文在内的 40 多种语言包。

13.4.3   jQuery UI 的下载

jQuery UI 的下载生成器（Download Builder）允许用户选择需要下载的组件，为项目获取一个自定义的库版本。创建自定义 jQuery UI 下载需要以下步骤：

➢ 选择需要的组件。下载生成器（Download Builder）页面的第一栏列出了 jQuery UI 所有的 JavaScript 组件分类：核心（UI Core）、交互部件（Interactions）、小部件（Widgets）和效果库（Effects），如图 13-38 所示。

图 13-38

> 　　jQuery UI 中的一些组件依赖于其他组件，当选中这些组件时，它所依赖的其他组件也都会自动被选中。用户所选的组件将会合并到一个 jQuery UI JavaScript 文件。

➢ 选择一个主题或者自定义一个主题。在下载生成器（Download Builder）页面，可以看到一个文本框，列出了一系列为 jQuery UI 小部件预先设计的主题，用户可以从这些提供的主题中选择一个，也可以使用 ThemeRoller 自定义一个主题。

> 　　下载生成器（Download Builder）的主题部分也为主题提供了一些高级设置。如果用户打算在一个页面上使用多个主题，这些字段会派上用场。如果用户打算在一个页面上只使用一个主题，那么完全可以跳过这些设置。

➢ 选择 jQuery UI 的版本。在下载生成器（Download Builder）中，最后一步是选择一个版本号。这个步骤很重要，因为 jQuery UI 的版本是配合特定的 jQuery 版本设计的。
➢ 单击 Download 按钮，完成下载。将得到一个包含所选组件的自定义 ZIP 文件。

13.4.4   jQuery UI 的使用

当下载完成一个 jQuery UI 时，将会得到一个 ZIP 压缩包，其中包含下列文件：

```
/css/
/development-bundle/
/js/
index.html
```

在文本编辑器中打开 index.html，将会看到引用了一些外部文件，如主题、jQuery 和 jQuery UI。在通常情况下，需要在页面中引用这些文件，以便使用 jQuery UI 的窗体小部件和交互部件。

```
<linkrel="stylesheet"href="css/themename/jquery-ui.custom.css"/>
<scriptsrc="js/jquery.min.js">
</script>
<scriptsrc="js/jquery-ui.custom.min.js">
</script>
```

当引用了这些必要的文件后，就可以向页面中添加一些 jQuery 小部件了。比如，要制作一个日期选择器（datepicker）小部件，就需要向页面添加一个文本输入框，然后再调用 .datepicker()，其编写代码如下所示：

```
<!doctype html>
<html lang="en">
<head>
<meta charset="utf-8">
<title>jQuery UI 日期选择器（Datepicker）- 默认功能</title>
<linkrel="stylesheet"
href="//apps.bdimg.com/libs/jqueryui/1.10.4/css/jquery-ui.min.css">
<script src="//apps.bdimg.com/libs/jquery/1.10.2/jquery.min.js">
</script>
<scriptsrc="//apps.bdimg.com/libs/jqueryui/1.10.4/jquery-ui.min.js">
</script>
<link rel="stylesheet" href="jqueryui/style.css">
<script>
  $(function() {
    $( "#datepicker" ).datepicker();
  });
</script>
</head>
<body>
<p>日期: <input type="text" id="datepicker"></p>
</body>
</html>
```

运行结果如图 13-39 所示。

图 13-39

实例：制作折叠式作品展示栏目

本实例制作的是网页中的作品展示栏目，通过使用 jQuery UI Accordion 组件进行制作，使得该栏目在网页中不但节省了空间，而且还具有很强的交互性，最终制作效果如图 13-40 所示。

图 13-40

学习时间	30 分钟
视频地址	视频\第 13 章\13-4-4.mp4
源文件地址	源文件\第 13 章\13-4-4.html

01 ▶ 执行"文件>新建"命令，新建一个 HTML 页面，如图 13-41 所示，将该页面保存为 13-4-4.html，使用相同的方法，新建外部 CSS 样式表文件，将其保存为 13-4-4.css 文件，返回到 top.html 页面中，链接刚刚创建的外部 CSS 样式表文件，如图 13-42 所示。

图 13-41　　　　　　　　　　　　　　　图 13-42

02 ▶ 切换到外部 CSS 样式表文件中，创建名为*的通配符 CSS 样式和名为 body 的标签，如图 13-43 所示。返回网页设计视图中，可以看到页面的背景效果，如图 13-44 所示。

```
* {
    margin: 0px;
    padding: 0px;
}
body {
    font-family: 微软雅黑;
    font-size: 14px;
    line-height: 30px;
    color: #FFF;
    background-color: #ddf5ff;
    background-image: url(../images/134501.jpg);
    background-repeat: no-repeat;
    background-position: right 120px;
}
```

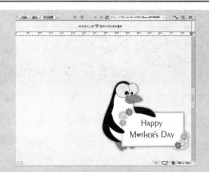

图 13-43　　　　　　　　　　　　　图 13-44

03 ▶ 在网页中插入名为 box 的 Div，切换到外部 CSS 样式表文件中，创建名为 #box 的 CSS 样式，如图 13-45 所示。返回设计视图中，可以看到页面的效果，如图 13-46 所示。

```
#box {
    width: 600px;
    height: 100%;
    overflow: hidden;
    margin: 50px 0px 0px 50px;
}
```

图 13-45　　　　　　　　　　　　　图 13-46

04 ▶ 将光标移至名为 box 的 Div 中，将多余的文字删除，单击"插入"面板上 jQuery UI 选项组中的 Accordion 按钮，插入 Accordion 组件，如图 13-47 所示。选中刚插入的 Accordion 组件，在"属性"面板中为其添加面板，如图 13-48 所示。

图 13-47　　　　　　　　　　　　　图 13-48

如果需要在网页中插入 jQuery UI 组件，则该网页就必须是一个已经保存的
网页，将会弹出提示对话框，提示用户先保存网页。

05 ▶ 执行"文件>保存"命令，保存页面，弹出"复制相关文件"对话框，单击"确
定"按钮，复制相关文件至站点中，如图 13-49 所示。切换到所链接的外部
CSS 样式表文件中，创建名为#Accordion1 h3 和#Accordion1 h3 a 的 CSS 样式，
如图 13-50 所示。

图 13-49

图 13-50

与插入的 jQuery UI 组件相关联的 CSS 样式表和 JavaScript 脚本文件会根据
jQuery UI 组件的名称命名，当在页面中插入 jQuery UI 组件时，Dreamweaver
CC 会自动在站点的根目录下创建一个名称为 jQuery Assets 的目录，并将相应的
CSS 样式表文件和 JavaScript 脚本文件保存在该文件夹中。

06 ▶ 返回设计视图中，可以看到 Accordion 组件的效果，如图 13-51 所示。切换到
所链接的外部 CSS 样式表文件中，创建名为# Accordion1 div 和# Accordion1 div
p 的 CSS 样式，如图 13-52 所示。

图 13-51

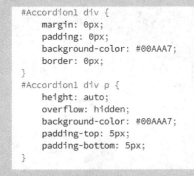

图 13-52

07 ▶ 返回设计视图中，修改标签的文字内容，如图 13-53 所示。将光标移至第一个
面板中，将"内容 1"文字删除，插入相应的图像，如图 13-54 所示。

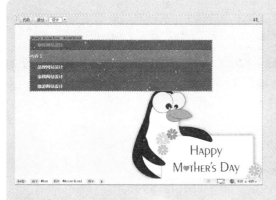

图 13-53

图 13-54

08 ▶ 选中网页中的 Accordion 组件，在"属性"面板上的"面板"下拉列表中选择
第二个面板选项，如图 13-55 所示。完成第二个面板中内容的制作，如图 13-56
所示。

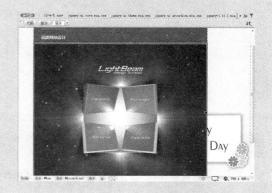

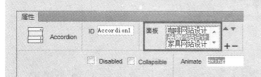

图 13-55

图 13-56

09 ▶ 使用相同的方法完成其他面板中内容的制作，如图 13-57 所示。执行"文件>保
存"命令，保存页面，在浏览器中预览页面，可以看到使用 jQuery UI
Accordion 组件所制作的折叠式作品展示栏目的效果，如图 13-58 所示。

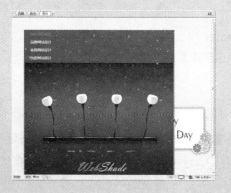

图 13-57

图 13-58

13.5　专家支招

随着互联网的快速发展，jQuery UI 及 jQuery Mobile 的使用已成为最为流行的网页设计工具，通过 jQuery 能够实现各式各样的效果，接下来就简单解答使用 jQuery UI 及 jQuery Mobile 时常见的两个问题。

13.5.1　在 Dreamweaver CC 中可以插入的 jQuery Mobile 对象

在 Dreamweaver CC 中的"插入"面板中新增了 jQuery Mobile 选项组，在该选项组中提供了适合制作移动网页中相应内容的 jQuery Mobile 对象，如图 13-59 所示。

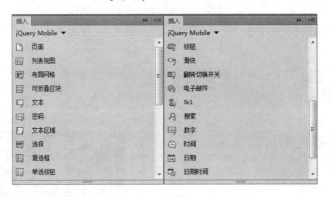

图 13-59

13.5.2　jQuery 与 jQuery UI 的区别

在前面的章节中已经简单介绍了 jQuery 的相关知识，那么接下来将介绍 jQuery 与 jQuery UI 的区别。

  ➢ jQuery 是一个 js 库，提供的主要功能是选择器、属性修改和事件绑定等。
  ➢ jQuery UI 则是在 jQuery 的基础上，利用 jQuery 的扩展性设计的插件。提供了一些常用的界面元素，诸如对话框、拖动行为和改变大小行为等。

13.6　总结扩展

jQuery Mobile 和 jQuery UI，除了在 Dreamweaver 中有系统自带的组件外，还可以根据自己的需要在官网进行下载，然后进行使用，希望通过本章的学习，能够在读者进行网页设计时为其提供一定的帮助。

13.6.1　本章小结

本章主要介绍 jQuery Mobile 及 jQuery UI 的下载与使用，并对 jQuery Mobile 事件的相关知识进行了简单介绍，只有掌握 jQuery Mobile 和 jQuery UI 的使用方法，才能够轻松地在网页中实现动态交互效果。

13.6.2　举一反三——制作选项卡式新闻列表

本实例主要通过 jQuery UI Tabs 组件的使用在网页中制作出选项卡新闻列表的效果，在制作的过程中，需要掌握 jQuery UI Tabs 组件的使用方法，以及对 CSS 样式进行设置，从而达到页面美观的效果。

源文件地址:	源文件\第 13 章\13-6-2.html
视频地址:	视频\第 13 章\13-6-2.MP4

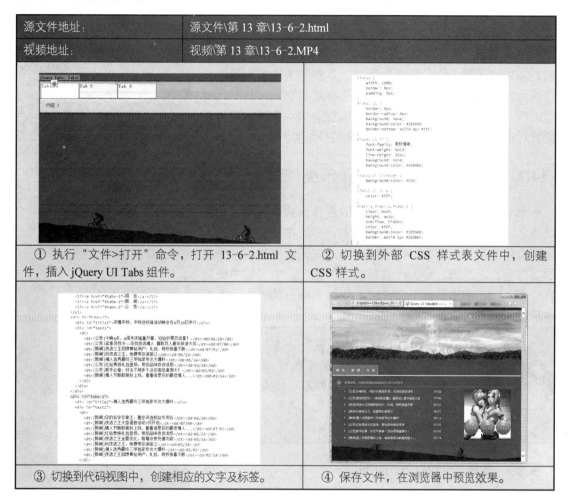

① 执行"文件>打开"命令，打开 13-6-2.html 文件，插入 jQuery UI Tabs 组件。

② 切换到外部 CSS 样式表文件中，创建 CSS 样式。

③ 切换到代码视图中，创建相应的文字及标签。

④ 保存文件，在浏览器中预览效果。

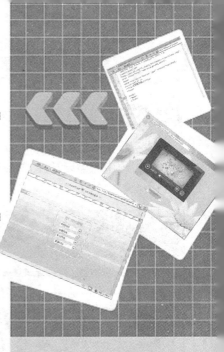

第 14 章　Div+CSS 布局综合案例

随着互联网科技的迅速发展，音乐网站在中国异军突起，并且渗透到人们的日常生活中，丰富了人们的生活，能够使大家足不出户就可以欣赏到自己喜欢的音乐，与此同时也为广大音乐爱好者提供了一个音乐交流的平台。本章将主要针对音乐网站的制作向读者进行详细介绍。

14.1　综合实例——制作音乐类网站

本节主要介绍音乐类网站页面的制作，这类页面设计简单明了，主要以体现网页的信息为主，排版布局分配合理，结构清晰明了，该页面以简洁的布局方式呈现出来，整个页面以绿色为主色调，给人以清新明朗的感觉。本实例将分为4 个部分进行制作，接下来详细介绍每个部分的制作过程及技巧。

当设计一个网页时，首先需要整体布局，需要产生顶部、中部和底部，中部也许还会分为左、中、右，无论是多么复杂的布局，都可以通过使用 Div 进行多层嵌套来实现，其嵌套的目的是为了实现更为复杂的页面排版。

实例：音乐类网站——顶部

本实例制作的是音乐网站的顶部，通过实例的制作为读者介绍使用 CSS 样式为页面添加图片、文本域及二级项目列表的制作方法，最终制作效果如图 14-1 所示。

图 14-1

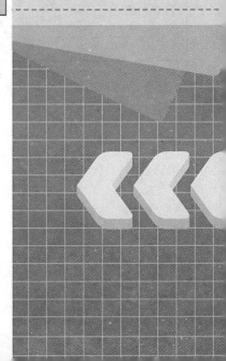

学习时间	30 分钟
视频地址	视频\第 14 章\top.mp4
源文件地址	源文件\第 14 章\top.html

01 ▶ 执行"文件>新建"命令，新建一个 HTML 页面，如图 14-2 所示，将该页面保存为 top.html，使用相同的方法，新建外部 CSS 样式表文件，将其保存为 top.css 文件，返回到 top.html 页面中，链接刚刚创建的外部 CSS 样式表文件，如图 14-3 所示。

图 14-2　　　　　　　　　　　　　　　图 14-3

02 ▶ 切换到外部 CSS 样式表文件中，创建名为*的通配符 CSS 样式和名为 body 的标签，如图 14-4 所示。在页面中插入一个名为 box 的 Div，如图 14-5 所示。

```
*{
    margin:0px;
    border:0px;
    padding:0px;
}
body{
    font-family:"微软雅黑";
    font-size:15px;
    color:#FDFBFB;
}
```

图 14-4　　　　　　　　　　　　　　　图 14-5

03 ▶ 切换到该网页所链接的外部 CSS 样式表文件中，创建名为#box 的 CSS 样式，如图 14-6 所示。返回到网页设计视图中，可以看到页面的背景效果，如图 14-7 所示。

04 ▶ 将光标移至名为 bg 的 Div 中，将多余的文字删除，在该 Div 中插入一个名为 logo 的 Div，切换到该网页所链接的外部 CSS 样式表文件中，创建名为#logo 的 CSS 样式，如图 14-8 所示。返回到网页设计视图中，可以看到页面的效果，如图 14-9 所示。

```
#box{
    width:1173px;
    height:102px;
    background-image:url(../images/13101.jpg);
    background-repeat:no-repeat;

}
```

图 14-6

图 14-7

```
#logo{
    width:269px;
    height:73px;
    margin-left:60px;
    margin-top:15px;
    float:left;
    }
```

图 14-8

图 14-9

05 ▶ 将光标移至名为 logo 的 Div 中，将多余的文字删除，执行"插入>image"命令，在弹出的"选择图像源文件"对话框中选择名为 logo.png 的图片，如图 14-10所示。其页面效果如图 14-11 所示。

图 14-10

图 14-11

06 ▶ 将光标移至名为 logo 的 Div 之后，插入一个名为 sousuo 的 Div，切换到该网页所链接的外部 CSS 样式表文件中，创建名为#sousuo 的 CSS 样式，如图 14-12所示。返回到网页设计视图中，可以看到页面效果，如图 14-13 所示。

```
#sousuo{
    float:left;
    width:250px;
    height:30px;
    margin-left:550px;
    margin-top:50px;
}
```

图 14-12

图 14-13

07 ▶ 将光标移至刚插入的 Div 中，将多余的文字删除，单击"插入"面板上"表单"选项组中的"文本"按钮，如图 14-14 所示。在该 Div 中插入文本域，并将多余的文字删除，效果如图 14-15 所示。

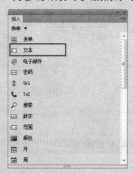

图 14-14

图 14-15

> 提示　在插入文本域时也可直接在代码视图中添加相应的文本域标签代码，来创建文本域。

08 ▶ 切换到该网页所链接的外部 CSS 样式表文件中，创建名为.name01 的类 CSS 样式，如图 14-16 所示。返回到网页设计视图中，为刚插入的 Div 应用该类 CSS 样式，如图 14-17 所示。

```
.name01{
    margin-top:5px;
    height:20px;
    border: solid 2px #808080;
    background-color: #FFF;
}
```

图 14-16

图 14-17

09 ▶ 将光标移至文本域之前，单击"插入"面板上"表单"选项组中的"图像按钮"命令，如图 14-18 所示。在弹出的"选择图像源文件"对话框中选择名为 14103.png 的图片，如图 14-19 所示。

图 14-18   图 14-19

 提示

在插入图像按钮时，注意要在文本域之前插入，这样才能够对图像按钮设置左浮动，否则将不能对它进行位置控制。

10 ▶ 切换到该网页所链接的外部 CSS 样式表文件中，创建名为#imageField 的 CSS 样式，如图 14-20 所示。返回到网页设计视图中，页面效果如图 14-21 所示。

```
.name01{
    margin-top:5px;
    height:20px;
    border: solid 2px #808080;
    background-color: #FFF;
}

#imageField{
    float:right;
}
```

图 14-20   图 14-21

11 ▶ 使用相同的方法，添加名为 main 的 Div，切换到该网页所链接的外部 CSS 样式表文件中，创建名为#sousuo 的 CSS 样式，如图 14-22 所示。返回到网页设计视图中，可以看到页面效果，如图 14-23 所示。

```
#imageField{
    float:right;
}
#main{
    width:1173px;
    height:288px;
    background-image:url(../images/13102.jpg);
    background-repeat:no-repeat;
}
```

图 14-22   图 14-23

12 ▶ 将光标移至刚插入的 Div 中，在该 Div 中插入名为 menu 的 Div，切换到该网页
所链接的外部 CSS 样式表文件中，创建名为#menu 的 CSS 样式，如图 14-24 所
示。返回到网页设计视图中，可以看到页面效果，如图 14-25 所示。

```
#menu {
    border-right:none;
    overflow:hidden;
    float:left;
    margin:215px 0 0 200px;
}
```

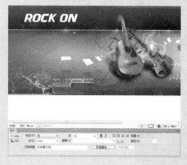

图 14-24　　　　　　　　　　　　　　　　图 14-25

13 ▶ 将光标移至刚插入的 Div 中，将多余的文字删除，输入相应的段落文字，如
图 14-26 所示。切换到代码视图中，为文字创建相应的项目列表标签，并为文字
创建空链接，如图 14-27 所示。

```
</div>
<div id="main">
  <div id="menu">
    <ul>
      <li><a href="#">发现音乐</a></li>
      <li><a href="#">专辑</a></li>
      <li><a href="#">排行榜</a></li>
    </ul>
  </div>
</div>
</body>
</html>
```

图 14-26　　　　　　　　　　　　　　　　图 14-27

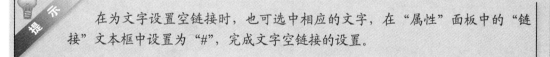

💡 提示　　在为文字设置空链接时，也可选中相应的文字，在"属性"面板中的"链
接"文本框中设置为"#"，完成文字空链接的设置。

14 ▶ 切换到该网页所链接的外部 CSS 样式表文件中，创建名为 ul, li 和 a 的 CSS 样式，
如图 14-28 所示。返回到网页设计视图中，可以看到页面效果，如图 14-29 所示。

```
ul, li {
list-style:none;
}
a {
text-decoration:none;
}
```

图 14-28　　　　　　　　　　　　　　　　图 14-29

> 通过名为 ul, li CSS 样式为列表设置列表样式为无，通过名为 a 的 CSS 样式
> 为文本超链接设置为无下画线。

15 ▶ 切换到该网页所链接的外部 CSS 样式表文件中，创建名为#menu ul li 和#menu
ul li a 的 CSS 样式，如图 14-30 所示。返回到网页设计视图中，可以看到页面
文字效果，如图 14-31 所示。

```
#menu ul li {
    float:left;
    }
#menu ul li a {
    width:80px;
    height:35px;
    text-align:center;
    line-height:40px;
    display:block;
    color:#F4F4F4;
    }
```

图 14-30 · 图 14-31

16 ▶ 切换到该网页所链接的外部 CSS 样式表文件中，创建名为#menu ul li a 的 CSS
样式，为文字创建伪类 CSS 样式，如图 14-32 所示。返回到网页设计视图中，
可以看到页面文字效果，如图 14-33 所示。

```
#menu ul li a:hover{
    color:#f00;
    }
```

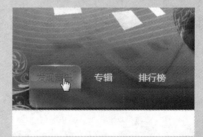

图 14-32 · 图 14-33

17 ▶ 返回到代码视图中，在列表项目中添加二级项目列表，如图 14-34 所示。返回
到网页设计视图中，可以看到页面文字效果，如图 14-35 所示。

```
<div id="main">
 <div id="menu">
 <ul>
    <li><a href="#">发现音乐</a>
        <ul>
            <li><a href="#">经典</a></li>
            <li><a href="#">摇滚</a></li>
            <li><a href="#">网络</a></li>
            <li><a href="#">舞曲</a></li>
            <li><a href="#">疗伤</a></li>
        </ul>

    </li>
    <li><a href="#">专辑</a></li>
    <li><a href="#">排行榜</a></li>
</ul>
 </div>
```

图 14-34 · 图 14-35

18 ▶ 切换到该网页所链接的外部 CSS 样式表文件中，创建名为# menu ul li ul、#menu ul li ul li、#menu ul li ul li a 和#menu ulli:hoverul 的 CSS 样式，如图 14-36 所示。返回到网页设计视图中，可以看到页面效果，如图 14-37 所示。

```
#menu ul li ul {
    position:absolute;
    }
#menu ul li ul li {
 float:left;
 padding-right:3px;
 }

 #menu ul li ul li a {
border-right:none;
}
#menu ul li:hover ul{
display:block;
}
```

图 14-36

图 14-37

> 💡 提示　在此处设置的二级列表 CSS 样式的属性效果，在前面的章节中已经进行了详细介绍，有需要的读者可进行查看。

19 ▶ 使用相同的方法完成其他二级项目列表的创建，如图 14-38 所示。切换到该网页所链接的外部 CSS 样式表文件中，在名为#menu ul li ul 的样式中添加代码，将二级项目列表进行隐藏，如图 14-39 所示。

图 14-38

```
#menu ul li a:hover{
    color:#f00;
    }

#menu ul li ul {
    position:absolute;
    display:none;
    }
#menu ul li ul li {
 float:left;
 padding-right:3px;
 }
```

图 14-39

20 ▶ 返回到网页设计视图中，可以看到页面文字效果，如图 14-40 所示。执行"文件>保存"命令，在浏览器中预览页面效果，如图 14-41 所示。

图 14-40 图 14-41

实例：音乐类网站——中部

本实例制作的是音乐网站的中部，通过实例的制作为读者介绍使用 CSS 样式为页面添加图片、文本及列表的方法，最终制作效果如图 14-42 所示。

图 14-42

学习时间	30 分钟
视频地址	视频\第 14 章\center.mp4
源文件地址	源文件\第 14 章\center.html

01 ▶ 执行"文件>新建"命令，新建一个 HTML 页面，如图 14-43 所示，将该页面保存为 center.html，使用相同的方法，新建外部 CSS 样式表文件，将其保存为 center.css 文件，返回到 center.html 页面中，链接刚刚创建的外部 CSS 样式表文件，如图 14-44 所示。

图 14-43 图 14-44

02 ▶ 切换到外部 CSS 样式表文件中，创建名为*的通配符 CSS 样式和名为 body 的标签，如图 14-45 所示。在页面中插入一个名为 box 和 left 的 Div，如图 14-46 所示。

```
*{
    margin:0px;
    border:0px;
    padding:0px;
}
body{
    font-family:"微软雅黑";
    font-size:12px;
    color:#FDFBFB;
}
```

```
<body>
<div id="box">
  <div id="left">此处显示  id "left" 的内容</div>
</div>
</body>
</html>
```

图 14-45   图 14-46

03 ▶ 切换到该网页所链接的外部 CSS 样式表文件中，创建名为#box 和#left 的 CSS 样式，如图 14-47 所示。返回到网页设计视图中，可以看到页面的背景效果及名为 left 的 Div 大小，如图 14-48 所示。

```
#box{
    width:1173px;
    height:402px;
    background-image:url(../images/13104.jpg);
    background-repeat:no-repeat;
     position:absolute;
}
#left{
    width:192px;
    height:366px;
    margin-left:200px;
    margin-top:30px;
    float:left;
    }
```

图 14-47   图 14-48

04 ▶ 将光标移至名为 left 的 Div 中，将多余的文字删除，在该 Div 中插入一个名为 title01 的 Div，并在该 Div 中输入相应的文字，如图 14-49 所示。切换到该网页所链接外部 CSS 样式表文件中，创建名为#title01 的 CSS 样式，如图 14-50 所示。

```
<body>
<div id="box">
  <div id="left">
    <div id="title01">春之微风</div>
  </div>
</div>
</body>
</html>
```

```
#title01 {
    height: 50px;
    font-size: 12px;
    font-weight: bold;
    line-height: 100px;
    color:#0f568b;
    margin-left:25px;
}
```

图 14-49   图 14-50

05 ▶ 返回到网页设计视图中，可以查看页面中的文本效果，如图 14-51 所示。将光
标移至该 Div 之后，插入名为 pic01 的 Div，并将多余的文字删除，插入相应的
素材图像，如图 14-52 所示。

图 14-51   图 14-52

06 ▶ 切换到该网页所链接的外部 CSS 样式表文件中，创建名为#pic01 的 CSS 样式，
如图 14-53 所示。返回到网页设计视图中，可以看到页面中的图像效果，如
图 14-54 所示。

```
#pic01{
    width:141px;
    height:119px;
    margin-left:25px;
    margin-top:30px;
    }
```

图 14-53   图 14-54

07 ▶ 将光标移至图片之后，插入名为 text01 的 Div。将多余的文字删除，输入相应
的段落文字，如图 14-55 所示。切换到该网页所链接的外部 CSS 样式表文件
中，创建名为#text01 的 CSS 样式和.font01 的类 CSS 样式，如图 14-56 所示。

```
<body>
<div id="box">
  <div id="left">
    <div id="title01">春之微风</div>
    <div id="pic01"><img src="images/13105.jpg" width="135" height=
"111" alt=""/></div>
    <div id="text01"><span >骑行时听入耳即融心的调调</span><br>一生中至少要有
两次冲动，<br>
一次为奋不顾身的爱情，一次<br>
为说走就走的旅行。------<br>亲爱的，这不只是一场旅行</div>
    </div>
  </div>
</body>
</html>
```

```
#text01 {
    color:#000000;
    margin-left:15px;
    margin-top: 20px;
}
.font01{
    color: #208700;
    font-weight: bold;
    font-size: 12px;
    }
```

图 14-55   图 14-56

提示　目前 12 像素的字体是中文版 Windows 操作系统默认的字体，在设置字体大小时，要注意字体单位，一般情况下，都设置为像素，也可设置为 9 磅。9 磅的字体大小和 12 像素的字体大小是一样的。

08 ▶ 返回到网页设计视图中，选中相应的标题文字，为其应用名为.font01 的类 CSS 样式，如图 14-57 所示。其页面文字的最终效果如图 14-58 所示。

图 14-57

图 14-58

09 ▶ 在名为 text01 的 Div 后插入名为 jinru 的 Div，切换到该网页所链接的外部 CSS 样式表文件中，创建名为#jinru 的 CSS 样式，如图 14-59 所示。切换到代码视图中，将多余的文字删除，并创建图像按钮，如图 14-60 所示。

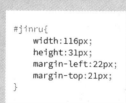

图 14-59

图 14-60

10 ▶ 返回到网页设计视图中，可以看到页面中图像按钮的效果，如图 14-61 所示。使用相同的方法完成相似模块的制作，如图 14-62 所示。

图 14-61

图 14-62

在制作相同的内容时，可以将整块的 Div 进行复制，然后对其内容进行修改，可以加快制作效率。

11 ▶ 在名为 right 的 Div 后插入名为 list 的 Div，切换到该网页所链接的外部 CSS 样式表文件中，创建名为#list 的 CSS 样式，如图 14-63 所示。返回到设计视图中，将光标移至 Div 中，将多余的文字删除，并创建一个名为 title04 的 Div，将多余的文字删除，并创建相应的段落文字，如图 14-64 所示。

```
#list{
    width:200px;
    height:366px;
    margin-top:40px;
    margin-left:20px;
    float:left;
}
```

图 14-63

图 14-64

12 ▶ 切换到该网页所链接的外部 CSS 样式表文件中，创建名为#title04 的 CSS 样式，如图 14-65 所示。返回到页面视图中，在名为 title04 的 Div 之后插入名为 ul 的 Div，如图 14-66 所示。

```
#title04{
    height: 30px;
    font-size: 12px;
    font-weight: bold;
    color:#F5F2F2;
    margin-left:20px;
    margin-top:10px;
}
```

图 14-65

图 14-66

13 ▶ 切换到该网页所链接的外部 CSS 样式表文件中，创建名为#ul 的 CSS 样式，如图 14-67 所示。返回到页面视图中，将多余的文字删除并创建相应的段落文本，为段落文本创建项目列表，如图 14-68 所示。

```
#ul{
    width:205px;
    height:321px;
    float:inherit;
}
```

图 14-67

图 14-68

14 ▶ 切换到该网页所链接的外部 CSS 样式表文件中，创建名为#ul 的 CSS 样式，如图 14-69 所示。返回到页面视图中，可以看到页面的效果，如图 14-70 所示。

```
#ul li{
    line-height:25px;
    font-size: 12px;
    list-style-type:disc;
    margin-left:30px;
    }
```

图 14-69　　　　　　　　　　　　　　　　图 14-70

15 ▶ 切换到代码视图中，将光标移至<ul></ul>标签之后，插入相应的图像按钮，其页面代码如图 14-71 所示。切换到该网页所链接的外部 CSS 样式表文件中，创建名为#button 的 CSS 样式，如图 14-72 所示。

```
<div id="list">
    <div id="title84">媒体报道</div>
    <div id="ul">
        <ul>
            <li>引吭高歌校园音乐会唱响京城</li>
            <li> 告别乏味的铃声 《多彩铃声》</li>
            <li>iPhone 5S用哪个听音乐？ </li>
            <li>歌单人气高看电影开抢票新形式</li>
            <li>社交化将成手机音乐新突破口 </li>
            <li>联通沃多米 打响数字音乐集结号 </li>
            <li>音乐付费制度 能走多远？</li>
            <li>七大主流音乐播放器横向评测</li>
            <li>艾媒中国无线音乐报告出炉 </li>
            <li>用户体验可提升听觉广告价 </li>
        </ul>
        <input  type="image" name="button" id="button" src=
"images/13114.png">
    </div>
</div>
</body>
</html>
```

```
#button{
    margin-left:40px;
    margin-top:15px;

    }
```

图 14-71　　　　　　　　　　　　　　　　图 14-72

16 ▶ 返回到页面视图中，可以看到页面的效果，如图 14-73 所示。执行"文件>保存"命令，在浏览器中预览页面效果，如图 14-74 所示。

图 14-73　　　　　　　　　　　　　　　　图 14-74

实例：音乐类网站——主体

本实例制作的是音乐网站的主体，通过实例的制作为读者介绍使用 CSS 样式为页面添加列表样式、复选框及文本搜索框的方法，最终制作效果如图 14-75 所示。

图 14-75

学习时间	30 分钟
视频地址	视频\第 14 章\main.mp4
源文件地址	源文件\第 14 章\main.html

01 ▶ 执行 "文件>新建" 命令，新建一个 HTML 页面，如图 14-76 所示，将该页面保存为 main.html，使用相同的方法，新建外部 CSS 样式表文件，将其保存为 main.css 文件，返回到 main.html 页面中，链接刚刚创建的外部 CSS 样式表文件，如图 14-77 所示。

图 14-76

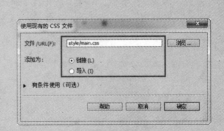

图 14-77

02 ▶ 切换到外部 CSS 样式表文件中，创建名为*的通配符 CSS 样式和名为 body 的标签，如图 14-78 所示。在页面中插入一个名为 box 和 left 的 Div，如图 14-79 所示。

```
*{
    margin:0px;
    border:0px;
    padding:0px;
}
body{
    font-family:"微软雅黑";
    font-size:12px;
    color:#000000;
}
```

图 14-78

```
<body>
<div id="box">
  <div id="left">此处显示  id "left" 的内容</div>
</div>
</body>
</html>
```

图 14-79

03 ▶ 切换到该网页所链接的外部 CSS 样式表文件中，创建名为#box 和#left 的 CSS
样式，如图 14-80 所示。返回到网页设计视图中，可以看到页面的背景效果及
名为 left 的 Div 的大小，如图 14-81 所示。

```
▼#box{
    width:1173px;
    height:618px;
    background-image:url(../images/13108.jpg);
    background-repeat:no-repeat;
     position:absolute;
}
▼#left{
    width:185px;
    height:563px;
    margin-left:200px;
    margin-top:15px;
    float:left;
    }
```

图 14-80

图 14-81

04 ▶ 将光标移至名为 left 的 Div 中，将多余的文字删除，在该 Div 中插入一个名为
title01 的 Div，并在该 Div 中输入相应的文字，如图 14-82 所示。切换到该网页
所链接的外部 CSS 样式表文件中，创建名为#title01 的 CSS 样式，如图 14-83
所示。

图 14-82

```
#title01 {
    height: 50px;
    font-size: 14px;
    font-weight: bold;
    line-height: 50px;
    color:#0f568b;
}
```

图 14-83

05 ▶ 返回到网页设计视图中，可以查看页面文本效果，如图 14-84 所示。将光标移至该 Div 之后，插入名为 list01 的 Div，并将多余的文字删除，创建相应的段落文本，然后为段落文本创建项目列表，如图 14-85 所示。

热门板块

div #title01 +

图 14-84

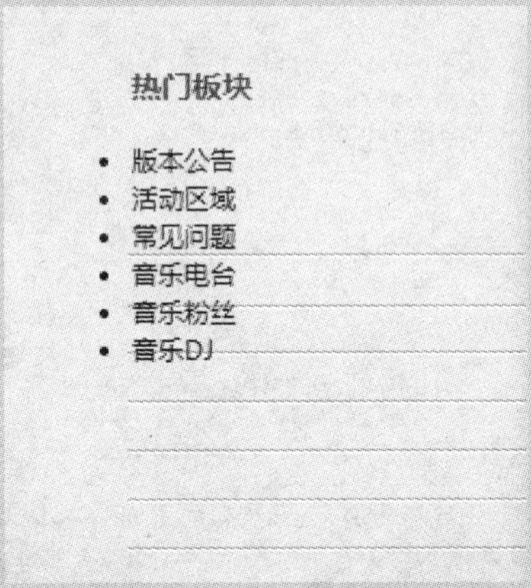

热门板块

- 版本公告
- 活动区域
- 常见问题
- 音乐电台
- 音乐粉丝
- 音乐DJ

图 14-85

06 ▶ 切换到该网页所链接的外部 CSS 样式表文件中，创建名为#list01 和#list01 li 的 CSS 样式，如图 14-86 所示。返回到网页设计视图中，可以看到页面效果，如图 14-87 所示。

```css
#list01{
    width:170px;
    height:180px;
    margin-top:30px;
    float:left;
    }
#list01 li{
    line-height:22px;
    font-size: 12px;
    list-style-type:square ;
    margin-left:20px;
    }
```

图 14-86

热门板块

- 版本公告
- 活动区域
- 常见问题
- 音乐电台
- 音乐粉丝
- 音乐DJ

图 14-87

提示　　在设置项目列表样式时，可以根据自身的需要，对其列表样式进行修改，以达到更加美观的页面效果。

07 ▶ 使用相同的方法完成该部分内容的制作，如图 14-88 所示。在名为 right 的 Div 后插入名为 center 的 Div，切换到该网页所链接的外部 CSS 样式表文件中，创建名为#center 的 CSS 样式，如图 14-89 所示。

```
#center{
    width:406px;
    height:566px;
    margin-top:20px;
    float:left;
    }
```

图 14-88 图 14-89

08 ▶ 返回到设计视图中，将光标移至 Div 中，将多余的文字删除，并创建一个名为
title04 的 Div，将多余的文字删除，并创建相应的段落文字，如图 14-90 所示。
切换到该网页所链接的外部 CSS 样式表文件中，创建名为#center 的 CSS 样
式，如图 14-91 所示。

```
#title03 {
    height: 50px;
    font-size: 14px;
    font-weight: bold;
    line-height:70px;
    margin-left:30px;
    color:#0f568b;
}
```

图 14-90 图 14-91

09 ▶ 在名为 title03 的 Div 后插入名为 pic01 的 Div，将多余的文字删除，并插入相应
的素材图像，如图 14-92 所示。切换到该网页所链接的外部 CSS 样式表文件中，
创建名为#pic01 的 CSS 样式，以及名为.img 的类 CSS 样式，如图 14-93 所示。

```
#pic01{
    width:329px;
    height:125px;
    margin-left:30px;
    margin-top:20px;
    }
.img{
    background:#000000;
    border:solid #1e2132 2px;
    border-radius:5px;
    float: left;
    margin-right: 40px;
    }
```

图 14-92 图 14-93

10 ▶ 返回到页面设计视图中为图像应用名为.img 的类 CSS 样式，切换到代码视图中，创建相应的段落文本，如图 14-94 所示。切换到该网页所链接的外部 CSS 样式表文件中，创建名为.font01 的类 CSS 样式，如图 14-95 所示。

图 14-94

```
.font01 {
    color: #208700;
    font-weight: bold;
    font-size: 14px;
}
```

图 14-95

11 ▶ 返回到设计视图中，选中相应文本，为文字应用.font01 类 CSS 样式，如图 14-96 所示。使用相同的方法完成该部分内容的制作，如图 14-97 所示。

图 14-96

图 14-97

12 ▶ 在名为 center 的 Div 会后插入名为 jinru01 的 Div，并插入相应的图像按钮，切换到该网页所链接的外部 CSS 样式表文件中，创建名为# jinru01 的 CSS 样式，如图 14-98 所示。返回设计视图中，页面效果如图 14-99 所示。

```
#jinru01{
    width:102px;
    height:26px;
    float:inherit;
    position:absolute;
    margin-top:189px;
    margin-left:672px;
}
```

图 14-98

图 14-99

13 ▶ 使用相同的方法完成相似内容的制作，如图 14-100 所示。在名为 jinru03 的
Div 之后插入名为 right 的 Div，将多余的文字删除，在名为 right 的 Div 中插入
名为 xuanxiang 的 Div，切换到该网页所链接的外部 CSS 样式表文件中，创建
名为#right 和#xuanxiang 的 CSS 样式，如图 14-101 所示。

```
#right{
    width:203px;
    height:515px;
    margin-left:800px;
    margin-top:20px;
    float:inherit;
    }

#xuanxiang{
    width:158px;
    height:100px;
    margin-left:20px;
    margin-top:20px;
    }
```

图 14-100　　　　　　　　　　　　　　　　　　　图 14-101

14 ▶ 切换到代码视图中，将光标移至名为#xuanxiang 的 Div 中，将多余的文字删
除，并输入相应的段落文本，如图 14-102 所示。切换到该网页所链接的外部
CSS 样式表文件中，创建名为.font02 的类 CSS 样式，如图 14-103 所示。

```
<div id="right">
  <div id="xuanxiang">
  <br><span >问题</span><br>
  </div>
</div>
</div>
```

```
.font02 {
    color:#004b84;
    font-weight: bold;
    font-size: 14px;
}
```

图 14-102　　　　　　　　　　　　　　　　　　　图 14-103

15 ▶ 返回到页面视图中，为相应的文字应用该样式，如图 14-104 所示。切换到代码
视图中，添加相应的复选框代码，如图 14-105 所示。

```
<div id="right">
  <div id="xuanxiang">
  <br> <span class="font02">问题</span><br>
 <br><form id="form1" name="form1" method="post" action="">
请选择你喜欢的音乐。
<br><input type="Radio" name="m1" value="rock" checked>摇滚乐
<br><input type="Radio" name="m2" value="jazz" >爵士乐
<br><input type="Radio" name="m3" value="pop" >流行乐
<br><input type="Radio" name="m4" value="Classical" >古典
<br><input type="Radio" name="m5" value="New Age" >新世纪
</form>
  </div>
</div>
```

图 14-104　　　　　　　　　　　　　　　　　　　图 14-105

16 ▶ 使用相同的方法完成相似内容的制作，页面效果如图 14-106 所示。执行"文件>保存"命令，在浏览器中预览页面效果，如图 14-107 所示。

图 14-106

图 14-107

实例：音乐类网站——底部

本实例制作的是音乐网站的底部及使用 iframe 标签实现将多个网页合成一个网页的效果，通过实例的制作为读者介绍 iframe 标签的使用方法及技巧。最终制作效果如图 14-108 所示。

图 14-108

学习时间	30 分钟
视频地址	视频\第 14 章\bottom.mp4
源文件地址	源文件\第 14 章\bottom.html

01 ▶ 执行"文件>新建"命令，新建一个 HTML 页面，如图 14-109 所示，将该页面保存为 bottom.html，使用相同的方法，新建外部 CSS 样式表文件，将其保存为 bottom.css 文件，返回到 bottom.html 页面中，链接刚刚创建的外部 CSS 样式表文件，如图 14-110 所示。

 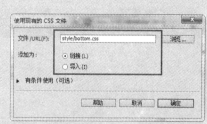

图 14-109　　　　　　　　　　　　　　　　图 14-110

02 ▶ 切换到外部 CSS 样式表文件中，创建名为*的通配符 CSS 样式和名为 body 的标签，
如图 14-111 所示。在页面中插入一个名为 bottom 和 list 的 Div，如图 14-112 所示。

```css
*{
    margin:0px;
    border:0px;
    padding:0px;
}
body{
    font-family:"微软雅黑";
    font-size:12px;
    color:#FFFFFF;
    text-align: center;
}
```

```html
<body>
<div id="bottom">
 <div id="list">此处显示  id "list" 的内容</div>
</div>
</body>
</html>
```

图 14-111　　　　　　　　　　　　　　　　图 14-112

03 ▶ 切换到该网页所链接的外部 CSS 样式表文件中，创建名为#bottom 和#list 的
CSS 样式，如图 14-113 所示。返回到网页设计视图中，可以看到页面的背景效
果，以及名为 left 的 Div 的大小，如图 14-114 所示。

```css
#bottom{
    width:1173px;
    height:111px;
    background-image:url(../images/13113.jpg);
    background-repeat:no-repeat;
     position:absolute;
}
#list{
    width:503px;
    height:27px;
    margin:35px auto 0px auto;
}
```

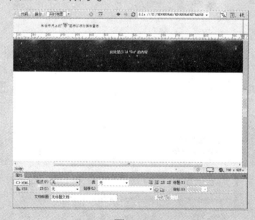

图 14-113　　　　　　　　　　　　　　　　图 14-114

04 ▶ 将光标移至 Div 中，将多余的文字删除，创建相应段落文本，并为段落文本创建项目列表，如图 14-115 所示。切换到该网页所链接的外部 CSS 样式表文件中，创建名为#bottom 和#list 的 CSS 样式，如图 14-116 所示。

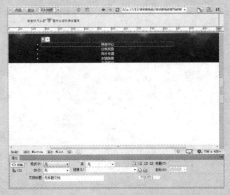

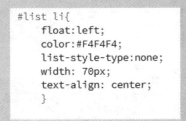

图 14-115   图 14-116

05 ▶ 返回到页面视图中，效果如图 14-117 所示。使用相同的方法完成其他文本的制作，执行"文件>保存"命令，在浏览器中预览页面效果，如图 14-118 所示。

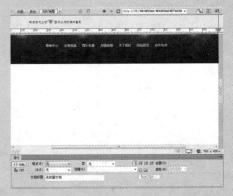

图 14-117   图 14-118

06 ▶ 新建名为 14-1.html 和 14-1.css 文件，将 CSS 样式表链接到页面中，并创建名为*的通配符，如图 14-119 所示。切换到代码视图中，插入 4 个名称分别为 pic-top、pic-center、pic-main 和 pic-bottom 的 Div，如图 14-120 所示

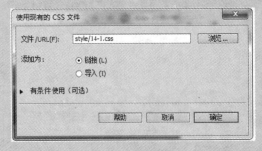

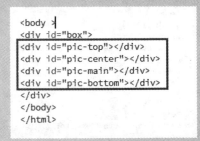

图 14-119   图 14-120

07 ▶ 切换到该网页所链接的外部 CSS 样式表文件中，创建名为#pic-top、#pic-center、#pic-main 和#pic-bottom 的 CSS 样式，如图 14-121 所示。切换到代码视图中，分别在 Div 中插入 iframe 标签，如图 14-122 所示。

```
#pic-top{
    width:1173px;
    height:388px;
    }
#pic-center{
    width:1173px;
    height:397px;
    }
#pic-main{
    widht:1173px;
    height:615px;}
#pic-bottom{
    widht:1173px;
    height:618px;}
```

```
<body >
<div id="box">
<div id="pic-top"><iframe  width="1173px" height="388px"
frameborder="0" scrolling="no" src="top.html"  ></iframe></div>
<div id="pic-center"><iframe  width="1173px" height="397px"
frameborder="0" scrolling="no" src="center.html"  > </iframe></div>
<div id="pic-main"><iframe width="1173px" height="618px"
frameborder="0" scrolling="no" src="main.html"></iframe></div>
<div id="pic-bottom"><iframe width="1173px" height="111px"
frameborder="0" scrolling="no" src="bottom.html"></iframe></div>
</div>
</body>
</html>
```

图 14-121　　　　　　　　　　　　　　　　图 14-122

 在使用 iframe 标签时要注意将其放在创建的 Div 中，否则不能够使用 CSS 样式对其进行定义。

08 ▶ 返回到页面视图中，效果如图 14-123 所示。执行 "文件>保存" 命令，在浏览器中预览页面效果，如图 14-124 所示。

图 14-123　　　　　　　　　　　　　　　　图 14-124

14.2　专家支招

需要简单了解网页的设计规范及要求，这样才能够设计出优秀并且合理的网页，接下来简单介绍网页文本的使用规范及 iframe 标签的作用。

14.2.1　网页中文本字号的使用规范

在设计网页时，文本字号的使用也是十分重要的，要本着提高文字的辨识性和页面的易读性为原则，一般建议使用 12 号和 14 号字体的混合搭配。

➤ 需突出的内容部分、新闻标题、栏目标题等多使用 14 号字体。

➤ 广告内容、辅助信息或是介绍性文字等多使用 12 号字体。

➤ 避免大面积使用加粗字体。

14.2.2　iframe 标签的作用

iframe 元素能够实现在一个网页文本块中插入和显示出另一个网页，这也被称为内联框架，iframe 标签属性如表 14-1 所示。

表 14-1　iframe 标签属性

属　　性	描　　述
width	定义 iframe 的宽度
name	规定 iframe 的名称
height	规定 iframe 的高度
scrolling	规定是否在 iframe 中显示滚动条
marginheight	定义 iframe 的顶部和底部的边距
marginwidth	定义 iframe 的左侧和右侧的边距
frameborder	规定是否显示框架周围的边框

14.3　本章小结

本章详细介绍了音乐网站页面的制作方法，通过对本章实例的学习，读者应能掌握使用 Div+CSS 布局制作网页的方法及规范，想要熟练掌握利用 Div+CSS 布局制作网页，就需要在日常生活和学习中多多积累经验，只有勤加练习，才能够设计出更多优秀的网页。